青海省湿地资源保护利用与管理

卓玛措　高泽兵　著

哈尔滨工业大学出版社

内 容 简 介

本书以青海省第三次全国国土调查为基础，结合第二次全国湿地资源调查结果，宏观上对青海省湿地资源的整体特征、分布状况等进行了研究，并对湿地变化较大的典型区域的驱动因子进行了分析，梳理了近年来青海省在湿地资源的保护与管理方面的工作与成效，以期为进一步加强青海省湿地资源的保护提供对策与参考。

本书可供生态学、管理学、林业、国土空间规划等学科专业研究人员参考，也可作为相关专业高年级本科生和研究生的自学教材。

图书在版编目（CIP）数据

青海省湿地资源保护利用与管理 / 卓玛措，高泽兵著. —哈尔滨：哈尔滨工业大学出版社，2022.3（2024.6 重印）
ISBN 978-7-5603-9580-7

Ⅰ. ①青… Ⅱ. ①卓… ②高… Ⅲ. ①湿地资源-资源保护-研究-青海②湿地资源-资源利用-研究-青海③湿地资源-资源管理-研究-青海 Ⅳ. ①P942.440.78

中国版本图书馆 CIP 数据核字（2021）第 132286 号

策划编辑　王桂芝
责任编辑　马　媛
出版发行　哈尔滨工业大学出版社
社　　址　哈尔滨市南岗区复华四道街 10 号　邮编 150006
传　　真　0451-86414749
网　　址　http://hitpress.hit.edu.cn
印　　刷　辽宁新华印务有限公司
开　　本　787 mm×1 092 mm　1/16　印张 15.75　字数 304 千字
版　　次　2022 年 3 月第 1 版　2024 年 6 月第 2 次印刷
书　　号　ISBN 978-7-5603-9580-7
定　　价　99.00 元

前　言

　　湿地是指天然或人工、永久或暂时的沼泽地、泥炭地和水域地带，以及蓄有静止或流动的淡水、半咸水和咸水水体的区域，包括低潮时水深不超过 6 m 的海域。湿地是重要的自然资源，也是人类经济社会可持续发展不可或缺的战略资源，同森林、海洋并称为地球三大生态系统，具有保持水源、净化水质、调洪蓄水、储碳固碳、调节气候、保护生物多样性等多种不可替代的综合服务功能，并为人类社会提供多种资源和产品，因而被誉为"地球之肾""淡水之源""物种基因库"和"气候调节器"，受到全世界的广泛关注和高度重视。

　　为推动各国政府采取国家行动和开展国际合作以保护并合理利用湿地，促进全球可持续发展目标的实现，1971 年，苏联、加拿大、澳大利亚、英国等国在伊朗签订了《关于特别是作为水禽栖息地的国际重要湿地公约》（以下简称《湿地公约》）。50 年来，《湿地公约》已发展成全球最具影响力的多边环境保护公约之一，共有 170 个缔约方，2 315 个国际重要湿地，18 个国际湿地城市。我国政府于 1992 年 7 月 31 日正式加入《湿地公约》，并积极履行公约职责，尤其是党的十八大以来，以习近平同志为核心的党中央站在中华民族永续发展的战略高度，做出了加强生态文明建设的重大决策部署，高度重视湿地保护工作，通过不断完善法规制度建设、强化湿地保护修复、加大生态效益补偿财政投入等措施，在湿地保护和管理上取得了巨大成就，全国湿地得到有效保护。截至 2019 年底，我国共有国际重要湿地 57 处、国际湿地城市 6 个、湿地自然保护区 602 处、国家湿地公园 899 个、省级重要湿地 781 处，以及数量众多的湿地保护小区，共有湿地面积 5 360.26 万 hm^2，湿地保护率达到 52.19%，全国湿地保护体系初步建立。此外，我国坚持国内湿地保护与《湿地公约》履约相结合，通过履约和国际合作，引进国际湿地保护先进理念和技术模式，向国际社会介绍中国湿地保护的做法和经验，开展湿地援外培训等工作，彰显了我国大国形象，为扩大全球湿地保护网络做出了积极贡献。将于 2022 年 11 月 21 日至 29 日在湖北武汉举办的第十四届《湿地公约》缔约方大会，是我国首次承办该国际会议。

　　湿地是实施自然生态空间用途管制的重要空间，2017 年 10 月，国务院全面开展第三次全国国土调查，发布的《土地利用现状分类》（GB/T 21010—2017）在顶层设计上与《湿地分类》（GB/T 24708—2009）进行了衔接，将森林沼泽等湿地类型在土地利用分类中显化，将水田、红树林地等 14 个土地利用二级类归并为湿地，将湿地作为一级类进行调查，准确查清湿地资源土地利用现状，全面掌握现有湿地资源的保护利用情况，开展湿地资源调查监测与分析。青海省是我国湿地大省，湿地面积居全国第一。开展湿地资源调查，摸清湿地资源家底，把握湿地资源动态，是实施自然生态空间用途管制的基础，也是履行《湿地公约》各项工作的根基，更是建立以国家公园为主体的自然保护地体系示范省建设的基本要求。因此，本书结合全国第二次湿地资源调查结果，与青海省第三次全国国土调查中的湿地数据进行了对比，宏观上对青海省湿地资源的整体特征、分布状况等进行了研究，对湿地变化较大的典型区域的驱动因子进行了分析，总结了近十年青海省湿地开发利用情况，梳理了青海省在湿地资源的保护与管理方面的工作与成效，以期为进一步加强青海省湿地资源的保护提供基础依据，同时，也为开展体验自然、研学旅游等相关旅游活动提供参考依据。

本书第一、二、五、六、七、八章由卓玛措编写，第三、四章由高泽兵编写，最后由卓玛措统稿。

由于作者水平有限，书中难免存在疏漏及不足，敬请诸位读者批评指正。

作　者

2021 年 10 月

目　　录

第一章　湿地概述

第一节　湿地的概念

一、湿地的定义

湿地是地球上独特的自然综合体和水陆复合生态系统（王海霞，2010），有"地球之肾""物种基因库""地球上生物多样性最丰富的生态系统"等美称（郎惠卿，1999）。湿地处于水体与陆地的过渡地带，在全球范围内广泛分布，种类多样，不同种类之间的差异明显，并兼具水陆生态系统的部分特征。正是由于湿地所处的生态环境具有复杂性、多样性和过渡性的特征，因而现今尚缺乏对于湿地的统一的定义。

世界上对于湿地的研究已有 100 多年的历史，不同的国家、学者，以及不同的学科对湿地的定义和解释存在差异，不同国家、机构、公约对于湿地的定义见表 1.1。1971年由来自苏联、澳大利亚等 18 个国家的代表在伊朗签署的《关于特别是作为水禽栖息地的国际重要湿地公约》（以下简称《湿地公约》）中将湿地定义为："湿地是指沼泽地、沼泥地、泥炭地或水域等地区，不论是天然的或人工的、永久的或暂时的、死水或活水、淡水或咸水或两者混合而成的，包括低潮时水深不超过 6 m 的水域。"此外，还包括"连接湿地的河湖沿岸、沿海地区以及岛屿或低潮时水深不超过 6 m 的沿岸带地区"。在这一定义中，湿地被认为是地球上除了水深 6 m 以上水域的所有含水区域。对于湿地的这一解释，世界学者们广泛认可，也是世界上现有的最具代表性的湿地的定义。

我国早在 2 000 年前就存在关于湿地的记载，如在《山海经》中就出现了对于湿地的描述，但是系统的湿地研究则开始于 20 世纪 50 年代，这一时期的湿地研究关注的对象以湿地沼泽为主。自 20 世纪 80 年代以来，我国的湿地研究开始从沼泽转向湿地形成过程的探究。20 世纪 90 年代，我国湿地研究成果逐渐丰富，发展迅速，尤其是在 1992 年我国正式加入《湿地公约》以来，湿地研究进入快速发展阶段。

表 1.1　不同国家、机构、公约对于湿地的定义

国家、机构、公约	定义	侧重点
《湿地公约》（1971）	湿地是指沼泽地、沼泥地、泥碳地或水域等地区，不论是天然的或人工的、永久的或暂时的、死水或活水、淡水或咸水或两者混合而成的，包括低潮时水深不超过 6 m 的水域，以及连接湿地的河湖沿岸、沿海地区以及岛屿或低潮时水深不超过 6 m 的沿岸带地区	强调水分
美国鱼类和野生生物保护机构（1979）	湿地是指陆地和水域的交汇处，水位接近或处于地表面，或有浅层积水，至少有以下特征之一： （1）至少周期性地以水生植物为植物优势种； （2）底层土壤主要是湿地； （3）在一定时间段内，如植物的生长季节，土壤底层有时被水淹没	强调土壤、水分和植物条件
加拿大湿地工作组（1987）	湿地是指被水淹没的土地或地下水位接近地表或土壤长期处于含水状态的土地，区域内生长有水生植被和有其他能够适应潮湿环境的生物活动	强调湿润的土壤、水分以及保持生物多样性的条件
英国（1983）	湿地是指地表为湿润土壤，长期或季节性含有积水的自由水面	强调水分
日本（1993）	土壤为湿土、地下水位高以及在某一时间或频率内土壤处于水的饱和状态，符合以上特征的则被称为湿地	强调土壤和水分
中国（1995）	湿地由 3 个相互作用的基本特征构成：有喜湿生物栖息、地表常年或季节性积水、土层严重潜育化	强调水分、生物条件以及土壤

注：表中内容根据相关文献整理而成。

　　我国首次提出湿地的概念是在 1987 年发表的《中国自然保护纲要》中，指出湿地是由沼泽和滩涂组合而成的。随后，在 1991 年出版的《环境科学大辞典》中对湿地做了进一步的定义，认为湿地是指陆地和水体的过渡地带，主要包括沼泽、滩涂等，也包括低潮时水深不高于 6 m 的含水区域。佟凤勤等（1995）基于《湿地公约》《中国自然保护纲要》以及《环境科学大辞典》等对湿地的定义，进一步强调湿地是指陆地上常年或季节

性有积水和过于湿润的土地，以及在其上栖息的生物群落共同构成的湿地生态系统。与佟凤勤等关注湿地的积水期、土地湿度和生物多样性不同，陆健健（1990）认为对湿地的定义需要包括植被、土壤和积水的程度 3 个方面的要素，并在此基础之上对湿地的定义做了详细的补充。他提出，我国"湿地是指陆缘为含 60%以上湿生植物的植被区、水缘为海平面以下 6 m 的近海区域，包括内陆与外流江河流域中自然的或人工的、咸水的或淡水的所有富水区域，不论区域内的水是流动的还是静止的、间歇的还是永久的"。此后，随着我国对湿地研究的重视程度的提高，国内学者从不同角度对湿地下了定义（殷康前等，1998）。由于选择的角度不同，在对湿地的定义中有的学者强调湿地的水陆过渡性（吕宪国，2002），有的学者则关注湿地的本质属性（杨永兴，2002）。

上述对于湿地的定义可以分为狭义与广义两种，狭义的定义一般从湿地的基本特征入手，如湿地的土壤、水文和生物多样性等，将湿地看作陆地生态系统和水域生态系统的过渡地带。广义的定义主要以《湿地公约》为代表，各种咸水、淡水沼泽地、湿草甸、湖泊、河流及泛洪平原、河口三角洲、泥炭地、湖海滩涂、河边洼地或漫滩、湿草原等都被包含在湿地的范围之内。该定义的涵盖范围广，对于湿地的管理具有积极的意义。因此，《湿地公约》对于湿地的定义也成为世界范围内公认的定义，被广泛运用于科学研究和湿地管理与保护中。

二、湿地的分类

湿地类型的划分是湿地研究的基础性工作，也是有针对性地进行湿地保护、开发和管理的前提。由于湿地具有分布范围广、类型多样、生态环境复杂等特点，现今湿地的分类标准与湿地的定义一样，尚没有一个统一的划分范式。不同国家、地区或学科等，对湿地的划分也提出了不同的策略。湿地分类的研究最早开始于 20 世纪初，自此开始，学者们根据地区与实际情况提出了划分标准各异的分类系统，但其多适用于区域性湿地的划分（Mistch 和 Gosselink，2000）。

现今，不同国家和地区都制定了适合自身需要的分类方法，但是在湿地分类研究中仍然缺乏一个世界统一的适用于各个国家、地区的分类标准。一般说来，湿地的分类方法主要有成因分类法（Cowardin et al., 1979）、特征分类法（Brinson，1993）和综合分类法（倪晋仁，1998）3 大类。其中，Cowardin 提出的成因分类法和 Brinson 提出的特征分类法——水文动力地貌学分类方法在国际湿地研究中具有重要影响。有影响的还有以下几种分类。

1.《湿地公约》分类体系

在《湿地公约》中，一般将湿地分为海洋/海岸湿地、内陆湿地和人工湿地3大类42种类型。其中，海洋/海岸湿地的大类中又可分为12小类，包括永久性的浅海水域、河口水域、滩涂等；内陆湿地的大类中可分为20小类，如永久性的河流、湖泊等；在人工湿地中，主要包含水产池塘、蓄水区等10小类，见表1.2。

表1.2 《湿地公约》分类系统

湿地系统	湿地大类	湿地型	公约指定代码	说明
天然湿地	海洋/海岸湿地	永久性的浅海水域	A	多数情况下低潮时水位小于6 m，包括海湾和海峡
		海草层	B	潮下藻类、海草、热带海草植物生长区
		珊瑚礁	C	珊瑚礁及其邻近水域
		岩石性海岸	D	近海岩石性岛屿、海边峭壁
		沙滩、砾石与卵石滩	E	滨海沙洲、海岬以及沙岛；沙丘及丘间沼泽
		河口水域	F	河口水域和河口三角洲水域
		滩涂	G	潮间带泥滩、沙滩、海岸、其他咸水沼泽
		盐沼	H	滨海盐沼、盐化草甸
		潮间带森林湿地	I	红树林沼泽和海岸淡水沼泽森林
		咸水、碱水潟湖	J	有通道与海水相连的咸水、碱水潟湖
		海岸淡水潟湖	K	淡水三角洲潟湖
		海滨岩溶洞穴水系	Zk（a）	滨海岩溶洞穴
	内陆湿地	永久性内陆三角洲	L	内陆河流三角洲
		永久性的河流	M	河流及其支流、溪流、瀑布
		时令河	N	季节性、间歇性、定期性的河流以及溪流、小河
		湖泊	O	面积大于8 hm^2 的永久性淡水湖，包括大的牛轭湖
		时令湖	P	大于8 hm^2 的季节性、间歇性的淡水湖，包括漫滩湖泊
		盐湖	Q	永久性的咸水、半咸水、碱水湖
		时令盐湖	R	季节性、间歇性的咸水、半咸水、碱水湖及其浅滩
		内陆盐沼	Sp	永久性的咸水、半咸水、碱水沼泽与泡沼

续表 1.2

湿地系统	湿地类	湿地型	公约指定代码	说明
天然湿地	内陆湿地	时令碱、咸水盐沼	Ss	季节性、间歇性的咸水、半咸水、碱水沼泽、泡沼
		永久性的淡水草本沼泽、泡沼	Tp	草本沼泽及面积小于 8 hm² 的泡沼，无泥炭积累，大部分生长季节伴生浮水植物
		泛滥地	Ts	季节性、间歇性洪泛地，湿草甸和面积小于 8 hm² 的泡沼
		草本泥炭地	U	无林泥炭地，包括藓类泥炭地和草本泥炭地
		高山湿地	Va	高山草甸、融雪形成的暂时性水域
		苔原湿地	Vt	高山苔原、融雪形成的暂时性水域
		灌丛湿地	W	灌丛沼泽、灌丛为主的淡水沼泽，无泥炭积累
		淡水森林沼泽	Xf	淡水森林沼泽、季节性泛滥森林沼泽、无泥炭积累的森林沼泽
		森林泥炭地	Xp	泥炭森林沼泽
		淡水泉	Y	淡水泉及绿洲
		地热湿地	Zg	温泉
		内陆岩溶洞穴水系	Zk（b）	地下溶洞水系
人工湿地	人工湿地	水产池塘	1	鱼、虾养殖池塘
		水塘	2	农用池塘、储水池塘，一般面积小于 8 hm²
		灌溉地	3	灌溉渠系和稻田
		农用泛洪湿地	4	季节性泛滥的农用地，包括集约管理或放牧的草地
		盐田	5	晒盐池、采盐场等
		蓄水区	6	水库、拦河坝、堤坝形成的一般大于 8 hm² 的储水区
		采掘区	7	积水取土坑、采矿地
		废水处理场所	8	污水场、处理池、氧化池等
		运河、排水渠	9	输水渠系
		地下输水系统	Zk（c）	人工管护的岩溶洞穴水系等

2.《湿地分类》分类体系

2010 年 1 月 1 日，由国家林业和草原局（原国家林业局）提出并归口，由国家林业和草原局调查规划设计院（原国家林业局调查规划设计院）起草，国家标准化管理委员会发布的《湿地分类》（GB/T 24708—2009）正式实施，规定了湿地类型的分类系统、分类层次和技术标准，主要适用于湿地综合调查、监测、管理、评价和保护规划。《湿地分类》中，综合考虑湿地成因、地貌类型、水文特征、植被类型等，将湿地分为 3 级。第 1 级按照成因将全国湿地生态系统分为自然湿地和人工湿地两大类；第 2 级中，自然湿地按地貌特征进行分类，人工湿地按主要功能用途进行分类；第 3 级主要以湿地水文特征进行分类，自然湿地分为 4 个 2 级类和 30 个 3 级类，人工湿地分为 12 个 2 级类，见表 1.3。

表 1.3 《湿地分类》中湿地分类体系

1 级	2 级	3 级
自然湿地	近海与海岸湿地	浅海水域
		潮下水生层
		珊瑚礁
		岩石海岸
		沙石海滩
		淤泥质海滩
		潮间盐水沼泽
		红树林
		河口水域
		河口三角洲/沙洲/沙岛
		海岸性咸水湖
		海岸性淡水湖
	河流湿地	永久性河流
		季节性或间歇性河流
		洪泛湿地
		喀斯特溶洞湿地
	湖泊湿地	永久性淡水湖
		永久性咸水湖
		永久性内陆盐湖
		季节性淡水湖
		季节性咸水湖

续表1.3

1级	2级	3级
自然湿地	沼泽湿地	苔藓沼泽
		草本沼泽
		灌丛沼泽
		森林沼泽
		内陆盐沼
		季节性咸水沼泽
		沼泽化草甸
		地热湿地
		淡水泉/绿洲湿地
人工湿地	水库	
	运河、输水河	
	淡水养殖场	
	海水养殖场	
	农用池塘	
	灌溉用沟、渠	
	稻田/冬水田	
	季节性洪泛农业用地	
	盐田	
	采矿挖掘区和塌陷积水区	
	废水处理场所	
	城市人工景观水面和娱乐水面	

3.《全国湿地资源调查技术规程（试行）》分类体系

早在2003年，在首次全国湿地资源调查刚刚结束之后，针对起调面积大、调查指标规定不严格、各地具体调查方法不一致等问题，国家林业和草原局着手开始了第二次调查的准备工作，并在海南省组织开展了湿地资源调查的试点工作，形成了技术规程的初稿，后来又经过多次意见和建议征询、专家论证等，最终于2008年12月24日，国家林业和草原局以林湿发〔2008〕265号文件下发了《全国湿地资源调查技术规程（试行）》。《全国湿地资源调查技术规程（试行）》是指导第二次全国湿地资源调查（以下简称"二调"）的纲领性技术文件，2010年1月进行了修订。

《全国湿地资源调查技术规程（试行）》，将湿地划分为5类34型，具体各湿地类、型及其划分技术标准见表1.4。

表 1.4 《全国湿地资源调查技术规程（试行）》中湿地类、型及其划分技术标准

代码	湿地类	代码	湿地型	划分技术标准
I	近海与海岸湿地	I 1	浅海水域	浅海湿地中，湿地底部基质为无机部分组成，植被盖度<30%的区域，多数情况下低潮时水深小于 6 m，包括海湾、海峡
		I 2	潮下水生层	海洋潮下，湿地底部基质为有机部分组成，植被盖度≥30%，包括海草层、海草、热带海洋草地
		I 3	珊瑚礁	基质为珊瑚聚集生长而成的浅海湿地
		I 4	岩石海岸	底部基质75%以上是岩石和砾石，包括岩石性沿海岛屿、海岩峭壁
		I 5	沙石海滩	由砂质或沙石组成的植被盖度<30%的疏松海滩
		I 6	淤泥质海滩	由淤泥质组成的植被盖度<30%的淤泥质海滩
		I 7	潮间盐水沼泽	潮间地带形成的植被盖度≥30%的潮间沼泽，包括盐碱沼泽、盐水草地和海滩盐沼
		I 8	红树林	由红树植物为主组成的潮间沼泽
		I 9	河口水域	从近口段的潮区界（潮差为零）至口外海滨段的淡水舌锋缘之间的永久性水域
		I 10	三角洲/沙洲/沙岛	河口系统四周冲积的泥/沙滩，沙州、沙岛（包括水下部分）植被盖度<30%
		I 11	海岸性咸水湖	地处海滨区域，有一个或多个狭窄水道与海相通的湖泊，包括海岸性微咸水、咸水或盐水湖
		I 12	海岸性淡水湖	起源于潟湖，与海隔离后演化而成的淡水湖泊
II	河流湿地	II 1	永久性河流	常年有河水径流的河流，仅包括河床部分
		II 2	季节性或间歇性河流	一年中只有季节性（雨季）或间歇性有水径流的河流
		II 3	洪泛平原湿地	在丰水季节由洪水泛滥的河滩、河心洲、河谷、季节性泛滥的草地以及保持常年或季节被水浸润的内陆三角洲所组成
		II 4	喀斯特溶洞湿地	喀斯特地貌下形成的溶洞集水区或地下河/溪
III	湖泊湿地	III 1	永久性淡水湖	由淡水组成的永久性湖泊
		III 2	永久性咸水湖	由微咸水/咸水/盐水组成的永久性湖泊
		III 3	季节性淡水湖	由淡水组成的季节性或间歇性淡水湖（泛滥平原湖）
		III 4	季节性咸水湖	由微咸水/咸水/盐水组成的季节性或间歇性湖泊

续表 1.4

代码	湿地类	代码	湿地型	划分技术标准
IV	沼泽湿地	IV 1	藓类沼泽	发育在有机土壤的、具有泥炭层的以苔藓植物为优势群落的沼泽
		IV 2	草本沼泽	由水生和沼生的草本植物组成优势群落的淡水沼泽
		IV 3	灌丛沼泽	以灌丛植物为优势群落的淡水沼泽
		IV 4	森林沼泽	以乔木森林植物为优势群落的淡水沼泽
		IV 5	内陆盐沼	受盐水影响，生长盐生植被的沼泽。以苏打为主的盐土，含盐量应>0.7%；以氯化物和硫酸盐为主的盐土，含盐量应分别大于 1.0%、1.2%
		IV 6	季节性咸水沼泽	受微咸水或咸水影响，只在部分季节维持浸湿或潮湿状况的沼泽
		IV 7	沼泽化草甸	为典型草甸向沼泽植被的过渡类型，是在地势低洼、排水不畅、土壤过分潮湿、通透性不良等环境条件下发育起来的，包括分布在平原地区的沼泽化草甸以及高山和高原地区具有高寒性质的沼泽化草甸
		IV 8	地热湿地	由地热矿泉水补给为主的沼泽
		IV 9	淡水泉/绿洲湿地	由露头地下泉水补给为主的沼泽
V	人工湿地	V 1	库塘	为蓄水、发电、农业灌溉、城市景观、农村生活为主要目的而建造的，面积不小于 8 hm^2 的蓄水区
		V 2	运河、输水河	为输水或水运而建造的人工河流湿地，包括灌溉为主要目的的沟、渠
		V 3	水产养殖场	以水产养殖为主要目的而修建的人工湿地
		V 4	稻田/冬水田	能种植一季、两季、三季的水稻田或者是冬季蓄水或浸湿的农田
		V 5	盐田	为获取盐业资源而修建的晒盐场所或盐池，包括盐池、盐水泉

从表 1.4 可以看出，《全国湿地资源调查技术规程（试行）》中湿地的分类主要采用了《湿地分类》（GB/T 24708—2009）的分类标准，自然湿地完全一致，人工湿地方面略有不同，对库塘，运河、输水河，水产养殖场，稻田/冬水田，盐田 5 类进行了保留（用水产养殖场代替了原来的淡水养殖场），去除了农用池塘，灌溉用沟、渠，季节性洪泛农业用地，采矿挖掘区和塌陷积水区，废水处理场所，城市人工景观水面和娱乐水面地类。

4. 第三次全国国土调查工作分类中湿地分类体系

2017 年，为满足生态用地保护需求、适应生态文明建设需要、加强湿地的保护力度，自然资源部（原国土资源部）修订完成了国家标准《土地利用现状分类》（GB/T 21010—2017），将具有湿地功能的沼泽地、水田、盐田、河流水面、湖泊水面、坑塘水面、沿海滩涂、内陆滩涂等二级地类归为湿地大类，见表 1.5。

表 1.5 《土地利用现状分类》（GB/T 21010—2017）中可归入"湿地类"的土地利用现状分类

湿地类	土地利用现状分类	
	类型编码	类型名称
湿地	0101	水田
	0303	红树林地
	0304	森林沼泽
	0306	灌丛沼泽
	0402	沼泽草地
	0603	盐田
	1101	河流水面
	1102	湖泊水面
	1103	水库水面
	1104	坑塘水面
	1105	沿海滩涂
	1106	内陆滩涂
	1107	沟渠
	1108	沼泽地

2019 年，国家发布《第三次全国国土调查技术规程》（TD/T 1055—2019），规定了第三次全国国土调查（以下简称"三调"）工作分类，土地分类主要以《土地利用现状分类》（GB/T 21010—2017）为基础，对部分地类进行了细化和归并，一级湿地地类是指红树林地、沼泽地、泥炭地、盐田、滩涂等，主要指介于陆地和水域之间的过渡区域，见表 1.6。

表 1.6　三调工作分类中湿地一级类、二级类及含义

一级类		二级类		含义
编码	名称	编码	名称	
00	湿地			指红树林地，天然的或人工的、永久的或间歇性的沼泽地，泥炭地，盐田，滩涂等
		0303	红树林地	沿海生长红树植物的土地
		0304	森林沼泽	以乔木森林植物为优势群落的淡水沼泽
		0306	灌丛沼泽	以灌丛植物为优势群落的淡水沼泽
		0402	沼泽草地	指以天然草本植物为主的沼泽化的低地草甸、高寒草甸
		0603	盐田	指用于生产盐的土地，包括晒盐场所、盐池及附属设施用地
		1105	沿海滩涂	指沿海大潮高潮位与低潮位之间的潮浸地带。包括海岛的沿海滩涂，不包括已利用的滩涂
		1106	内陆滩涂	指河流、湖泊常水位至洪水位间的滩地；时令湖、河洪水位以下的滩地；水库、坑塘的正常蓄水位与洪水位间的滩地。包括海岛的内陆滩地，不包括已利用的滩地
		1108	沼泽地	指经常积水或渍水，一般生长湿生植物的土地。包括草本沼泽、苔藓沼泽、内陆盐沼等，不包括森林沼泽、灌丛沼泽和沼泽草地

5. 与二调湿地分类的对比与衔接

　　为方便与二调结果进行对比分析，结合《全国湿地资源调查技术规程（试行）》的湿地分类体系，本书把《土地利用现状分类》（GB/T 21010—2017）、三调工作分类标准与二调工作分类标准进行衔接（表 1.7），这样的衔接有利于青海湿地变化的对比分析。

表 1.7 《土地利用现状分类》（GB/T 21010—2017）、三调工作分类标准和二调工作分类标准衔接一览表

《土地利用现状分类》(GB/T 21010—2017)		三调工作分类标准			二调工作分类标准		
一级地类	二级地类及编码	一级地类	二级地类	地类代码	一级地类	二级地类	代码
湿地					近海与海岸湿地	浅海水域	I 1
						潮下水生层	I 2
						珊瑚礁	I 3
						岩石海岸	I 4
						沙石海滩	I 5
	沿海滩涂 1105	湿地	沿海滩涂	1105		淤泥质海滩	I 6
						潮间盐水沼泽	I 7
	红树林地 0303	湿地	红树林地	0303		红树林	I 8
						河口水域	I 9
						三角洲/沙洲/沙岛	I 10
						海岸性咸水湖	I 11
						海岸性淡水湖	I 12
	河流水面 1101	水域及水利设施用地	河流水面	1101	河流湿地	永久性河流	II 1
						季节性或间歇性河流	II 2
	内陆滩涂 1106	湿地	内陆滩涂	1106		洪泛平原湿地	II 3
						喀斯特溶洞湿地	II 4
	湖泊水面 1102	水域及水利设施用地	湖泊水面	1102	湖泊湿地	永久性淡水湖	III 1
						永久性咸水湖	III 2
						季节性淡水湖	III 3
						季节性咸水湖	III 4
					沼泽湿地	藓类沼泽	IV 1
						草本沼泽	IV 2
	灌丛沼泽 0306	湿地	灌丛沼泽	0306		灌丛沼泽	IV 3
	森林沼泽 0304	湿地	森林沼泽	0304		森林沼泽	IV 4
	沼泽地 1108	湿地	沼泽地	1108		内陆盐沼	IV 5
						季节性咸水沼泽	IV 6
	沼泽草地 0402	湿地	沼泽草地	0402		沼泽化草甸	IV 7
						地热湿地	IV 8
						淡水泉/绿洲湿地	IV 9

续表 1.7

《土地利用现状分类》（GB/T 21010—2017）		三调工作分类标准			二调工作分类标准		
一级地类	二级地类及编码	一级地类	二级地类	地类代码	一级地类	二级地类	代码
湿地	水库水面 1103	水域及水利设施用地	水库水面	1103	人工湿地	库塘	V 1
	坑塘水面 1104	水域及水利设施用地	坑塘水面	1104			
	沟渠 1107	水域及水利设施用地	沟渠	1107		运河、输水河	V 2
						水产养殖场	V 3
	水田 0101	耕地	水田	0101		稻田/冬水田	V 4
	盐田 0603	湿地	盐田	0603		盐田	V 5

由表 1.7 可知，在《土地利用现状分类》（GB/T 21010—2017）中，把具有湿地功能的水田、红树林地、森林沼泽、灌丛沼泽、沼泽草地、盐田、河流水面、湖泊水面、水库水面、坑塘水面、沿海滩涂、内陆滩涂、沟渠、沼泽地等地类全部归入湿地一级类中的二级地类。而三调工作分类标准把河流水面、湖泊水面、水库水面、坑塘水面、沟渠归入水域及水利设施用地一级地类中，而水田归入耕地一级地类中，湿地一级地类中二级地类有沿海滩涂、红树林、内陆滩涂、灌丛沼泽、森林沼泽、沼泽地、沼泽草地、盐田。而二调中湿地一级地类分近海与海岸湿地、河流湿地、湖泊湿地、沼泽湿地、人工湿地 5 类。

综上可见，湿地类型的研究是湿地研究的重要内容。本书中关于青海湿地的类型与分布的分析，主要依据三调湿地分类体系；湿地的变化，主要结合二调结果与三调湿地调查结果，进行对比分析；涉及湿地的开发利用及保护管理，由于时间跨度较大，在三调湿地调查的基础上，主要依据二调分类体系，从管理角度看，湿地管理归林业与草原局的湿地处，其工作遵循的原则和依据主要是《湿地公约》，政策也主要依据二调结果制定，因此，涉及青海湿地的保护与管理时，分类体系主要以二调分类为主。

三、湿地的价值

湿地是自然界富有生物多样性的生态景观和高生产力的生态系统，是人类赖以生存的重要生态环境之一。湿地作为水陆过渡地带，是重要的土地资源和自然资源，具有多种功能和多重价值。湿地的生态价值，体现在湿地不仅为野生动植物提供了生存和活动的空间和环境，还可以抵御洪水、调节丰水期和枯水期的地表径流、积淤成陆，从而降低自然灾害的威胁，在调节气候、涵养水源、净化空气、降解污染物、保护生物多样性以及维持区域内生态平衡等方面更是具有其他生态系统无可比拟的优势；湿地的经济价值，体现在湿地为人类的生产、生活提供了丰富的生物产品、矿产资源与能源，依托湿地可以促进人类农副产业的发展，从而带动地方经济的发展；湿地的社会价值，主要体现在其区域内独特的地理结构、复杂的生物多样性，它是人类进行科学研究的重要基地，也是发展生态旅游、进行自然教育的重要场所。

1. 生态价值

（1）保护生物多样性。

生物多样性是自然界和人类社会最重要的资源特征，也是人类生存和发展的基石。湿地内蕴藏着多样的生物、生境类型，正是由于湿地具有复杂多样而完备的生态系统类型，湿地内可孕育丰富多彩的湿地动植物群落。因此，湿地成为地球上生物多样性资源最丰富的生态系统之一。湿地为地球上各种动植物提供了其所需的生境环境，尤其是为许多珍稀或濒临灭绝的生物提供了生存所必需的环境与食物，如我国湿地面积仅占国土总面积的 5%左右，却为将近一半的珍稀鸟类提供了栖息地。我国 40 多种一级保护的珍稀鸟类中，约有一半生活在湿地中，我国著名的杂交水稻所利用的野生稻也来源于湿地等。由此可见，湿地所具有的保持生物多样性的功能是其他任何生态系统无法代替的。此外，湿地还是天然的物种基因宝库，保存有绝大部分物种的基因特性，使得其可以繁衍生息。

（2）调节气候。

湿地在调节区域小气候上起着重要的作用，利用湿地内广泛分布的水面、植物以及植被叶面所积留的水分，通过枝叶的物理蒸发作用以及植物生理过程的蒸腾作用，实现水分的蒸发，液态水转化为气态水，吸收热量，为当地提供充足的水汽资源，且降低了大气的温度。当空气中的湿度达到一定阈值时，受气温影响，水汽结合空气中的微小颗粒物，形成降水，从而增加了地区的降水量。湿地气候调节的功能主要是通过促进降雨和增加地下水的供应来实现的。通过植物的光合作用等使湿地与大气之间产生物质循环与交换，同时产生源源不断的能量，从而可以保持地区的湿度和降水量，为区域内气候的稳定创造条件。

（3）调蓄旱涝。

湿地在丰水期蓄水、枯水期补充地下水、调节地表径流方面起着重要作用。通过天然湿地和人工湿地的蓄水调水的功能可以有效缓解降水时空分配不均的问题，实现在降水量大的季节，利用湿地自身所含有的固水性好的土壤、植物等，将水分在短时间内储存，并较为均匀地缓慢释放，形成天然的具有自动调节功能的生物蓄水池；而在降水量少的枯水期，湿地将存储的水分有效地补充给地下径流，水源补给功能十分显著。如2018年资料显示，青海省全年水资源的利用率为4.6%，是全国水资源利用率的四分之一；全省湖泊和冰川的淡水存储量达到3 875亿 m^3，是全省水资源总量的6.1倍。

（4）降解污染物。

湿地内蕴含有大量的植被和微生物，通过微生物的分解、吸收以及湿地的沉淀和过滤，可以充分将人类活动产生的有毒物质排入河流、湖泊等湿地进行降解与转化，实现湿地降解污染和净化水质的功能。其中，物理净化和生物净化是湿地降解污染的重要类型。物理净化主要是利用湿地植被以及质地黏重的土壤来减缓污水流经湿地的速度，从而实现密度较大的有害物质的沉淀和吸附，湿地物理净化能力的强弱取决于有害或有毒物质的物理性质，如体积、形态等。生物净化主要是指某些污染物通过湿地内植被或微生物等进行分解、转化和富集而使得污染物的浓度降低或总量减少，这是湿地生物作用产生自净的结果。如植物能吸收土壤中残留的有毒物质并在体内转化为二氧化碳、水等；土壤中含有的微生物可以降解各种农药，从而把有毒物质变为无毒物质。但是值得注意的是，湿地生态系统的降解污染、净化水质的能力并不是无限的，只有污染程度在其生态系统的承受范围之内，才能得到净化；若是超出了它的承受能力，不仅污染物得不到净化，而且会使湿地生态系统本身遭受破坏，甚至会打破整个生态系统的平衡，从而造成不可挽回的后果。

2. 经济价值

（1）提供丰富的动植物资源。

湿地资源类型丰富，分布面积广大，具有巨大的资源利用潜力。湿地内含有的丰富的动植物资源，为人类的农业、牧业和副业生产以及日常生活提供了充足的原材料，如利用淡水湖泊、池塘以及人工水库等湿地资源进行鱼类养殖，开展水产养殖业；沼泽化草甸等草地为牦牛、绵羊等牲畜提供了生存环境和食物，促成了畜牧业的发展；湿地的部分植物不仅具有药用价值，还是轻工业发展的重要原料，如鸢尾，既可以调制香水，其根茎还可以用作中药；再如芦苇的芦茎、根可以用于造纸，也可以用作药材等。

（2）提供充足的水源。

湿地内河流、湖泊、沼泽等分布面积广，蕴含的水资源十分丰富。水资源是人类生存不可或缺的资源，也是人类生产工作的关键要素。湿地以其强大的蓄水、输水和供水功能，成为人类生产生活用水的主要来源。经济建设用水、生活用水、水能开发以及生态用水等是湿地水资源利用的主要方式。据有关资料显示，2018 年青海省总供水量为 26.1 亿 m^3，其中包括淡水和微咸水的供应，其占水资源总量的 4.6%，而绝大部分都是由湿地（地表水）提供，湿地供水量占总供水量的 83.2%。

（3）矿产资源和能源的供应。

湿地不仅是重要的动植物产品和水资源的重要供应地，而且是大量的矿产资源的聚集地，如煤炭资源、盐湖资源、砂金资源等。湿地中所蕴含着的各种各样的矿砂和盐类资源，为化工业发展提供了大量的原料，也为人类生活提供了便利。如青海盐湖资源储存量巨大，集中分布在柴达木盆地地区，现已累积探明盐资源的储量达到 3 315 t，分布面积约为 3.18 万 km^2，诸如钾盐、镁盐、芒硝、锂矿等资源蕴藏量居全国第一。值得注意的是，湿地地区可能还蕴含着重要的油田资源，油田资源的开采和利用对我国石油行业发展具有重要意义。此外，湿地还是多种能源的"供应商"，其中，湿地中内陆河水资源丰富，不仅具有重要的水能开发的潜力，还具有内河运输的能力，各类型的湿地所蕴含的水资源具有极其重要的开发价值。

3. 社会价值

（1）休闲与旅游。

旅游资源是发展旅游的基础，湿地所拥有的独特的自然资源和生态景观，为人类提供了较为理想的休闲、旅游以及疗养的场所，是人类回归自然、认识自然、体验自然、感受生活的重要目的地。我国绝大多数景色独特、风景优美的自然风景名胜区都分布在湿地地区或受到湿地的生态环境影响的地区，如青海省河流、湖泊众多，具有开展高原湿地资源旅游的独特优势。目前，青海省已经开发了青海湖、克鲁克湖、黄河等湖、河的湿地公园以及黄河、长江、澜沧江源头区湿地，这些湿地的自然风光和优异的生态环境使得其成为生态旅游、疗养度假的胜地。据 2018 年数据显示，青海省上述景区已经发展成具有高原特色的生态旅游场所，每年有 1 500 万人次前来观光旅游。

（2）科学研究与教育。

由于湿地地区独特的自然条件以及环境的变迁，湿地内既保留了古老的物种，又产生了新的物种，孕育着地球上独特的生物群落。湿地所具有的生态环境的多样性、物种的多样性以及基因和遗传的多样性，为科学研究和科普教育提供了研究的素材和研究基地，使其成为科学研究重点关注的地区。湿地的地质构造、形成演化、生物演化等对于研究自然界的变迁以及地区自然环境发展趋势也具有重要意义。此外，湿地在生态教育、科普宣传方面也具有非常重要的作用。如青海省的青海湖鸟岛、扎陵湖、鄂陵湖等，这些重要的湿地已经成为青海生态保护的重点区域和科学研究、自然教育的基地。

另外，我国的部分湿地还具有宝贵的人文价值，区域内保存有极具历史价值的物质和非物质文化遗产，是历史文化传承与保护的关键场所。如黑龙江省大兴凯湖和小兴凯湖之间区域上的新开流遗址展现了新石器时代人类生产生活的水平和方式；安徽太湖湿地已经发现了200余处石器时代的遗址等。

第二节 湿地的管理

一、湿地的清查、评估与监测

《湿地公约》明确规定，缔约方为了其境内湿地的保护与合理利用，完成对《湿地公约》的履约义务，应当开展以下工作：确定湿地地点和生态特征，进行本地清查；评估湿地生态特征现状、变化趋势和面临的威胁，开展湿地评估；监测湿地生态特征的现状和变化趋势，包括查明现有威胁的减少和新威胁的出现。

湿地资源的清查、评估和监测是湿地管理的重要工具，可为湿地管理决策的制定提供必要的数据、信息。清查、评估和监测不能与管理脱钩，是实施综合管理的基础。湿地的清查主要是系统、全面地收集或整理湿地管理需要的核心信息，包括湿地评估和监测活动需要的基础数据；湿地的评估是利用监测获取的具体信息，评估湿地健康状况和受威胁程度；湿地的监测是为湿地管理收集资料。

1. 湿地的清查

（1）首次全国湿地资源调查。

为满足我国湿地保护管理需要，更好地履行《湿地公约》，国家林业和草原局在1995—2003年组织开展了中华人民共和国成立以来首次大规模的全国湿地资源调查，取得了重要成果，为我国在自然资源保护领域赢得了良好的国际声誉。

此次调查以全国面积 100 hm^2 以上的湿地为调查对象，首次全面系统地清查了我国 100 hm^2 以上的湿地类型、面积与分布。调查表明，全国湿地类型有 5 大类、28 个类型，湿地总面积为 3 848.55 万 hm^2（不包括水稻田湿地）。其中，自然湿地共 3 620.05 万 hm^2，占国土面积的 3.77%；除此以外，这次调查全面系统地查清了全国湿地两栖类、爬行类、鸟类、兽类和鱼类资源的区系组成，以及珍稀种类、地理分布和栖息地状况等。

此次湿地资源调查较为全面地掌握了全国湿地资源情况，填补了我国在湿地基础数据上的空白，为今后我国湿地资源的保护、管理和可持续利用提供了科学依据。

（2）第二次全国湿地资源调查。

从 2003 年我国完成首次全国湿地资源调查以来，随着经济社会发展，我国湿地生态状况发生了显著变化。为准确掌握湿地资源及其生态变化情况、制定加强湿地保护管理的政策、编制重大生态修复规划，国家林业和草原局于 2009—2013 年组织完成了第二次全国湿地资源调查。

按照《湿地公约》要求，此次调查确定了起调面积为 8 hm^2 以上（含 8 hm^2）的近海与海岸湿地、湖泊湿地、沼泽湿地、人工湿地以及宽度 10 m 以上、长度 5 km 以上的河流湿地，开展了湿地类型、面积、分布、植被和保护状况调查，对国际重要湿地、国家重要湿地、自然保护区、自然保护小区和湿地公园内的湿地，以及其他特有、分布有濒危物种和红树林等具有特殊保护价值的湿地开展了重点调查，主要包括生物多样性、生态状况、利用和受威胁状况等的调查。

第二次全国湿地资源调查采用"3S"技术与现地核查相结合的方法，严格按照《全国湿地资源调查技术规程（试行）》（林湿发〔2008〕265 号），对调查范围内符合公约标准的各类湿地面积、分布和保护情况进行了调查；对国际重要湿地、国家重要湿地、自然保护区、湿地公园和其他重要湿地的生态、野生动植物、保护和利用、社会经济及受威胁状况的动态变化情况等进行了清查。结果显示，全国湿地总面积为 5 360.26 万 hm^2（另有水稻田面积 3 005.70 万 hm^2 未计入），湿地率为 5.58%。其中，调查范围内湿地面积为 5 342.06 万 hm^2，收集的香港、澳门和台湾湿地面积为 18.20 万 hm^2。此次调查范围内自然湿地面积为 4 667.47 万 hm^2，占 87.37%；人工湿地面积为 674.59 万 hm^2，占 12.63%。自然湿地中，近海与海岸湿地面积为 579.59 万 hm^2，占自然湿地面积的 12.42%；河流湿地面积为 1 055.21 万 hm^2，占 22.61%；湖泊湿地面积为 859.38 万 hm^2，占 18.41%；沼泽湿地面积为 2 173.29 万 hm^2，占 46.56%。

（3）第三次全国国土调查。

第三次全国国土调查是我国针对山、水、林、田、湖、草、海等自然资源，首次全要素统一进行调查，原名为"第三次全国土地调查"，为全面支撑新时代自然资源管理、更科学有效地推进生态文明建设，经国务院同意，自然资源部将"第三次全国土地调查"改为"第三次全国国土调查"。全国土地调查主要是为查清全国的土地数量、质量、分布及其利用状况而进行的量测、分析和评价工作，第一次全国土地调查从 1984 年开始，1997 年结束；第二次全国土地调查 2007 年 7 月 1 日全面启动，2009 年完成；自然资源部组建以后把原来的土地调查和水资源调查、森林调查、草原调查和湿地调查等相关调查的管理职责都整合到新组建的自然资源部，力求通过一次调查，把各类自然资源在国土空间上的分布状况同步调查清楚,因此,2017 年起开展第三次全国国土调查,上文亦有涉猎,并简称为"三调"。

第三次全国国土调查在土地分类上,采用《第三次全国国土调查工作分类》,并对部分地类进行了归并或细化,形成三调工作分类标准,其中,添加了湿地一级类;在调查技术方法与手段、调查精度与质量控制、工作程序与组织模式等方面进行了优化和提高,采用国家统一制作、优于 1 m 分辨率的数字正射影像;采用城乡一体化调查技术路线;采用基于"互联网+"的核查技术方法;调查比例尺从第二次全国土地调查 1∶10 000 提高到了 1∶5 000,并且对线状地物全部以图斑化方式表达。

2. 湿地的评估

根据不同的评估目的,《湿地公约》提供了多种湿地评估方法供缔约方参考,包括战略环境评估、环境影响评估、脆弱性评估、风险评估、变化(现状和趋势)评估、具体物种评估、指标评估、资源(生态系统服务功能)评估、湿地效益/服务价值评估、环境需水(环境流)评估,虽然这些评估的指标因子等有部分重叠,但各有各的特点,具体操作过程中可根据评估目的和应用的情景挑选适宜的方法。

其中战略环境评估可提供框架或背景,有助于为有关项目的环境影响评估确定具体的需求和参数,着眼于关键问题、优先考虑的风险及机遇。环境影响评估可以帮助脆弱性评估和风险评估确定需求和参数。脆弱性评估和风险评估可以帮助确定环境影响评估的基础标准、耐受限度和其他因素,以及帮助确定降低湿地退化风险可采取的潜在措施,风险评估可以量化影响的大小及影响产生的可能性。湿地效益/服务价值评估可以提供阐明人们从湿地生态系统中获得效益的信息,从而支持脆弱性评估和风险评估。环境影响评估过程中收集的与影响相关的信息及后续监测活动所提供的信息可以应用于战略环境评估、脆弱性评估、风险评估和湿地效益/服务价值评估。生物多样性快速评估中获取的信息可以指导环境影响评估,支持脆弱性评估和风险评估,并确定湿地效益/服务价值评估中应主要考虑的生物多样性方面的特征。因此,战略环境评估、环境影响评估、脆弱性评估和风险评估可分别为政策、计划、项目和工程以及湿地管理确定监测范围。

结合我国湿地评估的具体情况,我们着重分析以下几种评估方法。

(1)湿地风险评估。

湿地风险评估主要是对湿地的生态特征的变化进行研究,以期在损害发生之前即发现问题,从而采取有效的手段进行预警或减弱。《湿地公约》形成并发展了湿地风险评估的框架文件,建立了湿地风险评估模型,主要包括问题的识别、不利影响的识别、暴露范围的识别、风险的识别、风险管理/风险降低、监测 6 个步骤,具体内容如图 1.1 所示。

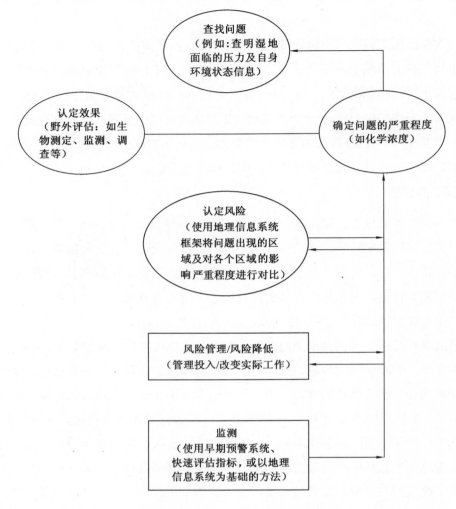

图 1.1　《湿地公约》湿地风险评估框架

2011 年 12 月，我国《湿地生态风险评估技术规范》（GB/T 27647—2011）发布，主要对已开发建设项目可能对湿地生态产生风险的有关因子的作用进行评估，在掌握项目内容及区域发展规划的基础上，预测项目施工及运营对湿地生态系统造成的风险，提出了针对性防治措施并预测了措施效果。

（2）环境影响评估。

环境影响评估是评估拟议的项目或开发活动对环境可能造成的影响，以及对社会经济、文化和人类健康的影响，包括正面影响和负面影响。《湿地公约》规定了湿地环境影响评估程序中的主要步骤及流程，主要包括以下几个方面。

审查：审查的主要目的是确定哪些拟议的项目需要进行环境影响评估，并确定环境影响评估需要达到的水平。如果审查标准没有包括与生物多样性相关的内容，那么拟议项目对生物多样性的显著影响就有可能被忽略掉。

确定范围：审查阶段列出了大量可能受拟议项目影响的问题，确定范围阶段是从审查阶段确定的问题中筛选出具有显著影响的问题，从而将评估范围缩小。

影响分析和评估：环境影响评估是评估影响、制订替代方案、制定损补平衡措施等步骤不断重复的过程。影响分析和评估的主要任务是进一步凝练审查和确定范围阶段的潜在影响，包括确定间接影响和影响的累积效应，并确定影响发生的原因；审查和重新设计替代方案，考虑减缓措施、规划，对影响实施管理并进行评估，与备选方案进行对比；在环境影响声明书中汇报研究结果。

确定减缓措施：如果评估结论认为产生的潜在影响是显著的，那么下一阶段的工作就是制订减缓计划。在环境影响评估中，减缓计划的目的是寻求更好的办法实施项目活动，以避免活动带来负面影响或将其降低到可以接受的水平，增强环境效益，确保公众和个人承受的成本不超过他们获得的收益。可以采取多种形式的减缓措施：阻止拟议项目的实施、减轻影响（包括恢复或修复工作）、损补平衡（通常同实施消除和减缓措施之后的剩余影响相关联）。

环境影响报告书的编制：编制环境影响报告书的目的是协助编制和实施项目建议书，以便消除或降低对生物物理和社会经济的不利影响，尽可能使所有利益相关方的利益最大化；协助政府机构或主管部门决定是否应该批准项目建议书和相关条款；协助公众了解项目建议书的内容。

审查环境影响报告书：保证为决策者提供的信息是充足的、科学的、准确的；还应审查拟议项目可能产生的所有影响是否都已被确定并已在评估报告中得到充分阐述。

决策：决策贯穿于环境影响评估的全过程，最终确定项目是否可以被批准实施，以及在何种条件下实施。

监测和环境审计：对项目实施后发生的实际情况进行监测，减缓措施的实施效果也应得到监测，为环境管理计划的定期审查和修订提供信息数据。

（3）战略环境评估。

战略环境评估主要是查明和评估拟制定的政策、规划或方案所带来的环境后果，与项目层面的环境影响评估类似，但战略环境评估涵盖的空间范围更大、时间跨度更长。战略环境评估的发展滞后于环境影响评估，20世纪90年代引入我国，涉及的范围和行业比较广泛，实际是促进可持续发展的一种工具，可以用于水资源和湿地的管理。

战略环境评估的基本步骤类似于环境影响评估，但范围不同，不可对环境影响评估进行代替，其主要步骤包括启动、审查、确定范围、影响评估、外部审查、文字记录、决定、认定、后续等。

（4）湿地脆弱性评估。

湿地脆弱性评估主要是对湿地对于负面影响的敏感程度和承受能力进行评估，如土地利用和覆盖变化、水文状况、过度开发、过度耕种利用以及外来物种入侵等，对这些独立的或者协同的负面影响进行评估。脆弱是一个动态的过程，随着当地条件的改变而发生变化。湿地适应能力低，对压力的敏感性高，脆弱性就高，主要取决于当前状况、恢复能力和敏感性。脆弱性评估常包括风险评估与风险感知能力确定、风险最小化或管理以及检测与适应性管理等步骤。

（5）生物多样性快速评估。

生物多样性快速评估是对湿地物种多样性的概要性评价，因时间的限制一般在短时间内进行评估，不考虑生态系统的时间差异，如季节性等。

在湿地生态系统/湿地栖息地层面，一般可采用遥感技术等方法；但在生态系统遗传层面，一般不可采用快速评估的方法。主要评估步骤包括陈述目的与目标、查找缺口、研究连续评估方法、数据评估与报告等步骤。

（6）指标评估。

指标是为了评估湿地生态系统、栖息地、物种和湿地生态特征所面临的压力与威胁的状态及其变化趋势而建立的指标。《湿地公约》提供了生态成果导向、生物多样性指标等，并通过公报进行发布，供缔约国指标评估使用。

3. 湿地的监测

为了掌握湿地生态特征目前或潜在的变化，需要对湿地开展定期的监测。《湿地公约》中，监测被定义为"为回应评估活动提出的假设而收集具体信息的一种行为，并根据这些监测结果来确定管理行为的实施"。《湿地公约》规定："如缔约国境内的以及列入名录的任何湿地生态特征由于技术发展、污染和其他人类干扰已经改变、正在改变或将可能改变，各缔约国应尽早相互通报。"各缔约国有义务对重要湿地的生态特征变化状况进行检测和评估，并将检测结果上报。

国家林业和草原局按照《湿地公约》的要求，开展了我国的国际重要湿地监测活动。2002—2005 年先后在黑龙江扎龙、黑龙江三江、海南东寨港等国际重要湿地开展监测试点，2006 年开始对我国所有国际重要湿地开展全面监测活动；2013 年，《湿地保护管理规定》由国家林业和草原局发布实施，规定指出，县级以上地方人民政府林业主管部门及有关湿地保护管理机构应当组织开展本行政区域内的湿地资源调查、监测和评估工作，按照有关规定向社会公布相关情况，湿地监测面向全部湿地对象，作为常规性工作持续展开。

二、湿地的水资源管理

1. 湿地与水资源

（1）没有水，就没有湿地。

从上文关于湿地的定义可以看出，一种土地类型被划为湿地的前提就是它必须存在水，湿地一词与水是不可分割的，一旦没有了水，湿地也就消失了。同时，湿地是陆地上的天然蓄水库，又是众多野生动植物资源，特别是珍稀水禽的繁殖地和越冬地，它还可以给人类提供水和食物。另外湿地的多种生态功能(如调蓄洪水、补充地下水、调节气候、净化水质、控制侵蚀、保护海岸带、保护生物多样性等)的实现都离不开水。

湿地生态系统在特定的物理模型中演变和发挥作用，主要取决于水沙之间的相互作用。水冲蚀出沟道、山谷和盆地，沉积物随水在其中流动时，有时发生堆积，有时发生侵蚀。沉积物和水之间持续地相互作用，不断创造出多元化的水生栖息地，包括地表的河流、河口、沼泽和湖泊，以及地下溶洞和地下含水层。可以说，在一定程度上，是水的物理、化学作用塑造了不同类型的湿地生态系统。

（2）没有湿地，就没有水资源。

随着人口的持续增长、世界经济的发展和人们对生活质量的要求提高，世界用水量不断增加，水质污染也日趋严重。区域性缺水、季节性缺水以及经济性缺水（由于经济发展落后而不能开发足够的水资源）在世界范围内已经越来越普遍。

湿地生态系统的改变，尤其是其结构和功能的变化，将给水资源中的水流动模式、化学和微生物特征带来显著的影响。因此，湿地生态系统发生改变，其中的水资源在水质和水量方面也都将发生改变。人类社会用水多取自地表水和地下水，也有很少的一部分水来自雾收获和海水淡化等科技手段。而地表淡水和地下淡水的水质、水量和可靠度都取决于它源头的湿地生态系统，可以说"没有湿地，就没有水资源"。

2. 湿地管理者和水资源管理者

（1）水资源管理者需要参与湿地保护。

湿地生态系统作为水循环的一个关键组成部分，是人类获取水资源、水产品和相关服务的最终源头。任何生态系统，包括湿地生态系统，都有能够经受一定程度的干扰而恢复原有生态功能的能力。然而，这种干扰有一定限度，超出这个限度，就会对湿地生态系统的结构和功能造成不可逆转的改变，导致原先的湿地生态系统提供的服务功能种类、数量和质量发生不可逆转的变化。

由于湿地生态系统提供各种资源来满足人类对饮用水、公共设施、粮食生产、经济建设和维持社会与文化完整性的需求，因此，湿地水环境的改变，特别是其固有结构模式的变化，将给依赖其生存的人类生活带来深远的影响。保护湿地生态系统、合理使用湿地提供的服务功能关系到社会的发展和人类的存亡，这就要求管理者，尤其是水资源管理者，参与到湿地保护中来。

如果水资源管理者基于可持续利用的原则，这也是人类社会发展必须依从的原则，向社会提供水资源和相关服务，那么他们需要以另外一种视角来管理和保护水资源。这就要求水资源管理者把水资源看作是维持复杂生态系统正常功能不可或缺的一部分，将水资源开发利用结合到湿地保护中去。

（2）湿地管理者需要参与水资源管理。

为了维持湿地生态系统的健康状况和正常生态功能，湿地需要在某一时间补充适当数量和一定水质的水。这就意味着涉及取水、排水以及污染物排放的各项规划都必须考虑"湿地需水量是否能够满足地表流失量和土壤入渗量"这个问题。由于社会的用水需求与湿地的用水需求之间存在一定的冲突，因此，湿地管理者必须关注当地水资源的综合管理规划的制订和执行情况。在水资源配置和水管理决策的制定过程中，湿地管理者必须参与其中并加入"水辩论"。在水资源共享基础上，湿地管理者与水资源管理者可以通过谈判、协商最终达成关于水资源的协议，包括生态系统服务共享，人类将在创造巨大的社会和经济效益的同时实现生态的保护和水资源的可持续利用。

人类活动对生态系统的方方面面都产生影响，包括水循环过程。因此，水资源管理部门须将水资源管理置于生态系统管理的背景下，以满足生态需水和生活、生产需水。取消环境部门和水资源管理部门的划分界限，或者加强环境部门和水资源管理部门以及其他相关部门的协作，可以使合作管理问题得以有效解决。前提是相关负责机构必须确定整个水资源管理的共同目标，并采取相应行动。这些共同目标应主要是由公众和社会基于水资源的可持续利用确定的，目标的执行需要一个总体的规划和决策。

3.《湿地公约》对水资源综合管理的作用

《湿地公约》的全称为《关于特别是作为水禽栖息地的国际重要湿地公约》，其最初工作重点是保护国际重要湿地，特别是水禽栖息地。同时公约最早文件中还确定了《湿地公约》一些其他的工作，如维持湿地所具有的水文调节功能。随着对水资源、湿地功能与人类社会之间关系认识的加深，《湿地公约》的职责和工作范围逐步扩大，如今《湿地公约》主要职责是实现湿地合理利用、关注水循环、创造人类福祉等。

所谓水资源综合管理就是在保护水资源，实现水资源可持续利用和暂时满足短期至中期的社会、经济用水需求之间寻找一个平衡点，水资源开发不仅仅要满足生活、生产用水，也要满足生态用水。因此，水资源综合管理应该将大气、陆地和海洋三大系统的规划和管理紧密结合。在淡水和海水的交接处，为确保沿海湿地得到合理的管理和利用，将水资源综合管理与海岸带综合管理结合起来。

保护湿地生态系统，维持其生态功能和服务对确保水资源的可持续利用是必不可少的。水资源综合管理正是认识到了维持湿地保护和水资源利用之间平衡的重要性和困难性。水资源保护战略和水资源利用战略是相互依存的。《湿地公约》提供了维持湿地生态功能的一系列机理纲要和技术导则，从而为水资源综合管理在维持生态系统功能方面打下了良好的基础。

三、我国湿地资源管理概况

我国自中华人民共和国成立初期就开展了湿地资源调查、泥炭沼泽以及生物多样性等方面的相关研究，但真正将湿地作为具有共同属性的生态系统加以管理和研究则始于1992 年中国政府加入《湿地公约》以后。早期我国对湿地资源的管理主要实行综合管理与分部门管理相结合的体制，机构改革后主要由自然资源部实行统一管理，主要采用分级管理的管理模式。

1. 综合管理与分部门管理向统一管理转变

在综合管理上，全国湿地保护和有关国际公约的履约工作主要由国家林业和草原局负责组织和协调。2007 年 2 月，原国家林业局成立了国家林业局湿地保护管理中心（中华人民共和国国际湿地公约履约办公室），主要组织起草湿地保护的法律法规，研究拟订湿地保护的有关技术标准和规范，同时拟订全国性、区域性湿地保护规划并组织实施；组织全国湿地资源调查、动态监测和统计；组织实施建立湿地保护小区、湿地公园等保护管理工作；对外代表中国开展国际《湿地公约》的履约工作；开展有关湿地保护的国际合作等工作。鉴于土地、水、野生动植物等自然资源复合存在于湿地生态系统中，在湿地保护管理实践中，一块湿地往往有多个不同部门同时管理，湿地保护管理还涉及自然资源、农业农村、水利、住房和城乡建设、生态环境等部门。

2018 年 3 月，为加大生态系统保护力度，统筹森林、草原、湿地监督管理，加快建立以国家公园为主体的自然保护地体系，保障国家生态安全，国务院机构改革方案提出，将原国家林业局的职责，原农业部的草原监督管理职责，以及原国土资源部、住房和城乡建设部、水利部、原农业部、原国家海洋局等部门的自然保护区、风景名胜区、自然遗产、地质公园等管理职责整合，组建国家林业和草原局，由自然资源部管理。国家林业和草原局内设湿地管理司，主要指导湿地保护工作，组织实施湿地生态修复、生态补偿工作，管理国家重要湿地，监督管理湿地的开发利用，承担国际《湿地公约》履约等工作。

2. 分级管理模式

我国当前湿地的保护主要以建设湿地自然保护区为主要形式，加上我国政府积极履行《湿地公约》的相关义务，和国际接轨，我国湿地保护管理主要采用分级管理模式，主要有国际重要湿地、国家重要湿地、省级重要湿地，以及国家级、省级及省级以下湿地自然保护区，湿地保护小区等，主要介绍以下几种湿地。

（1）国际重要湿地。

国际重要湿地是指符合"国际重要湿地公约"评估标准，由缔约国提出加入申请，由国际重要湿地公约秘书处批准后列入《国际重要湿地名录》。列入《国际重要湿地名录》是一种荣誉，一国列入该名录的湿地越多，说明该国保护意识越强。列入名单的湿地将接受国际《湿地公约》相关规定的约束，一旦发现湿地生态退化，就可能被列入黑名单。如果湿地在规定期限内未得到相应治理，就会被逐出名录。截至 2019 年，中国共有国际湿地 57 处，其中内地 56 处、香港 1 处。青海省拥有国际重要湿地 3 处，分别为青海湖鸟岛国家级自然保护区、鄂陵湖湿地和扎陵湖湿地，见表1.8。

表 1.8　青海省列入《国际重要湿地名录》的湿地

编号	名称	列入时间	面积/hm²	海拔/m	地理坐标
1	青海湖鸟岛国家级自然保护区	1992	495 200	3 185～3 250	36°50′N 100°10′E
2	鄂陵湖湿地	2005	64 900	4 268.70	34°56′N 097°43′E
3	扎陵湖湿地	2005	52 600	4 273	34°55′N 097°16′E

（2）国际湿地城市。

国际湿地城市是国际湿地公约组织认证的一种称号，体现了一座城市在保护湿地等生态方面的成就，入选城市使用这一称号的期限为 6 年，到期需要重新认证。2018 年 10 月，国际《湿地公约》第十三届缔约方大会宣布，7 个国家的 18 个城市被评为首批"国际湿地城市"，其中 6 个为中国城市，分别是常德、常熟、东营、哈尔滨、海口、银川。

（3）国家重要湿地。

国家重要湿地与国际重要湿地相对应，是指符合国家重要湿地确定指标，湿地生态功能和效益具有国家重要意义，按规定进行保护管理的特定区域。2011 年，原国家林业局制定并发布了《国家重要湿地确定指标》（GB/T 265355—2011），对具有某一生物地理区的自然或近自然湿地的代表性、稀有性或独特性的典型湿地等 12 种情形的指标进行了规定，凡符合任一指标被视为国家重要湿地。青海省国家重要湿地有 16 处，涉及长江、黄河、澜沧江和黑河流域，也包括可可西里地区、柴达木盆地和青海湖盆地，同时涵盖已建立的国家级、省级自然保护区（表 1.9）。

表 1.9　青海省的国家重要湿地

序号	名称	面积/hm²	平均海拔/m
1	玛多湖湿地	11 000	4 250
2	青海湖湿地	495 200	3 200
3	扎陵湖湿地	52 600	4 273
4	鄂陵湖湿地	64 900	4 268
5	隆宝滩湿地	10 000	4 100
6	冬格措纳湖湿地	22 000	4 300
7	黄河源区岗纳格玛措湿地	25 400	4 400
8	依然措湿地	493 000	4 800
9	多尔改措湿地	78 400	4 688
10	库赛湖湿地	125 000	4 400
11	卓乃湖湿地	117 000	4 800
12	哈拉湖湿地	125 300	4 078
13	可鲁克湖-托素湖湿地	5 700	3 000
14	柴达木盆地中的湿地	90 000	2 700
15	尕斯库勒湖湿地	10 300	2 800
16	茶卡盐湖湿地	240 000	3 059

（4）湿地自然保护区。

自然保护区为"对有代表性的自然生态系统、珍稀濒危野生动植物物种的天然集中分布区，有特殊意义的自然遗迹等保护对象所在的陆地、陆地水体或者海域，依法划出一定面积予以特殊保护和管理的区域"。很多自然保护区主要为保护湿地而建立，或者涉及湿地的保护，青海省已建的国家级自然保护区湿地型或涉及湿地的有三江源国家级自然保护区、青海湖国家级自然保护区、隆宝国家级自然保护区、可可西里国家级自然保护区、大通河北川河源区国家级自然保护区、祁连山国家级自然保护区和省级自然保护区可鲁克湖-托素湖自然保护区等。

（5）国家级湿地公园。

湿地公园是国家湿地保护体系的重要组成部分，与湿地自然保护区、保护小区、湿地野生动植物保护栖息地以及湿地多用途管理区等共同构成了湿地保护管理体系。国家级湿地公园是指经国家湿地主管部门批准建立的湿地公园，以保护湿地生态系统完整性以及维护湿地生态过程、生态服务功能，并在此基础上以充分发挥湿地的多种功能效益、开展湿地合理利用为宗旨，可供公众游览、休闲或进行科学、文化和教育活动的特定湿地区域。截止到 2020 年 3 月底，全国共建立国家湿地公园 901 处（含试点），其中青海省 19 处（含试点）（表 1.10）。

表 1.10　青海省国家级湿地公园

序号	名称	所在地	面积/hm²	试点成立时间
1	青海贵德黄河清国家湿地公园	贵德县	5 547	2005 年 11 月
2	青海西宁湟水国家湿地公园	西宁市	508.70	2013 年 12 月
3	青海洮河源国家湿地公园	河南蒙古族自治县	42 252	2013 年 12 月
4	青海都兰阿拉克湖国家湿地公园	都兰县	16 799.21	2014 年 12 月
5	青海德令哈尕海国家湿地公园	德令哈市	11 229.40	2014 年 12 月
6	青海玛多冬格措纳湖国家湿地公园	玛多县	48 226.80	2014 年 12 月
7	青海祁连黑河源国家湿地公园	祁连县	63 935.62	2014 年 12 月
8	青海都兰湖国家湿地公园	乌兰县	6 693.25	2014 年 12 月
9	青海玉树巴塘河国家湿地公园	玉树市	12 346	2014 年 12 月
10	青海天峻布哈河国家湿地公园	天峻县	7 133.97	2014 年 12 月
11	青海互助南门峡国家湿地公园	互助土族自治县	1 217.31	2014 年 12 月
12	青海泽库泽曲国家湿地公园	泽库县	72 300	2015 年 12 月
13	青海班玛玛可河国家湿地公园	班玛县	1 610.74	2015 年 12 月
14	青海曲麻莱德曲源国家湿地公园	曲麻莱县	18 647.83	2015 年 12 月
15	青海乐都大地湾国家湿地公园	乐都区	609.90	2015 年 12 月
16	青海刚察沙柳河国家湿地公园	刚察县	2 980.76	2016 年 12 月
17	青海贵南茫曲国家湿地公园	贵南县	4 825.31	2016 年 12 月
18	青海甘德班玛仁拓国家湿地公园	甘德县	4 431.27	2016 年 12 月
19	青海达日黄河国家湿地公园	达日县	8 671.95	2016 年 12 月

第二章　青海省基本情况

第一节　地理区位与行政区划

青海省位于青藏高原的东北部，处于中国三大自然区的交汇地带，位居江河之源，生态位置重要，行政区划呈现出明显的地域特色。

一、自然位置

青海省地域辽阔，总面积为 72.23 万 km²，约占全国总面积的十三分之一，面积仅次于新疆维吾尔自治区、西藏自治区、内蒙古自治区 3 个自治区，居全国第四位。境内有我国最大的内陆咸水湖——青海湖，青海省由此得名，简称"青"，省会西宁市。

以纬度位置而言，青海省处在中纬度地带，从北纬 31°36′ 到北纬 39°19′，南北跨 7°43′，直线距离约为 800 km。因此，南北之间太阳入射角不同，气候有差异，主要是太阳辐射能和温度的差异。由于高原地势的影响超过了纬度的影响，气温的变化总体呈现出北高南低的格局。全省处在中纬度西风带控制影响下，各地主要风向以偏西风的频率为最高，不仅风速大，而且持续时间长。

青海省西起东经 89°35′，东抵东经 103°04′，东西跨经度 13°29′，直线距离约为 1 200 km。东西时差约 1 小时。由于东西之间距离遥远，因此，西部远离海洋，气候干旱。

就海陆分布看，青海省位于青藏高原的东北部，处于西北内陆腹地。青海省是青藏高原的组成部分，平均海拔为 3 000 m 以上。由于地势高，气温低，热量资源贫乏，年均气温远低于我国同纬度东部低地地区，形成了高寒的自然生态系统。同时，位居西北内陆腹地，远离海洋，降水稀少，尤其是省域西北部的柴达木盆地，干旱少雨，形成了典型的荒漠景观。而省域东部的河湟地区，处在黄土高原与青藏高原的过渡地带，能承接东部季风余泽，是青海省自然条件和生活条件最好的地区；同时河湟地区位于我国第一阶梯向第二阶梯的过渡地带，蕴藏了丰富的水力资源。而南部的三江源地区位于青藏高原的腹地，具有高寒特征的景观特色。独特的海陆位置使青海省成为我国三大自然区交汇的地带，自然环境呈现出复杂多样的特征，为多样的湿地类型奠定了基础。

青海省是黄河、长江、澜沧江和黑河之源，素有"中华水塔"之美誉。黄河、长江、澜沧江、黑河从青海省内出境的径流量分别占到其总量的约 50%、25%、15% 和 43.58%。源头地区的生态环境质量不仅影响到包括青海省境内的广大青藏高原地区，而且直接影响这些大河的水量和水质。青藏高原地区是我国重要的生物多样性分布区，包括可可西里、江河源头地区在内的许多无人居住区，分布有许多适应高寒生态条件的、世界特有的动植物种类，是我国重要的生物基因资源的宝库，尤其是高寒草甸为主的湿地类，形成了独特的生态系统，对区域生态环境乃至周边地区的生态环境有重要的影响。

二、行政区划

青海省辖 2 个地级市、6 个自治州，即西宁市、海东市和海北藏族自治州、海南藏族自治州、黄南藏族自治州、玉树藏族自治州、果洛藏族自治州、海西蒙古族藏族自治州。截止到 2020 年，全省辖 7 个市辖区、4 个县级市、26 个县、7 个自治县、1 个行政委员会，合计 45 个县级区划（表 2.1）。

表 2.1 青海省行政区划

市（州）名称	县级数/个	县级行政单位及驻地名称
西宁市	7	城东区、城中区、城西区、城北区、湟中区、大通回族土族自治县（桥头）、湟源县（城关）
海东市	6	平安区（平安）、乐都区（碾伯）、互助土族自治县（威远）、民和回族土族自治县（川口）、化隆回族自治县（巴燕）、循化撒拉族自治县（积石）
海北藏族自治州	4	门源回族自治县（浩门）、祁连县（八宝）、海晏县（三角城）、刚察县（沙柳河）
海南藏族自治州	5	共和县（恰卜恰）、贵德县（河阴）、贵南县（茫拉）、兴海县（子科滩）、同德县（尕巴松多）
黄南藏族自治州	4	同仁县（隆务）、尖扎县（马克唐）、泽库县（泽曲）、河南蒙古族自治县（优干宁）
玉树藏族自治州	6	玉树市（结古）、称多县（周筠）、杂多县（萨呼腾）、治多县（加吉博洛格）、囊谦县（香达）、曲麻莱县（约改滩）
果洛藏族自治州	6	玛沁县（大武）、甘德县（柯曲）、久治县（智青松多）、达日县（吉迈）、班玛县（赛来塘）、玛多县（玛查里）
海西蒙古族藏族自治州	7	格尔木市、德令哈市、茫崖市、乌兰县（希里沟）、天峻县（新源）、都兰县（察汗乌苏）、大柴旦行政委员会
全省总计	45	

截止到 2019 年 12 月，全省辖 37 个街道、136 个镇、202 个乡、28 个民族乡，合计 403 个乡级区划（表 2.2）。

表 2.2　青海省乡级区划

市（州）名称	设立街道办事处/个	设立镇数/个	设立乡数/个	设立民族自治乡/个
西宁市	24	27	17	6
海东市	1	35	40	19
海北藏族自治州	0	11	17	2
海南藏族自治州	0	15	20	1
黄南藏族自治州	0	8	24	0
玉树藏族自治州	4	11	34	0
果洛藏族自治州	0	8	36	0
海西蒙古族藏族自治州	8	21	14	0
合计	37	136	202	28

第二节　自然地理概况

青海省地处素有"世界屋脊"之称的青藏高原的东北部。根据地质和古地理研究，青藏高原被称为世界上最年轻的高原，因为它的形成与地球上最近一次大规模的强烈地壳变化——喜马拉雅运动密切相关，这一运动又与印度板块与亚洲大陆板块的相互碰撞相联系。这次运动导致了青藏高原的强烈隆起。强烈的隆起时代开始于晚第三纪的上新世末，一直延续至今。上新世时青藏高原地区海拔仅为 1 000 m 左右。自上新世末至今，三四百万年的时间内，青藏高原大面积、大幅度地抬升达到今日高度。在此过程中高原自然地理环境的历史演变，除受到全球性冰期-间冰期气候波动的影响外，由于海拔高度的剧增而产生的巨大变化起了主导的作用。综合有关青藏古地理方面的资料，这一演变见表 2.3。

从表 2.3 可见，自上新世以来高原的自然历史是由低海拔热带-亚热带环境向高寒环境发展的历史。由于高原上山地已上升到平均海拔 5 000 m 左右的巨大高程，从而抑制了冰川衰退的速度，至今仍保存着相当规模的山岳冰川和广泛发育的多年冻土。从某种意义上，可以认为青藏高原大部分地区至今还没有脱离冰期。高原上地形外营力的变化、生物群落的演替及土壤发育等自然地理过程，均日益偏离所处纬度的地带性特征，青藏高原成为今日独立于中低纬度的大面积高寒地区。

表 2.3　上新世至晚更新世青藏高原古地理环境与海拔变迁概况

地质历史时期	古地理环境	海拔/m
晚更新世	强烈隆升与高原内部干旱化；东北部共和古湖被黄河溯源下切疏干，龙羊峡形成深达 800 m 的峡谷；动植物几乎全属现代种	4 000 以上
中更新世	高原全面进入冰冻圈，出现最大规模山地冰川，气温比现在低 7 ℃～8 ℃，冬季风增强，夏季风减弱，高原内部与北侧更加干旱	3 000～3 500
早更新世	强烈隆升、现代季风形成和河谷发育	2 000
上新世	古季风出现，低缓暖湿环境，主夷平面发育；为热带或亚热带森林和森林草原景观；动物群以三趾马为代表，绝大多数水系呈现为河湖串珠的外流水系	1 000

　　任何一个现代自然地理环境都是它自身历史发展至现阶段的反映，具有历史的继承性。不同的地区，由于现代自然因素的差异而各有不同的发展过程，各具特点，但又无不打上历史的烙印。青海省现代自然地理特征表现在以下几方面。

一、地势高，地貌类型复杂多样，且地域差异大

1. 地势高，呈现出自西向东倾斜的格局

　　根据青海省 1∶50 万地形图和 1∶10 万航测地形图测量，全省不同海拔高度各类地形面积统计表见表 2.4。从表 2.4 中看出，海拔 3 000 m 以上的地域占 72.28%，2 000 m 以下只占 0.10%。青海平均海拔约 3 500 m 左右，青南高原超过 4 000 m，有 30 余座海拔 5 800 m 以上的极高山，其中可可西里山的主峰布喀达坂峰雪山 6 860 m，是青海省的最高点。青海省东部地区海拔大都在 3 000 m 以下，最低点位于黄河支流湟水在民和县下川口出省处，海拔 1 650 m，这比我国东部地区的许多山峰高。地势高，是包括青海在内的青藏高原最主要的自然环境特征，它成为青藏高原现代自然地理发展过程的主导因素，对其他自然地理因素，包括湿地，产生了深刻的影响。

表 2.4　青海省不同海拔高度各类地形面积统计表

海拔/m	平地/km²	山地/km²	丘陵/km²	合计/km²	占总面积的比例/%
1 600～2 000	375.53	313.89	—	689.42	0.10
2 001～3 000	102 097.39	60 811.71	26 948.98	189 858.08	26.29
3 001～5 000	97 051.53	292 691.32	97 836.11	487 578.96	67.51
5 001 以上	6 075.70	18 587.07	9 772.89	34 435.66	4.77
水域	9 655.04	—	—	9 655.04	1.34
合计	215 255.19	372 403.99	134 557.98	722 217.16	1
占比	29.81	51.56	18.63	100	

2. 地貌类型复杂多样，地域差异大

青海省地域辽阔，复杂的内外营力，造就了多样的地貌类型。基本的地貌类型有山脉、高原、盆地、丘陵等。还有特殊的地貌类型，如流水地貌、风成地貌、冰川地貌、冻土地貌、黄土地貌、丹霞地貌等。省内地貌具有南北三分的特色：北部为祁连山—阿尔金山系；中部为柴达木盆地、茶卡—共和盆地和西秦岭山地；南部为青南高原。

（1）祁连山—阿尔金山系。

①祁连山系。

祁连山系是位于青藏高原东北部的边缘山系，北靠河西走廊，南邻柴达木盆地和黄南山地。由一系列北西—南东平行走向的褶皱—断块山脉和谷地、盆地组成，东西长1 200 km，南北宽250～400 km，西端及北部伸入甘肃境内。地势高差悬殊，最低海拔约1 600 m，最高约5 800 m，山地一般在4 000 m左右。4 500 m以上的山峰和山谷常年覆盖着积雪和冰川，现代冰川广泛发育。

根据位置、高度不同，祁连山系分为东、中、西三部分。东部流水作用强，往西寒冻风化和干燥剥蚀作用加强。地貌类型复杂多样，除构造地貌外，冰川地貌、冻土地貌、冰缘地貌分布广泛，东部河谷地带黄土地貌、丹霞地貌、河流地貌典型。

②阿尔金山系。

阿尔金山，蒙古语意为"有柏树的山"。呈东北—西南向分布于青海省西北部，成为柴达木盆地与塔里木盆地的界山。东北端在当金山口与祁连山系相接，西南端与昆仑山系北部的祁曼塔格山相交，青海境内段长约370 km，宽15～20 km，平均海拔4 000 m。阿尔金山系是由一系列雁行状山脉和谷地组成的。

（2）柴达木盆地、茶卡—共和盆地和西秦岭山地。

①柴达木盆地。

柴达木盆地为青藏高原北部边缘的一个巨大山间盆地，地处青海省的西北部。盆地略呈三角形，呈北西西—南东东方向延伸，东西长约 800 km，南北最宽处约 350 km，若以山脊分水岭为界，柴达木流域总面积 27.50 万 km²，其中四周山区面积 15.08 万 km²，底部盆地平原面积约 12.42 万 km²，为中国四大盆地之一。柴达木盆地是封闭的中新生代断陷盆地。四周被阿尔金山、祁连山和昆仑山环抱。

②茶卡—共和盆地。

茶卡—共和盆地位于青海省中东部地区，北依青海南山，南靠昆仑山支脉——鄂拉山，西与柴达木盆地相隔，南北宽 30～36 km，东西长约 300 km，海拔 2 400～3 500 m，是新生代断陷盆地，因新构造运动形成的较高台地和龙羊峡才分隔成茶卡和共和盆地。

③西秦岭山地。

秦岭山系是横贯我国中部的一条东西走向的褶皱山系。东起河南省中部，向西经陕西中部、甘肃西南部延伸到青海省东南部，青海境内称之为西倾山。西倾山位于青海省东南部河南县与黄河干流之间。青海省境内段东西长约 300 km，宽 30～50 km，海拔 4 200～4 500 m。北坡平缓，南坡濒临黄河谷地而陡峻。山体主脊多处被河流切穿，形成峡谷。山地上部多有古冰川遗迹，冰缘冻土地貌发育。

（3）青南高原。

青南高原处在东昆仑山系与唐古拉山系之间的广大地区，平均海拔 4 200 m 以上，是青藏高原腹地的重要组成部分。面积约有 30 万 km²。它以地势高且起伏较小，以及高原面保持较完整，成为青海省独立的一个地形单元。

青南高原地势西高东南低。长江、黄河和澜沧江均发源于本地区，江河源地海拔高，河流切割微弱，山体相对高差小，形成江河源宽谷盆地。近东西走向的宽谷湖盆、和缓的高海拔丘陵及小起伏高山组成了波状的高原面，是青藏高原面保存最完整的地区之一。东南部由于河流切割逐渐加剧，形成峡谷和岭，相对高差加大，构成了江河上游高原谷地地貌区。青南高原冰川广泛，冰缘作用十分强烈，冻土发育，是青海省重要的湿地分布区。

二、高原大陆性季风气候

青藏高原块体庞大高峻，除对气流产生分支、绕流、爬越、屏障等动力作用以外，高原下垫面相对于四周自由大气，夏季是一个热源，冬季是一个冷源，从而形成冬夏盛行风向相反的独特高原季风气候，同时，高原地势的影响超过了纬度的影响，使它成为独立的气候单元，成为湿地生态系统不断迁移和演化的重要驱动力。除季风特征外，由于高原地势高峻，温度低，人们把青藏高原与南北极相比，称其为地球的第三极，除了因为它的高度，还因为它的寒冷。青藏高原地域辽阔，气候区域差异明显。位于青藏高原东北部的青海省，具体的气候特征如下。

1. 空气稀薄，气压低，含氧量少

青海省平均海拔在 3 000 m 以上，与同纬度东部低地相比，对流层厚度要少 3 000 m 左右，气柱质量少三分之一左右，气压低，年平均气压大多在 625 hPa 以下，仅为海平面气压的一半多。高原上空气稀薄，空气密度大多在 0.71～0.80 kg/m³，平均为海平面空气密度的 60%～70%。由于空气稀薄，含尘量少，高原天空分外碧蓝。高原空气含氧量大都在 0.166～0.188 kg/m³ 之间，比海平面减少 35%～40%。水的沸点大部分地区也降至 84～87 ℃。空气密度小，加剧了空气增温和降温的强度，使气温日变化增大，并可降低空气的浮力和风压。

2. 辐射量大，光照充足

全省太阳年辐射总量为 5 860～7 400 MJ/m²，比我国同纬度东部地区高 1 700～1 900 MJ/m²，仅次于西藏自治区，居全国第二位。辐射总量自东南向西北递增。东南和东北部深谷地带大都在 6 100 MJ/m² 以下，柴达木盆地在 6 900 MJ/m² 以上，其中盆地中部在 7 100 MJ/m² 以上，冷湖高达 7 411 MJ/m²；青南高原的大部分地区在 6 300 MJ/m² 以上；青海湖周围在 6 300～6 500 MJ/m² 之间。就季节而言，夏季大，冬季小，春秋两季介于其中，全省均以 12 月与次年 1 月为最小。

全省年日照时数在 2 200～3 600 h 之间，日照百分率为 50%～80%，其分布趋势是自西北向东南递减，其空间分布与辐射总量分布基本吻合。日照最长的地区出现在柴达木盆地，年日照时数在 3 000 h 以上；青南高原的东南部日照时数较短，但仍在 2 300 h 以上；青海湖地区在 3 000 h 左右。全省年日照时数比我国东部同纬度地区高 400 h 以上。日照时数多、太阳辐射强，大大弥补了高原温度低的不足。

3. 温度低，气温的年变化和日变化幅度大

青海省年平均气温为 -5.6～8.6 ℃，比我国同纬度的东部地区要低 8.06～20 ℃；呈现为中间高、南北低。北部年平均温度 0℃ 等温线大致沿冷龙岭—大坂山—大通山—青海南山的西端—宗务隆山—柴达木山近似东西走向，此线以北的祁连山中西部年均温在 0 ℃ 以下，哈拉湖东侧在 -5 ℃ 以下；南部 0 ℃ 等温线大致沿巴颜喀拉山东端—阿尼玛卿山—鄂拉山—布尔汗布达山—祁曼塔格山大致绕青南高原北部外缘走向，此线以南年均温在 0 ℃ 以下。五道梁以西的可可西里年均温大都在 -4 ℃ 以下。目前，全省最低年均气温约为-5.6 ℃；而中部的柴达木盆地和河湟谷地，年均温在 4～8 ℃，共和盆地年均温在 2～3 ℃，位于黄河谷地的循化年均温约为 8.6 ℃，为全省最高值。

青海省位于中纬度位置，温度的年变化具有亚洲中高纬度地区大陆性气候的一般特征。年内各月平均温度只有一个最高和一个最低。最冷月绝大部分地区出现在 1 月，最暖月一般出现在 7 月。7 月等温线分布趋势与年均温分布趋势基本相同，中间高、南北低。东部最暖月均温在 15～20 ℃之间，柴达木盆地年均温在 12～17 ℃之间，祁连山年均温在 12 ℃以下，青南高原年均温大部分在 10 ℃以下。冬季气温很低，全省除河湟谷地、共和盆地、柴达木盆地大部、青南高原的东南部外，大部分在-12 ℃以下，比同纬度东部低地要低 15 ℃左右。

青海省温度年较差南北差异较大，北部愈往西愈有增大的趋势，柴达木盆地大多在 28 ℃以上，南部的青南高原大部分地区在 24 ℃以下。温度的日变化以升温、降温迅速为特征。全省气温日较差在 12～17 ℃之间，柴达木盆地中、西部日较差在 17 ℃以上，是省内日较差最大值；青南高原大部分地区、祁连山的东部地区在 14 ℃以下，其余地区在 14～17 ℃之间。冬季温度的剧烈升降尤其显著，日较差大都在 16 ℃以上。

4. 降水量小，干湿季分明，蒸发量大

全省年均降水量为 17.6～764.5 mm，大部分地区低于 400 mm，年均蒸发量为 700 mm。年降水量总的分布趋势是由东南部向西北部递减，东南部的班玛、达日、囊谦、久治等地年降水量在 500 mm 以上，其中，久治达 760 mm 以上，是本省降水量最大的地区。西北部的柴达木盆地年降水量在 100 mm 以下，盆地的西北部不足 20 mm，是省内降水最少的地区。

降水的季节分配不均匀，干湿季节分明。雨季各地雨量非常集中，一般要占全年总降水量的 90%左右，大陆性气候特征明显。如西宁 5～10 月的降水占全年总降水量的 91.72%，湟源 5～10 月的降水占 92.57%，海晏 5～10 月的降水占 99.20%，格尔木 5～10 月的降水占 90.12%。

三、河流众多，湖泊密布，冰川广布

青海省境内河流众多，据统计集水面积在 500 km² 以上的河流有 278 条，长江、黄河、澜沧江、黑河等发源于青海，因而青海省素有"江河源"美称。省内湖泊密布，成为我国湖泊最密集的省份之一。青海省地势高，构成了地球上中纬度地带的寒冷中心，成为世界中纬度地带冰川广泛分布的区域。这样的水文格局对青海省湿地的发育、变化有着深刻的影响。

1. 河流水系

青海省境内的河流分外流与内流两大系统。两大系统大体上从各拉丹东雪山东南部青藏边界起，经祖尔肯乌拉山、乌兰乌拉山、博卡雷克塔格山、布青山、鄂拉山、青海南山、日月山、大通山，直到冷龙岭的青甘边界上，构成一条贯穿青海东北与西南的蛇形水域分界线。界线东南为外流水系，西北为内流水系。

外流水系主要包括黄河、长江、澜沧江三大水系，分别注入渤海、东海和南海，为太平洋水系。其中，澜沧江为国际河流，下游为中南半岛的湄公河。外流水系的流域面积约为 34.86 万 km^2。内流水系有柴达木水系、青海湖水系、哈拉湖水系、茶卡—沙珠玉水系、祁连山水系、可可西里水系。内流水系的流域面积为 37.41 万 km^2。

（1）外流水系。

①黄河流域。

黄河是我国第二大河，发源于青海省曲麻莱县境内巴颜喀拉山北侧的雅合拉达合泽山。干流流经青海省玛多、达日、甘德、久治、河南蒙古族自治县、玛沁、同德、兴海、贵南、共和、贵德、尖扎、化隆回族自治县、循化撒拉族自治县、民和回族土族自治县等县，东流至寺沟峡处出省入甘肃省境内，大体呈"S"形，境内干流河道长 1 694 km，落差 2 768 m，平均比降约 1.6‰。

除在青海省境内汇入干流的支流外，大夏河、洮河、湟水等单独流出省境后，注入黄河。据统计，青海省境内黄河流域集水面积在 50 000 hm^2 以上的支流共有 82 条。黄河流域在青海省境内干、支流总流域面积为 1 523 万 hm^2，约占全省总面积的 21.32%。

②长江流域。

长江是我国第一大河，干流在青海省境内称为通天河，发源于唐古拉山脉中段的各拉丹东冰舌末端，东南向流经青海省治多、曲麻莱、称多、玉树等县市，至玉树市的赛拉附近进入四川省、西藏自治区境内。青海省境内干流河道长 1 206 km，落差为 2 065 m，平均比降为 1.7‰。另有较大的长江一级支流雅砻江和二级支流大渡河，分别发源于青海省的称多县、班玛县境内，单独流出省境后，在四川省境内注入长江。

长江流域位于青海省南部，那里是降水量较多的地区，河网密集，水系发达，青海省境内长江流域集水面积在 50 000 hm^2 以上的河流有 85 条。长江流域在青海省境内干、支流总流域面积为 1 584 万 hm^2，占全省总面积的 22.17%。

③澜沧江流域。

澜沧江属西南诸河水系，系国际河流。干流发源于青海省唐古拉山北麓查加日玛的西南侧，省境内称扎曲，由西北向东南流经杂多、囊谦两县，于打如达村以下 4 km 处流入西藏自治区境内，青海省境内河道长 448 km，落差 1 553 m，平均比降 3.5‰。主要支流左岸有子曲，右岸有解曲（昂曲）等，大体平行于干流，均为澜沧江的一级支流，流出省界后在西藏自治区境内先后汇入干流。澜沧江流域位于青海省最南部，降水多，水量较丰富，青海省境内澜沧江流域集水面积在 50 000 hm² 以上的河流有 20 条，干、支流总流域面积为 374.8 万 hm²，约占全省总面积的 5.2%。

（2）内流水系。

受地理位置、地形、降水的影响，该流域具有河流数目多而分散、流程短且不易形成大河等特点。据统计，青海省境内内流水系集水面积在 50 000 hm² 以上的河流有 91 条，主要有：柴达木盆地水系为那棱格勒河、格尔木河、诺木洪河、香日德河、察汗乌苏河、沙柳河、巴音河、鱼卡河、塔塔棱河、哈尔腾河等；青海湖水系为布哈河、伊克乌兰河、哈尔盖河、倒淌河、黑马河等；哈拉湖水系为奥果吐乌兰果勒河等；茶卡—沙珠玉水系为沙珠玉河、茶卡河、大水河等；祁连山水系为奎腾河、疏勒河、托勒河、黑河及石羊河上游的脑儿墩河、东大河、西大河等；可可西里水系有曾松曲、切尔恰布藏、兰丽河、陷车河、库赛河等。以上主要河流，除祁连山水系多由南向北流出省境进入甘肃河西走廊外，其他水系大都流入青海省盆地、湖泊。

2. 湖泊

青海省湖泊面积仅次于西藏自治区湖泊面积，居全国第二位。众多的湖泊是青海省自然景观的一个显著特征。据初步统计，在大小近千个湖泊中，超过 1 km² 的有 240 多个，超过 100 km² 的有 20 多个（表 2.5）。青海湖、哈拉湖、黄河流域的鄂陵湖和扎陵湖、可可西里流域的乌兰乌拉湖、西金乌兰湖、可可西里湖、赤布张措、库赛湖、卓乃湖等面积均在 200 km² 以上。湖泊总面积为 1.29 万 km²，占全国湖泊总面积的 15.3%。江河源区约占 17.9%，柴达木盆地占 15.9%，而介于两者之间的蛇形水域分界线附近分布有 66.2% 的湖泊。这种分布的不平衡充分反映出湖泊所在地区地质与自然条件的差异。湖泊的分布影响着青海省湿地的形成和分布趋向。在气候区域变化的影响下，湖水矿化度由东南向西北柴达木盆地增高，呈现淡水—微咸水—咸水—盐湖与干盐湖的分布趋势。较大湖泊的形成和发育多深受地质构造的控制。湖泊的特征很大程度上取决于湖水的补给条件，同时与湖泊成因密切相关。青海省湖泊类型有明显的区域差异，可分为以下 3 个湖区。

（1）江河源湖区。

地处青南高原中、东部，由黄河源区的扎陵湖、鄂陵湖、星星海等和长江源区的日久措、雅兴措、常木措等组成。各湖皆与外流水系沟通，多为淡水湖。以降水和冰雪融水补给为主。本区湖泊多数为与地质构造有关的断陷湖。

表 2.5 青海省面积在 100 km² 以上的湖泊

湖名	湖面海拔/m	湖水面积/km²	水化学类型
青海湖	3 196.0	4 300.0	咸
鄂陵湖	4 268.7	610.7	淡
哈拉湖	4 078.0	588.0	咸
扎陵湖	4 294.0	526.1	淡
乌兰乌拉湖	4 854.0	544.5	半咸
西金乌兰湖	4 769.0	346.2	盐
达布逊湖	2 675.6	341.3	盐
可可西里湖	4 878.0	299.9	半咸
赤布张措	4 931.0	476.8	半咸
库赛湖	4 867.0	254.4	咸
卓乃湖	4 751.0	256.4	半咸
冬格措纳湖	4 086.0	253.0	淡
勒斜武旦湖	4 867.0	227.0	咸
托素湖	2 811.0	192.8	盐
措仁德加湖	4 685.0	144.1	淡
西台吉乃尔湖	2 678.2	134.8	盐
尕斯库勒湖	2 853.7	122.7	盐
东台吉乃尔湖	2 681.4	121.5	盐
茶卡盐湖	3 059.0	116.0	盐
北霍布逊湖	2 675.6	108.4	盐
饮马湖	4 918.0	107.2	半咸
苏干湖	2 795.0	104.3	盐
太阳湖	4 882.0	100.9	淡

（2）柴达木湖区。

地处柴达木盆地及其周边地区，有依克柴达木湖、托素湖、尕斯库勒湖、达布逊湖、南霍布逊湖、北霍布逊湖等。这一湖群为典型的内陆水域湖群，以咸水湖和盐湖为主，并且具有新生代湖盆收缩成残留盐湖的特点。

（3）内陆水域东缘湖区。

沿两大水域分界线西侧发育有一系列大型湖泊，是内陆水域东缘蛇形湖群，主要有哈拉湖、青海湖、冬格措纳湖、库赛湖、可可西里湖、乌兰乌拉湖、赤布张措等。这一湖群具有过渡型的特点，咸水湖和淡水湖皆有，但高矿化度的盐湖并不发育，一般位于水源区者为淡水湖，汇水地段为咸水湖，其演化具有不稳定性，虽然目前为内陆水系，但其前期或发展趋势与外流水系有着某些联系，主要以地表径流和冰雪融水补给。绝大多数湖泊是新构造运动相对沉陷的产物，它们形成的时期主要在第三纪初期，当时湖水面积甚为广阔，不少湖泊是相连的大湖，后期因气候变干而退缩。近期退缩现象十分明显，湖泊周围普遍存在数级湖岸砂堤，与湖泊退缩相应的是湖水咸化和水生生物贫乏化。

3. 冰川与冻土

青海省地势高，构成了地球上中纬度地带的寒冷中心，成为世界中纬度地带冰川、冻土广泛分布的区域。

（1）冰川。

冰川积累区与消融区的分界线称为平衡线，也就是冰川雪线。青藏高原冰川雪线大体上以青藏高原的西北部为中心，呈不规则的环形向边缘逐渐降低。祁连山雪线海拔在4 400～4 800 m，阿尔金山在5 000～5 200 m，东昆仑山、唐古拉山在5 200～5 600 m。

青藏高原的现代冰川，按冰川发育的水热条件及冰川物理性质，可分为大陆型冰川和海洋型冰川，其中大陆型冰川又分为亚大陆型冰川和极大陆型冰川。青海省境内主要是大陆型冰川的亚大陆型冰川和极大陆型冰川。亚大陆型冰川分布于祁连山中、东段，昆仑山与唐古拉东段。这类冰川的主要特点是：冰川区年降水量在500～1 000 mm之间，平衡线处年平均气温在-6～-12 ℃，夏季（6～8月）平均气温在0～-3 ℃之间，冰层温度在20 m深度以内为-1～-10℃，冰川消融较弱，运动速度较慢。极大陆型冰川主要分布于唐古拉山西部、祁连山西部。这类冰川的主要特点是：冰川区年降水量在100～500 mm，平衡线处年平均气温低于-10 ℃，夏季（6～8月）平均气温在-1 ℃，在极其干燥寒冷环境下，冰川热量支出以蒸发为主，消融很弱，冰层多连底冻结，冰流速迟缓。

高原古冰川远超过现代冰川的规模，第四纪冰期古雪线较现代雪线要低数百米以至千余米。比现代冰川和范围更加广阔的积雪，把冷季的固体降水储集起来，成为一座座高山固体水库，夏季消融，补给河流。干旱年多供水，湿润年少供水，是干旱地区灌溉的重要水源。

（2）冻土。

青海省也是世界中纬度地带面积较大的冻土区。冻土是指温度在0 ℃或0 ℃以下，并含有冰的各种岩土。依据冻结持续时间的长短，冻土一般被划分为短时冻土（持续时间在半个月以内）、季节冻土（持续时间小于1年）和多年冻土。多年冻土被定义为位于地球表层一定深度以内，温度在0 ℃以下，持续时间在2年及2年以上的各种岩土。由于较高的海拔及寒冷的气候，青海省近 60%的地区被多年冻土覆盖，而季节冻土发育于其余的绝大部分地区。青海省多年冻土的分布及主要特征，见表 2.6。

从二调青海湿地数据和三调青海湿地数据可见，三调湿地面积比二调湿地面积共减少 2 332.40 万亩，减少地类主要表现在沼泽地的减少，其原因与冰川、冻土的变化有密切的关系。

表 2.6　青海省多年冻土的分布及主要特征

多年冻土区	多年冻土下界海拔高度/ m	面积/ 10^3 km^2	多年冻土厚度/ m	年均地温/ ℃
阿尔金山—祁连山高山 多年冻土区	西部：4 000 东部：3 450 最低：3 300	85.3	<10～139	0～2.5
昆仑山脉冻土区	4 000～4 200	75.7	4～100	0～3
青南高原东南部冻土区	3 840～4 300	181.9	<10～70	−0.5～3.2

四、动植物与土壤

青海省土壤的特征与地理分布，与同纬度的东部低地以及同处青藏高原的西藏自治区相比，具有自己的独特性。物种以温带成分为主，有不少的高原特有种属；植被—土壤分布的经度地带性明显，纬度地带性不太显著。湿地的动植物与土壤在高寒环境下的生态特色明显。

1. 植物与植被

青海省的植物区系成分以中国喜马拉雅植物区系为主，东北部有许多华北区系成分的植物侵入，西北部保留了亚洲中部植物区系的特点，这三种植物区系成分相互渗透交错。

由于生境条件较为严酷，植被区系组成甚为贫乏。据统计，全省维管植物约有 2 483 种，分属 114 科 577 属。其中蕨类植物 8 科 16 属 30 种；裸子植物 5 科 9 属 41 种；被子植物 101 科 552 属 2 412 种。与全国相比，青海省植物所含的科占全国的 32.3%，属占全国的 18.1%，种只占全国的 9.1%，植物种类不多。

青海省湿地植物物种按照恩格勒系统统计，见表 2.7。据初步统计，青海省共有湿地维管束植物 372 种，隶属 47 科 137 属。其中蕨类植物 3 种，隶属 1 科 2 属；被子植物 369 种，隶属 46 科 135 属（其中双子叶植物 243 种，隶属 31 科 93 属；单子叶植物 126 种，隶属 15 科 42 属）。

表 2.7　按照恩格勒系统统计的青海省湿地植物物种

含种的数量	科数	总属数	总种数	含种的数量	科数	总属数	总种数
≥10 种的科	13	86	285	含 3 种的科	9	15	27
含 7 种的科	2	3	14	含 2 种的科	7	9	14
含 6 种的科	1	3	6	含 1 种的科	12	12	12
含 5 种的科	2	7	10	合计	47	137	372
含 4 种的科	1	2	4				

　　青海植被由于地域跨幅较大，自然条件具有明显的地区分异，反映到植被分布上也具有一定的水平和垂直分布规律。植被分布总的趋势是：从东南向西北种类逐渐减少，植被景观也依次相应呈现出森林、草原和荒漠 3 个基本类型。垂直分布由于各山体所处的位置、地貌形态、水热条件等不同，垂直带谱类型也多种多样。随着气候干旱性的增强，越向西垂直结构越简化，各垂直带也逐渐抬高。

2. 野生动物

　　在动物地理区划上，青海省属于古北界青藏区，并与蒙新区和西南区接壤。全省有鸟类 292 种、兽类 103 种、两栖爬行动物 16 种、鱼类 59 种。属于国家重点保护的野生动物有 74 种、省级保护动物有 36 种。

　　（1）4 个生态地理区域。

　　在生态地理区划上，各类动物大致分布于 4 个生态地理区域，分别是：

　　①高地森林草原区域。代表动物有白唇鹿（cervus albirostris）、马鹿（cervus elaphus）、马麝（moschus sifanicus）、猕猴（macaca mulatta）、狼（canis lupus）、水獭（lutra lutra）、蓝马鸡（crossoptilon auritum）、藏马鸡（crossoptilon crossoptilon）、血雉（ithaginis cruentus）、雉鹑（tetraophasis obscurus）、环颈雉（phasianus colchicus）、石鸡（alectoris graeca pubescens）等。

　　②高地草原及草甸草原区域。代表动物有赤狐（vulpes）、藏狐（vulpes ferrilata）、藏棕熊（ursus arctos）、雪豹（panthera uncia）、野牦牛（poephagus mutus）、藏原羚（procapra picticaudata）、普氏原羚（procapra przewalskii）、喜马拉雅旱獭（marmota himalayana hodgson）、淡腹雪鸡（tetraogallus tibetanus）、暗腹雪鸡（tetraogallus himalayensis）、鹰科（accipitridae）、隼科（falconidae）部分猛禽、黑颈鹤（grus nigricollis）、斑头雁（anser indicus）、赤麻鸭（tadorna ferruginea）等。

③高地寒漠区域。代表动物有藏野驴（equus kiang）、藏羚（pantholops hodgsoni）、岩羊（pseudois nayaur）、盘羊（ovis ammon）、野牦牛（poephagus mutus）、西藏毛腿沙鸡（syrrhaptes tibetanus）、百灵科（alaudidae）、文鸟科（ploceidae）多种雪雀等。

④温带荒漠、半荒漠区域：代表动物有子午沙鼠（meriones meridianus）、长耳跳鼠（euchoreutes naso）、长尾仓鼠（cricetulus kamensis）等啮齿类动物，以及鹅喉羚（gazella subgutturosa）、沙狐（valpes corsac）、荒漠猫（felis bieti）、岩鸽（columba rupestris）等。

（2）湿地野生动物资源。

根据调查，青海省有湿地脊椎动物 280 种，隶属于 5 纲 28 目 61 科。其中，鱼纲 3 目 6 科 59 种、两栖纲 3 目 6 科 10 种、爬行纲 1 目 2 科 3 种、鸟纲 15 目 35 科 172 种，哺乳纲 6 目 12 科 36 种。

全省湿地脊椎动物目、科、种分别占全省脊椎动物目、科、种总数的 90.3%、82.4% 和 60.1%。其中，鱼类种数占全省鱼类总种数的 100.0%，两栖类占 100.0%，爬行类占 42.9%，鸟类占 58.9%，哺乳类占 35.0%。青海省湿地脊椎动物基本情况，见表 2.8。

表 2.8　青海省湿地脊椎动物基本情况

类　别	湿地脊椎动物			全省脊椎动物			湿地脊椎动物占全省同类物种的比例/%		
	目	科	种	目	科	种	目	科	种
鱼　纲	3	6	59	3	6	59	100.0	100.0	100.0
两栖纲	3	6	10	3	6	10	100.0	100.0	100.0
爬行纲	1	2	3	2	5	7	50.0	40.0	42.9
鸟　纲	15	35	172	16	36	292	93.8	97.2	58.9
哺乳纲	6	12	36	8	23	103	75.0	52.2	35.0
合计/平均	28	61	280	32	76	471	87.5	80.3	59.4

珍稀及保护特种比例高。在湿地鸟类中，国家重点保护鸟类有 20 种，其中国家 I 级保护鸟类 6 种，分别是黑颈鹤（grus nigricollis）、黑鹳（ciconia nigra）、大鸨（otis tarda）、白肩雕（aquila heliaca）、玉带海雕（haliaeetus leucoryphus）、金雕（aquila chrysaetos）；有国家 II 级保护鸟类 14 种，主要有大天鹅（cygnus）、灰鹤（grus grus）、蓑羽鹤（anthropoides virgo）、雀鹰（accipiter nisu）、秃鹫（aegypius monachus）、猎隼（saker falcon）、大𫚉（buteo hemilasius）、燕隼（falco subbuteo）等。

在湿地哺乳类中，国家重点保护兽类有 7 种，其中国家Ⅰ级保护动物 3 种，分别是藏野驴（equus kiang）、普氏原羚（procapra przewalskii）、藏羚（pantholops hodgsoni）；有国家Ⅱ级保护动物 4 种，分别是藏原羚（procapra picticaudata）、水獭（lutra lutra）、猞猁（felis lynx）、水鹿（cervus unicolor）。

在两栖动物中有国家Ⅱ级保护动物大鲵（andrias davidianus）1 种，而且大鲵还是国际贸易附录 1 中的保护物种。

3. 土壤

青海省土壤受地形、气候、植被类型、成土母质及人为耕作等综合因素影响，种类与分布错综复杂，共有 22 个土类、56 个亚类、118 个土属、178 个土种，具有明显的水平和垂直规律性，大体可划分为 4 个土壤区。青海省主要土壤类型、分布及特征，见表 2.9。

表 2.9　青海省主要土壤类型、分布及特征

类型	分布	特征
高山寒漠土	集中于海西蒙古族藏族自治州、玉树藏族自治州、海北藏族自治州及果洛藏族自治州，以及唐古拉山、巴颜喀拉山、昆仑山 4 700～5 000 m 以上分水岭背部	分布最高，脱离冰川最晚，成土年龄最短，发育弱、土层薄
高山漠土	见于青海省西北部的阿尔金山西段，以及海拔 3 800～4 500 m 的干、寒山地	高海拔、干寒、多风、低温下原始荒漠化成土过程，粗骨性强，利用价值低
高山草甸土	在青海省东北部，北纬 37°以北的大通河、黑河谷地，分布于 3 350～3 900 m；青海省东部北纬 36°～37°的湟水谷地，分布于海拔 3 500～4 400 m；北纬 35°～36°的黄河流域，其下限海拔在 3 300～3 700 m；北纬 33°～36°及其附近的积石山、巴颜喀拉山等地区，海拔为 3 800～4 700 m；唐古拉山东段北纬 32°～33°及其以南地区，其下限高达 4 100 m	发育较年轻，薄层性，粗骨性，B 层不明显，表层根系发达
亚高山草甸土	主要分布在高山带下段、森林郁闭线以上区域，在青海北部的祁连山东段、东部农业区的脑山以上地段及东南部河谷地区森林郁闭线以上均有分布	发育较高山草甸土完全
高山草原土	是森林郁闭线以上和无林山原高山带较干旱区域发育的土壤，广泛分布于唐古拉山以北、昆仑山以南的山地及高平原区，以及柴达木盆地东南高山区及北部高山带	形成过程以腐殖质积累作用和钙化（碳酸钙积累）作用为主，腐殖质层厚度仅为 3～15 cm，颜色稍淡，常呈黄色或灰色，为弱粒状结构

续表 2.9

类型	分布	特征
山地草甸土	主要分布于山地寒温性针叶林层带高度范围内，如东部农业区海拔 2 600～3 500 m，环湖地区 3 100～3 900 m；青南高原海拔 3 400～4 300 m 的低山丘陵的中山部、浑圆山顶以及较高的山前滩地	剖面发育比较完整，呈 As—A—BC—C 层，因冻融土体呈片状结构，有机质含量高，淋溶作用弱
草甸土	主要分布于海西蒙古族藏族自治州、海北藏族自治州、玉树藏族自治州和果洛藏族自治州等地区，在河流两岸的河漫滩地、湖滨洼地、季节性渍水的洼地或沼泽退化迹地等	（As）—A—Bg—C 或 A—Ag—C 或 A—AC 形微薄草皮层、腐殖质层和母质层，成土年龄较短，发育弱
潮土	主要分布在黄河及其支流的河漫滩地和一级阶地上，分布范围集中在海东、西宁两地（市）的黄河、湟水河谷及海南藏族自治州、海北藏族自治州、黄南藏族自治州三州的黄河、黑河、浩门河、隆务河流域的河漫滩地	母质为河流洪积冲积物，受地下水、母质、人为耕种、氧化还原作用交替进行，干湿变化形成各种色泽斑纹或铁锰结子。经耕种熟化，成为较优土壤
灰褐土	属山地森林土壤，上承高山、亚高山草甸土，下接黑钙土、栗钙土。分布于青海省的中低山地带，主要见于东半部，从南到北都有分布	有机质积累，弱黏化，有碳酸钙及其他矿物质的淋溶和沉积，发育较完全，有枯枝落叶层、腐殖质层和淀积层
黑钙土	东经 99°30′ 之东，北纬 34° 以北，环青海湖、海南藏族自治州、海北藏族自治州、黄南藏族自治州山体下部、山前冲积、洪积平原、台地、缓坡、滩地，以及东部农业区脑山	腐殖质积累与钙化明显，腐殖质层深厚、松软，土体中下部多有明显或不太明显的钙积层、假菌丝体、斑点状石灰新生体，AB 层间有舌状过渡层
栗钙土	东起民和，西至天峻，南至海南最南端黄河谷地，北至祁连八宝，海拔 2 100～3 500 m，为广布土之一	在草原植被下发育形成，剖面分化明显，由白腐殖质和碳酸钙积层组成。在半干旱条件下，淋溶较弱，钙化强

东部栗钙土区即东部黄土高原区，包括祁连山东部的黄河、湟水谷地以及大通河的门源滩地。其中，川水地区土体较厚，自然土壤主要有灰钙土、栗钙土；海拔 2 000～2 600 m 的垂直带谱是浅山地，分布有大面积的淡钙栗土和栗钙土，地力贫瘠，水土流失严重；海拔 2 600～3 400 m 的高山带谱是脑山地，阳坡有暗钙土，阴坡有黑钙土，土体较厚，肥力较高。

柴达木盆地荒漠土区，怀头他拉至都兰县香日德以东为棕钙土，以西地区为灰棕漠土，南部一带为宽阔的三湖盆地，土壤有盐化沼泽土、沼泽盐土、草甸盐土及残积盐土、洪积盐土等，北部和东部均为一连串的山间盆地。整个盆地土壤风蚀极为严重。

青海湖环湖及海南台地黑钙土区，在海拔 3 400～4 300 m 的垂直带谱上，多是黑钙土和高山草甸土；海拔 2 800～3 400 m 的滩地、坡地上，为栗钙土和暗栗钙土，土壤肥力较高，土层较薄；河漫滩分布有草甸土及草甸沼泽土。

青南高原高山区，东南部有高山草原土、高山荒漠草原土、沼泽土、高山草甸土、灰褐土等，西部和北部，广泛分布有沼泽土。

第三节　社会经济状况

一、人口与民族

截至 2019 年年末，青海省常住人口为 607.82 万人，其中，男性 311.81 万人，女性 296.01 万人，人口密度为 8.44 人/km^2。2019 年年末常住人口数及构成，见表 2.10。

表 2.10　2019 年年末常住人口数及构成

指标	人口数/万人	比重/%
常住人口	607.82	100
城镇	337.48	55.52
乡村	270.34	44.48
男性	311.81	51.3
女性	296.01	48.7
0～14 岁	119.8	19.71
15～64 岁	437.51	71.98
65 岁及以上	50.51	8.31
少数民族	289.99	47.71

由表 2.10 可见，人口增长正处于生育模式下的高增长率阶段向人口控制政策下的低增长率阶段过渡。人口增长以自然增长为主。虽然有人口的流动，但研究区人口的出生率近 10 年都大于死亡率，表明研究区人口处于数量的自然增长过程。人口再生产的类型已从高出生率、低死亡率、高增长率的年轻型转化为低出生率、低死亡率、低增长率的成熟型。人口性别比为 105，性别比平衡。人口的年龄结构已由成熟型转化为老年型。人口抚养负担相对较轻，人口生产性强中，社会储蓄率高，处于有利于经济增长的"人口红利"时期。

自古以来，青海是我国多民族聚居地区之一。全省除汉族外，还居住着 50 多个少数民族，其中世居的民族有藏族、回族、土族、撒拉族和蒙古族。2019 年世居的 5 个少数民族藏族、回族、土族、撒拉族、蒙古族人口分别占青海省总人口的比重为 25.23%、14.78%、3.55%、1.93%、1.8%。

二、经济发展

目前，青海经济经历了西部大开发以来的高速增长之后，劳动力、土地、资本等生产要素成本不断上升，资源环境约束不断增强，结构性减速因素正逐渐凸显，经济发展方式向发挥特色资源优势与绿色循环低碳相结合转变，经济增长进入以推动高质量发展和改善效率为主的中高速增长时期。呈现出以下特点：

一是经济向中高速增长过渡。2019 年，地区生产总值达到 2 965.95 亿元，近几年经济增速平均保持在 7% 以上，高于同期全国平均水平。人均地区生产总值达到 48 981 元。全体居民人均可支配收入 22 618 元，比 2015 年提高 6 800 元。地区生产总值和居民人均可支配收入均提前实现比 2010 年翻一番的目标。

二是现代产业体系加快建设。三大产业结构由 2015 年的 8.64∶49.95∶41.41 调整为 2019 年的 9.4∶43.5∶47.1，实现由"二三一"到"三二一"的历史性转变。新能源、新材料、生物医药等战略性新兴产业和健康养老、现代物流、电子商务、文化产业等现代服务业快速发展。2019 年，金融、信息、科技、商务四大服务业增加值占服务业总产值的比例超四成，金融业成为国民经济支柱产业，旅游业提档升级步伐加快，服务经济主导地位逐步凸显。

三是发展方式发生变化。生态文明理念统领全省经济社会发展，经济结构开始了深度调整和转型升级，发展方式发生积极变化，特色优势鲜明、市场潜力巨大的绿色产业发展壮大，产业发展层次和核心竞争力稳步提升，发展的质量和效益不断增强。绿色有机农畜产品示范省创建全面展开，力争建成全国最大的绿色有机畜牧业生产基地，创建全国唯一草地生态畜牧业试验区。盐湖资源综合利用产业已成为全国有影响力的循环经济产业集群，锂电、新材料、盐湖化工、光伏光热四大产业集群加快构建，两个千万千瓦级可再生能源基地基本建成，循环经济工业增加值占比超过 60%。服务业发展活力和拉动力跨上新台阶，金融、信息、科技、商务四大服务业增加值占比超过四成，旅游业加速成长为全省战略性支柱产业和富民增收的美好事业。

四是城乡区域协调发展呈现新态势。城乡区域发展格局演化重塑，高原美丽城镇、美丽乡村建设引领城乡融合形成新格局。主体功能区战略深入实施，"一群两区多点"城镇化发展新格局加快构建，"大西宁"建设稳步推进，"新海东"城市功能持续优化，格尔木交通枢纽地位明显提升，高原美丽城镇示范省建设全面展开。2019 年常住人口城镇化率升至 55.52%，比 2015 年提高 5.22 个百分点。城市群合作共建开启新篇章，都市圈建设有序推进，中心城市带动力稳步增强，副中心城市加快建设，新设茫崖、同仁市，城市数量达到 7 个。城市品质明显提升，人均公园绿地面积达到 10.01 m^2，城市（县城）建成区绿化覆盖率达到 27.32%。乡村振兴战略加快实施，农村生产生活条件显著改善，各类农民合作社稳步发展，扶持了一批休闲农牧业示范基地，推荐入围中国美丽休闲乡村 6 个、全国休闲农业精品农庄（园区）6 个。持续推进农牧区环境综合整治，完善城乡基础设施条件，农牧区人居环境大幅改善。农村居民和城镇居民的恩格尔系数首次均提升至 30～40，城乡居民生活水平整体差距不断缩小，总体处于富裕阶段。2018 年，城乡居民人均可支配收入与全国平均水平的相对差距由 2015 年 1.27∶1 和 1.44∶1 分别缩小到 2018 年的 1.25∶1 和 1.41∶1。

第四节　土地资源及土地利用现状概况

一、土地资源类型的基本特征

土地资源类型是土地资源评价的基本单元，是因地制宜合理利用土地的基础。青海省土地类型划分为两级。一级土地类型（土地类）以引起土地分异的主导因素——地貌类型划分；二级土地类型（土地型）的划分，主要依据是反映土地生态特性的植被群系组成或亚型以及相应的土壤类型，是第一级土地类中土地质量差异的具体反映。同一级土地型，具有相应的水分、温度状况，以及较为一致的水文特征和物质迁移运动规律，因而也是评价土地质量的基本土地单位。依据土地型的组成要素，即地貌条件、温度和水分状况、植被和土壤等综合特征，按土地生态特征对农、林、牧业用地的适宜性归类，青海省土地资源类型及评价，见表 2.11。

据表 2.11，青海省土地资源类型的基本特征为：

1. 土地辽阔，类型多样

青海省土地总面积约为 69.66 万 km^2，仅次于内蒙古、新疆、西藏，居全国第四位，土地辽阔。由于地形复杂，不同的地形导致水热分配出现差异，形成了丰富多样的土地类型，一级土地类型（土地类）14 个、二级土地类型（土地型）共 80 个。多样的土地类型，有利于农、林、牧的综合发展。

表 2.11 青海省土地资源类型及评价

土地类	面积/km²	占总面积比例/%	质量评价	土地型
极高山地	43 279.12	6.00	海拔高，严寒，多为冰雪覆盖，植被十分稀少，目前未利用，但冰雪融化的水是河湖的主要水源。雪莲可做药用	①垫状植被寒漠土极高山地 ②冰川永久积雪极高山地
高山地	289 059.86	40.08	海拔较高，气候寒冷，湿润半湿润或半干旱，除高寒草原外，植被覆盖度大，生产潜力大，是主要的牧场	①高寒草甸高山地 ②高寒落叶阔叶灌丛高山地 ③高寒草甸草原高山地 ④高寒草原高山地 ⑤高寒荒漠高山地 ⑥高寒沼泽高山地
山原地	95 950.7	13.30	不适宜林业和农业，现为主要的草场和畜牧业基地	①高寒草甸山原平地 ②高寒草甸草原山原平地 ③高寒草原山原平地 ④高寒荒漠草原山原平地 ⑤高寒沼泽山原平地 ⑥高寒草甸山原平缓地 ⑦高寒草原山原平缓地 ⑧高寒荒漠草原山原平原地
中山地	31 442.55	4.36	降水较多，许多地方生长林木，草本植物生长也较好，既是良好的林地，又是优良的冬春草地，局部平缓地可农耕，西部中山地土地质量差	①落叶阔叶林灰褐土中山地 ②针阔叶混交林灰褐土中山地 ③针叶林（圆柏林）碳酸盐灰褐土中山地 ④针叶木（云、冷杉林）淋溶灰褐土中山地 ⑤草甸草原黑钙土中山地 ⑥中生杂草（淋溶）黑钙土中山地 ⑦中生灌丛杂草淋溶黑钙土中山地 ⑧干草原栗钙土中山地 ⑨荒漠草原棕钙土中山地 ⑩荒漠灰棕荒漠土中山地

续表 2.11

土地类	面积/km²	占总面积比例/%	质量评价	土地型
低山丘陵地	14 663.22	2.03	青东低山丘陵地,植被破坏和水土流失严重,生态恶化。除少量缓坡地外,这类土地质量差,应恢复植被,发展牧、林业	①荒漠草原灰钙土低山丘陵地 ②灰钙土梁峁地 ③小灌木草原栗钙土低山丘陵地 ④干草原栗钙土低山丘陵地 ⑤荒漠草原棕钙土低山丘陵地 ⑥荒漠灰棕漠低山丘陵地
河谷沟谷地	44 796.66	6.21	东部河谷地,宜发展农、林、牧业,是青海省主要粮食生产基地。西部、南部的河谷沟谷地,土地质量较差,受高寒干旱限制大	①杂草草甸河谷沟谷地 ②荒漠草原灰钙土河台沟谷地 ③干草原栗钙土河谷沟谷地 ④草甸草原黑钙土河谷沟谷地 ⑤荒漠草原棕钙土河谷沟谷地 ⑥干旱荒漠河谷沟谷地 ⑦高寒草原河谷沟谷地 ⑧高寒草甸河谷沟谷地 ⑨高寒荒漠草原河谷沟谷地
台地	48 108.37	6.67	干草原、草甸草原、荒漠草原地带分布的台地,地势平坦,大多土层厚,但离河床高,土体干燥,如能解决灌溉水源则是较好的土地。高寒台地,大都能作为牧业用地	①荒漠草原灰钙土台地 ②干草原栗钙土台地 ③草甸草原黑钙土台地 ④荒漠草原棕钙土台地 ⑤荒漠灰棕漠地台地 ⑥高寒草甸台地 ⑦高寒草原台地 ⑧高寒荒漠草原台地 ⑨高寒荒漠台地
平地	34 981.60	4.85	平地质量因土地型的不同判别较大,柴达木盆地西部,地表没有植被生长,多为盐漠、雅丹地;共和盆地、环湖地区、门源盆地的平地,土地质量较好,大多植被生长茂盛,是良好的冬春牧场,局部可垦殖	①盐化草甸平地 ②荒漠草原棕钙土平地 ③干草原栗钙土平地 ④草甸草原黑钙土平地 ⑤龟裂土平地 ⑥盐漠土 ⑦雅丹及风蚀劣地

续表 2.11

土地类	面积/km²	占总面积比例/%	质量评价	土地型
绿洲地	480.52	0.07	土地质量良好,宜发展农、林、牧业,是盆地的粮、油、菜生产基地	①灌耕绿洲地
沙漠	19 033.14	2.64	半固定和固定沙地生长耐旱耐瘠植物,可轻度放牧。流动沙地寸草不生,危害农田、草地,使土地沙漠化	①固定沙地 ②半固定沙地 ③流动沙地
戈壁	42 802.57	5.93	土地利用价值很低,局部可轻度放牧	①洪积冲积砂砾质戈壁 ②冲积洪积砾质戈壁 ③剥蚀石质戈壁
平缓地	4 278.46	0.59	土质一般都较好,热量也充足,只要有水灌溉,可作为农用地或人工草地	①荒漠草原灰钙土平缓地 ②荒漠草原棕钙土平缓地 ③干草原栗钙土平缓地 ④草甸草原黑钙土平缓地
河湖滩地及湿地	37 405.49	5.19	内部植被和土壤不同,利用也不一样。大多受水文、排水及盐分含量高的限制,土地质量差	①盐湖滩地 ②沼泽盐土湿地 ③草甸沼泽盐土湿地 ④草甸盐土湿地 ⑤盐化沼泽草甸湿地 ⑥盐化草甸湿地 ⑦湖滨草甸沼泽湿地 ⑧杂类草草甸湿地
湖、水库	14 916.40	2.07	淡水湖、水库大都可开发渔业,盐水湖具有丰富的化工原料	①淡水湖、水库 ②盐水湖 ③微咸水湖 ④咸水湖

2. 山地多,平地少

青海省山地、丘陵面积占总面积的三分之二,平地占三分之一,其中高山地占 40.08%。山地多、平地少是青海省土地资源类型的基本特征。山地一般高差大,坡度陡,与平地相比,土地的适宜性单一,宜耕性差,农业发展受到限制,而且土地生态系统比较脆弱,极易引起水土流失和资源破坏。但山地是青海省主要的牧林生产基地,而且也是水源的集水区，在农业自然资源组成和农业生产中占有特别重要的地位。

3. 大多数土地类型质量差

青海省大部分地区海拔在 3 000 m 以上，日照虽充足，但热量不足，高而寒冷；大部分地区降水少，高寒、干旱叠加，土地生产能力低，而且不易利用的土地面积大，在 14 个一级土地类型中，每个类型都有限制因素，易于开发利用的土地资源少。

二、土地利用现状

根据第三次全国国土调查结果，青海省土地利用现状及构成，见表 2.12。

表 2.12　青海省土地利用现状及构成

类型	占地比例/%	类型	占地比例/%
湿地（00）	7.55	住宅用地（07）	0.12
耕地（01）	0.82	公共管理与公共服务用地（08）	0.02
种植园用地（02）	0.09	特殊用地（09）	0.02
林地（03）	6.61	交通运输用地（10）	0.21
草地（04）	56.67	水域及水利设施用地（11）	3.51
商业、服务业用地（05）	0.01	其他土地（12）	24.27
工矿用地（06）	0.08		

青海省土地利用现状具有如下特征：

1. 土地利用以牧业用地为主，湿地面积较大

青海省高寒的自然环境决定了牧业用地是土地利用的主要方式。据表 2.12 可见，青海省草地面积为 59 220.89 万亩，占土地总面积的 56.67%。青海省湿地面积为 7 893.40 万亩，占土地总面积的 7.55%，仅次于草地和其他土地，位于青海省各类用地的第三位，居全国第一位。湿地的生态功能突出，凸显了青海省在全国的重要生态地位。

2. 农、林、牧业用地分布相对集中

青海省耕地面积很少，占全省土地面积的 0.82%，仅多于西藏自治区的耕地面积，居全国倒数第二位。在耕地中，水浇地少，只占耕地面积的 30.36%；旱地多，占耕地面积的 68.50%。尽管全省耕地面积只有 853.94 万亩，仅占农用地面积的 1.50%，但所生产的粮食却保证了省内实际消费量的 70% 左右，贡献产值占农业增加值的 39%。在气候高寒、地域辽阔、运程远、交通不便、运价昂贵的特殊高原地理背景下，以耕地利用为主的种植业生产对区域经济的发展无疑具有重要的战略意义。受自然条件的严格限制，青海省农区的农作物为一年一熟，作物组成以耐寒的青稞、小麦、豌豆和油菜为主；耕地大多

分布于最热月均温 10～12 ℃以上、水土条件较好的河谷地与湖盆地带,具体主要分布于东部的河湟谷地和柴达木盆地的细土地带,这些地区成为青海省区域性的粮食生产基地。

此外,青海省的天然牧草地主要分布于青南高原、环湖地带和柴达木盆地。林地和有林地集中分布于祁连山东部、青南高原东南部边缘峡谷地带。

农、林、牧业用地分布相对集中,有利于农业多部门分区开发利用。但由于水土资源的地区配置较差,部分地区的土地资源种类过于单一,不利于土地资源的充分开发与合理利用。

3. 土地资源开发利用不充分,土地生产力水平亟待提高

自然环境严酷、技术条件落后,严重地制约着土地资源的开发利用与农、牧业的生产发展。青海省其他利用地面积占土地总面积的 24.27%。体现区域社会经济发展水平的商业、服务业用地,工矿用地,交通运输用地等面积小,分别只占总面积的 0.01%、0.08%、0.21%,所占比例低。青海省耕作为粗放经营,土地产出水平与经济效益低下,高原气候赋予的高产优势远未得到发挥。

综上,从青海省土地利用现状看,青海省已利用土地占 72.84%。土地利用以牧草地占绝对优势的高寒畜牧业型为主。目前,还有相当部分的宜农、宜林地未能充分利用。今后需要对土地利用结构及布局进行适当调整:突出区域优势,稳定现有牧草地、耕地面积,提高林地利用率;统筹安排,保证城乡建设、交通、水利工程等国民经济行业对土地的需求;使各类土地资源得到合理开发利用,使土地利用的区域优势充分转变为经济优势;立足牧草地优势,加快草原建设,发展现代化畜牧业;调整耕作制度,加强基本农田建设,开发宜农荒地,提高粮食自给水平;调整林地利用结构,因地制宜扩大现有林地面积,合理开发利用林地资源和湿地资源,加强其生态用地功能。

第三章 青海省湿地资源

第一节 湿地资源类型及特征

青海省是我国湿地大省，湿地类型多样，分布地域广泛，呈现高原特点。我国湿地的分类标准前后进行过调整，有《全国湿地资源调查技术规程（试行）》的分类体系、第三次全国国土调查（简称"三调"）工作分类中的湿地分类体系以及《土地利用现状分类》（GB/T 21010—2017）中的湿地分类体系。下面根据不同的湿地分类标准，对湿地类型进行研究，目的是从类型的视角系统了解青海省的湿地资源特征。

一、基于三调工作分类的湿地类型

根据《第三次全国国土调查技术规程》（TD/T 1055—2019）中规定的工作分类，湿地一级类中包含红树林地、森林沼泽、灌丛沼泽、沼泽草地、盐田、沿海滩涂、内陆滩涂、沼泽地 8 种二级类，青海省属于内陆省份，无红树林地、灌丛沼泽和沿海滩涂湿地类型，其余 5 种类型均有分布。

2021 年 8 月 26 日，国务院第三次全国国土调查领导小组办公室联合国家自然资源部、国家统计局对第三次全国国土调查主要数据进行公布，我国湿地面积为 35 203.99 万亩（1 亩约合 667 平方米），包括 7 个二级地类，盐田不再统计到湿地（00）类中。根据国家最新统计口径，青海省湿地主要包括沼泽草地、内陆滩涂、沼泽地、森林沼泽 4 个类型，总面积为 7 651.78 万亩，占全国湿地总面积的 21.74%，占全省土地总面积的 7.32%。其中沼泽草地 5 948.59 万亩，占全省湿地总面积的 77.74%；内陆滩涂 1 561.86 万亩，占全省湿地总面积的 20.41%；沼泽地 141.33 万亩，占全省湿地总面积的 1.85%，全省有 2.85 亩森林沼泽少量分布，沼泽草地和内陆滩涂是青海省主要湿地类型（图 3.1、3.2）。需要说明的是，本书涉及青海省全省湿地数据，数据量较大，计算主要在数据库中完成，只保留了两位有效数字，所以偶会出现总数与各分项之和有少许差异的现象，以及各百分比之和不完全等于 1 的情况。书中统计数据的单位多为万亩，因此，以亩为单位计量的数据在计算总数时常被忽略不计，导致图示中出现 0% 的情况。同类情况其他章节不再赘述。

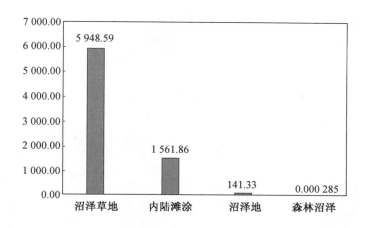

图 3.1　青海省主要湿地类型及面积（单位：万亩）

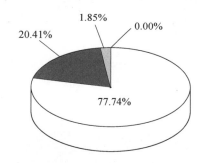

图 3.2　青海省主要湿地类型占比

1. 沼泽草地

（1）概况。

沼泽草地指以天然草本植物为主的沼泽化低地草甸、高寒草甸。青海省境内沼泽草地面积较大，是青海省最主要的湿地类型，其面积占全省湿地总面积的 77.74%。

沼泽化低地草甸是在土壤湿润或地下水丰富的生境条件下，由中生、湿中生多年生草本植物为主形成的一种隐域性草地类型。由于受土壤水分条件的影响，低地草甸的形成和发育一般不成地带性分布，凡能形成地表径流汇集的低洼地、水泛地、河漫滩、湖泊周围等均有低地草甸分布。在气候干旱、大气水分不足的荒漠地区，在水分条件较好或地下水位较高的地方，也有低地草甸的出现。土壤主要为草甸土、盐化草甸土。主要分布于柴达木盆地、青海湖等湖泊周围、盐湖外缘盐漠滩地，草层高度为 30～50 cm，植被覆盖度为 30%～60%。

　　沼泽化高寒草甸是青海省分布最普遍、面积最大的湿地类型，广泛分布在海拔 3 200～5 200 m 的青南高原东、中部，祁连山山体上部，柴达木盆地边缘地带，分布比较集中，草层高度为 4～15 cm，植被覆盖度为 70%～80%（图 3.3、3.4）。

（a）　　　　　　　　　　　　　　　　　（b）

图 3.3　甘德县沼泽草地

图 3.4　柴达木盆地的沼泽草地

　　（2）各行政区内的沼泽草地面积。

　　根据三调统计成果，青海省 5 948.59 万亩沼泽草地中，玉树藏族自治州有 3 552.12 万亩，占全省沼泽草地总面积的 59.71%；果洛藏族自治州有 955.86 万亩，占全省沼泽草地总面积的 16.07%；海西蒙古族藏族自治州有 1 005.67 万亩，占全省沼泽草地总面积的 16.91%；海北藏族自治州有 322.40 万亩，占全省沼泽草地总面积的 5.42%；黄南藏族自治州有 82.71 万亩，占全省沼泽草地总面积的 1.39%；海南藏族自治州有 28.79 万亩，占全省沼泽草地总面积的 0.48%；海东市有 0.69 万亩，占全省沼泽草地总面积的 0.01%；西宁市有 0.34 万亩，占全省沼泽草地总面积的 0.01%（表 3.1）。由此可见，沼泽草地主要分布在青海的三江源区和柴达木地区，三江源区主要沼泽草地以高寒草甸为主，柴达木地区主要以低地草甸为主（图 3.5、3.6）。

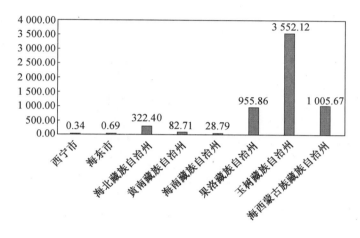

图 3.5　青海省沼泽草地分行政区示意图（单位：万亩）

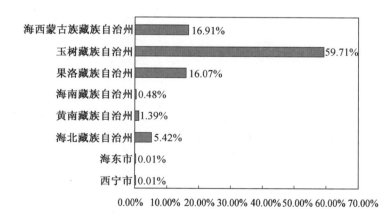

图 3.6　青海省沼泽草地分行政区占比示意图

表 3.1　沼泽草地在青海省各行政区内的面积

行政区划（市、州）	行政区划（县、区、市）	沼泽草地面积/万亩	小计
西宁市	城东区	0.00	0.34
	城中区	0.00	
	城西区	0.00	
	城北区	0.00	
	大通回族土族自治县	0.00	
	湟中区	0.34	
	湟源县	0.00	
海东市	乐都区	0.00	0.69
	平安区	0.00	
	民和回族土族自治县	0.00	
	互助土族自治县	0.66	
	化隆回族自治县	0.01	
	循化撒拉族自治县	0.02	
海北藏族自治州	门源回族自治县	5.09	322.40
	祁连县	90.88	
	海晏县	25.82	
	刚察县	200.62	
黄南藏族自治州	同仁县	0.98	82.71
	尖扎县	0.10	
	泽库县	54.77	
	河南蒙古族自治县	26.86	
海南藏族自治州	共和县	19.22	28.79
	同德县	0.00	
	贵德县	0.32	
	兴海县	6.14	
	贵南县	3.11	
果洛藏族自治州	玛沁县	64.97	955.86
	班玛县	8.59	
	甘德县	41.07	
	达日县	168.26	
	久治县	40.07	
	玛多县	632.92	

续表 3.1

行政区划（市、州）	行政区划（县、区、市）	沼泽草地面积/万亩	小计
玉树藏族自治州	玉树市	67.52	3 552.12
	杂多县	816.00	
	称多县	612.44	
	治多县	937.47	
	囊谦县	14.58	
	曲麻莱县	1 104.11	
海西蒙古族藏族自治州	格尔木市	392.63	1 005.67
	德令哈市	31.94	
	茫崖市	33.85	
	乌兰县	16.93	
	都兰县	189.13	
	天峻县	332.86	
	大柴旦行政委员会	8.33	

2. 内陆滩涂

（1）概况。

内陆滩涂指"河流、湖泊常水位至洪水位间的滩地；时令湖、河洪水位以下的滩地；水库、坑塘的正常蓄水位与洪水位间的滩地。包括海岛的内陆滩地。不包括已利用的滩地"（图 3.7~3.9）。

图 3.7　班玛县内陆滩涂

图 3.8　甘德县内陆滩涂

图3.9　达日县内的黄河内陆滩涂

（2）各行政区内的内陆滩涂面积。

青海省内陆滩涂共计 1 561.86 万亩，其中，海西蒙古族藏族自治州有 705.32 万亩，占全省内陆滩涂总面积的 45.16%；玉树藏族自治州有 618.61 万亩，占全省内陆滩涂总面积的 39.61%；果洛藏族自治州有 94.10 万亩，占全省内陆滩涂总面积的 6.02%；海北藏族自治州有 71.89 万亩，占全省内陆滩涂总面积的 4.60%；海南藏族自治州有 55.72 万亩，占全省内陆滩涂总面积的 3.57%；分布在其他区域的内陆滩涂面积共有 16.22 万亩，占全省内陆滩涂总面积的 1.04%，其中黄南藏族自治州有 7.09 万亩、海东市有 6.68 万亩、西宁市有 2.45 万亩（表 3.2），由此可见，青海内陆滩涂主要分布在柴达木地区和三江源区。青海省内陆滩涂分行政区示意图如图 3.10 所示，青海省内陆滩涂分行政区占比示意图如图 3.11 所示。

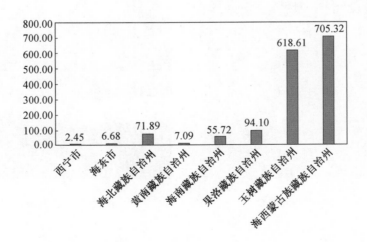

图3.10　青海省内陆滩涂分行政区示意图（单位：万亩）

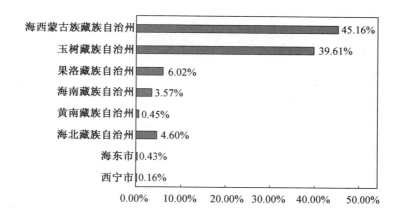

图 3.11　青海省内陆滩涂分行政区占比示意图

表 3.2　内陆滩涂在青海省各行政区内的面积

行政区划（市、州）	行政区划（县、区、市）	内陆滩涂面积/万亩	小计
西宁市	城东区	0.02	2.45
	城中区	0.01	
	城西区	0.00	
	城北区	0.00	
	大通回族土族自治县	0.45	
	湟中区	0.99	
	湟源县	0.98	
海东市	乐都区	0.48	6.68
	平安区	0.26	
	民和回族土族自治县	1.23	
	互助土族自治县	1.15	
	化隆回族自治县	2.67	
	循化撒拉族自治县	0.89	
海北藏族自治州	门源回族自治县	6.34	71.89
	祁连县	41.20	
	海晏县	9.32	
	刚察县	15.04	
黄南藏族自治州	同仁县	1.98	7.09
	尖扎县	1.01	
	泽库县	1.63	
	河南蒙古族自治县	2.46	

续表 3.2

行政区划（市、州）	行政区划（县、区、市）	内陆滩涂面积/万亩	小计
海南藏族自治州	共和县	27.76	55.72
	同德县	6.15	
	贵德县	6.41	
	兴海县	10.45	
	贵南县	4.95	
果洛藏族自治州	玛沁县	14.89	94.10
	班玛县	1.30	
	甘德县	7.13	
	达日县	15.84	
	久治县	4.56	
	玛多县	50.38	
玉树藏族自治州	玉树市	3.63	618.61
	杂多县	42.76	
	称多县	7.95	
	治多县	420.84	
	囊谦县	6.65	
	曲麻莱县	136.77	
海西蒙古族藏族自治州	格尔木市	431.34	705.32
	德令哈市	76.22	
	茫崖市	10.91	
	乌兰县	20.97	
	都兰县	57.15	
	天峻县	94.46	
	大柴旦行政委员会	14.28	

3. 沼泽地

（1）概况。

沼泽地是指"经常积水或渍水，一般生长湿生植物的土地。包括草本沼泽、苔藓沼泽、内陆盐沼等。不包括森林沼泽、灌丛沼泽和沼泽草地"。青海省共有沼泽地 141.33 万亩，主要为草本沼泽和内陆盐沼。

草本沼泽经常极度湿润，以苔草及湿生禾本科植物占优势，几乎全为多年生植物；很多植物是根状茎，常聚集成大丛，如芦苇丛、香蒲丛、苔草丛等。沼泽植物生长在地表过湿和土壤厌氧的生境条件下，其基本生活型以地面芽植物和地上芽植物为主。密丛型的莎草科植物，如苔草属、棉花莎草属、嵩草属等占优势，采用地面芽分蘖的方式，适应水多氧少的环境，并形成不同形状的草丘，如点状、团块状、垄岗状、田埂状等。后三种草丘的形成，除与组成植物的生物学特征有关外，还与冻土的融蚀有关（图3.12、3.13）。

图3.12　三江源地区草本沼泽

图3.13　可鲁克湖的草本沼泽

内陆盐沼是地表过湿或季节性积水、土壤盐渍化并长有盐生植物的地段。它在水质、土壤、植被和动物各方面与其他沼泽类型都有明显的差别。盐沼地表水呈碱性、土壤中盐分含量较高，表层积累有可溶性盐，其上生长着盐生植物，这是它的基本特性（图3.14）。

图3.14 德令哈市沼泽地

（2）各行政区内的沼泽地面积。

青海省共有沼泽地 141.33 万亩，主要分布在海西蒙古族藏族自治州，共有沼泽地121.29 万亩，占全省沼泽地总面积的 85.82%，其中格尔木市有 27.28 万亩、德令哈市有25.25 万亩、茫崖市有 29.40 万亩、乌兰县有 11.65 万亩、都兰县有 22.48 万亩、天峻县有3.76 万亩、大柴旦行政委员会有 1.46 万亩；其余地市分布较少，共占全省沼泽地的 14.18%，共计 20.04 万亩，海东市分布有 0.06 万亩，黄南藏族自治州有 0.41 万亩，海南藏族自治州有 0.03 万亩，果洛藏族自治州有 17.14 万亩，玉树藏族自治州有 2.40 万亩。青海省沼泽地分行政区示意图如图 3.15 所示。青海省沼泽地分行政区占比示意图如图 3.16 所示。沼泽地在青海省各行政区内的面积见表 3.3。

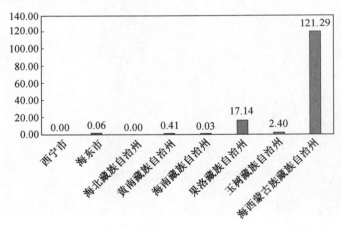

图3.15 青海省沼泽地分行政区示意图（单位：万亩）

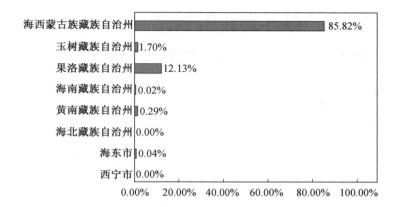

图 3.16　青海省沼泽地分行政区占比示意图

表 3.3　沼泽地在青海省各行政区内的面积

行政区划（市、州）	行政区划（县、区、市）	沼泽地面积/万亩	小计
海东市	乐都区	0.05	0.06
	平安区	0.01	
黄南藏族自治州	尖扎县	0.30	0.41
	泽库县	0.11	
海南藏族自治州	贵德县	0.03	0.03
果洛藏族自治州	达日县	0.05	17.14
	玛多县	17.09	
玉树藏族自治州	玉树市	2.40	2.40
海西蒙古族藏族自治州	格尔木市	27.28	121.29
	德令哈市	25.25	
	茫崖市	29.40	
	乌兰县	11.65	
	都兰县	22.48	
	天峻县	3.76	
	大柴旦行政委员会	1.46	

4. 森林沼泽

森里沼泽是以乔木森林植物为优势群落的淡水沼泽。青海省森林沼泽面积较少，只有 2.85 亩，分布在西宁市湟中区境内，全省其余地市未见分布。

二、基于《全国湿地资源调查技术规程（试行）》中湿地分类标准的湿地资源类型

《全国湿地资源调查技术规程（试行）》中湿地分类标准，将湿地划分为近海与海岸湿地、河流湿地、湖泊湿地、沼泽湿地和人工湿地 5 类 34 型。根据标准，三调地类中沼泽地、沼泽草地、森林沼泽属于沼泽湿地；三调水域及水利设施一级类中的湖泊水面二级类属于湖泊湿地；三调水域及水利设施一级类中的河流水面二级类和湿地一级类中的内陆滩涂二级类属于河流湿地；三调水域及水利设施一级类中水库水面、坑塘水面、沟渠和湿地一级类中的盐田二级类属于人工湿地。

青海省无近海与海岸湿地，主要以沼泽湿地、湖泊湿地、河流湿地和人工湿地为主，湿地总面积为 10 924.10 万亩，占全省国土面积的 10.45%。其中沼泽湿地 6 089.92 万亩、湖泊湿地 2 257.27 万亩、河流湿地 2 213.97 万亩、人工湿地 362.93 万亩，分别占全省湿地总面积的 55.75%、20.66%、20.27%、3.32%。青海省主要湿地类型及面积，如图 3.17 所示。青海省主要湿地类型占比，如图 3.18 所示。

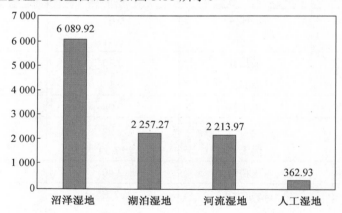

图 3.17　青海省主要湿地类型及面积（单位：万亩）

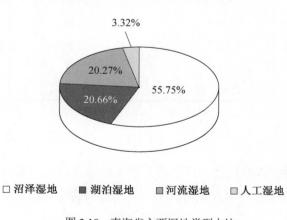

图 3.18　青海省主要湿地类型占比

1. 沼泽湿地

沼泽湿地包括藓类沼泽、草本沼泽、灌丛沼泽、森林沼泽、内陆盐沼、季节性咸水沼泽、沼泽化草甸、地热湿地、淡水泉/绿洲湿地二级湿地类型，主要包括三调湿地一级大类中森林沼泽、沼泽地、沼泽草地等类型。根据三调成果统计，青海省共有沼泽湿地6 089.92 万亩。青海省沼泽湿地分行政区示意图，如图 3.19 所示。青海省沼泽湿地分行政区占比示意图，如图 3.20 所示。沼泽湿地在青海省各行政区内的面积，见表 3.4。

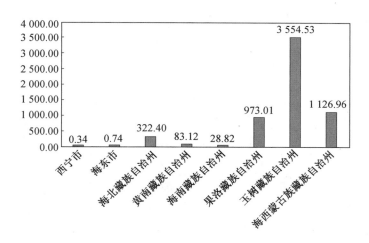

图 3.19　青海省沼泽湿地分行政区示意图（单位：万亩）

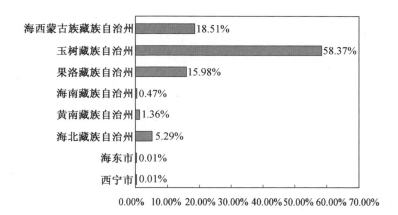

图 3.20　青海省沼泽湿地分行政区占比示意图

表 3.4　沼泽湿地在青海省各行政区内的面积

行政区划（市、州）	行政区划（县、区、市）	沼泽湿地面积/万亩			小计
		沼泽草地	沼泽地	森林沼泽	
西宁市	城东区	0.00	0.00	0.00	0.34
	城中区	0.00	0.00	0.00	
	城西区	0.00	0.00	0.00	
	城北区	0.00	0.00	0.00	
	大通回族土族自治县	0.34	0.00	0.000 285	
	湟中区	0.00	0.00	0.00	
	湟源县	0.00	0.00	0.00	
海东市	乐都区	0.00	0.05	0.00	0.74
	平安区	0.00	0.01	0.00	
	民和回族土族自治县	0.00	0.00	0.00	
	互助土族自治县	0.66	0.00	0.00	
	化隆回族自治县	0.01	0.00	0.00	
	循化撒拉族自治县	0.02	0.00	0.00	
海北藏族自治州	门源回族自治县	5.09	0.00	0.00	322.40
	祁连县	90.88	0.00	0.00	
	海晏县	25.82	0.00	0.00	
	刚察县	200.62	0.00	0.00	
黄南藏族自治州	同仁县	0.98	0.00	0.00	83.12
	尖扎县	0.10	0.30	0.00	
	泽库县	54.77	0.11	0.00	
	河南蒙古族自治县	26.86	0.00	0.00	
海南藏族自治州	共和县	19.22	0.00	0.00	28.82
	同德县	0.00	0.00	0.00	
	贵德县	0.32	0.03	0.00	
	兴海县	6.14	0.00	0.00	
	贵南县	3.11	0.00	0.00	
果洛藏族自治州	玛沁县	64.97	0.00	0.00	973.01
	班玛县	8.59	0.00	0.00	
	甘德县	41.07	0.00	0.00	
	达日县	168.26	0.05	0.00	
	久治县	40.07	0.00	0.00	
	玛多县	632.92	17.09	0.00	

续表 3.4

行政区划（市、州）	行政区划（县、区、市）	沼泽湿地面积/万亩			小计
		沼泽草地	沼泽地	森林沼泽	
玉树藏族自治州	玉树市	67.52	2.40	0.00	3 554.53
	杂多县	816.01	0.00	0.00	
	称多县	612.44	0.00	0.00	
	治多县	937.47	0.00	0.00	
	囊谦县	14.58	0.00	0.00	
	曲麻莱县	1 104.11	0.00	0.00	
海西蒙古族藏族自治州	格尔木市	392.63	27.28	0.00	1 126.96
	德令哈市	31.94	25.25	0.00	
	茫崖市	33.85	29.40	0.00	
	乌兰县	16.93	11.65	0.00	
	都兰县	189.13	22.48	0.00	
	天峻县	332.86	3.76	0.00	
	大柴旦行政委员会	8.33	1.46	0.00	

2. 湖泊湿地

湖泊湿地包括永久性淡水湖、永久性咸水湖、季节性淡水湖、季节性咸水湖二级湿地类型，主要包括三调水域及水利设施一级类中的湖泊水面二级类。根据三调成果统计，青海省共有湖泊湿地 2 257.27 万亩，主要分布在海北藏族自治州海晏县、刚察县，海南藏族自治州共和县，果洛藏族自治州玛多县及玉树藏族自治州治多县，海西蒙古族藏族自治州等。青海省湖泊湿地分行政区示意图，如图 3.21 所示。青海省湖泊湿地分行政区占比示意图，如图 3.22 所示。湖泊湿地在青海省各行政区内的面积，见表 3.5。

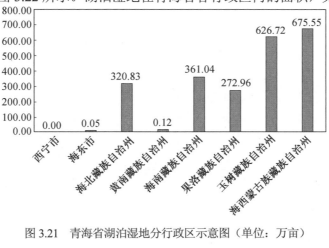

图 3.21　青海省湖泊湿地分行政区示意图（单位：万亩）

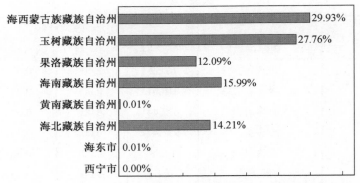

图 3.22　青海省湖泊湿地分行政区占比示意图

表 3.5　湖泊湿地在青海省各行政区内的面积

行政区划（市、州）	行政区划（县、区、市）	湖泊湿地面积/万亩	小计
		湖泊水面	
西宁市	城东区	0.00	0.00
	城中区	0.00	
	城西区	0.00	
	城北区	0.00	
	大通回族土族自治县	0.00	
	湟中区	0.00	
	湟源县	0.00	
海东市	乐都区	0.00	0.05
	平安区	0.00	
	民和回族土族自治县	0.00	
	互助土族自治县	0.02	
	化隆回族自治县	0.00	
	循化撒拉族自治县	0.03	
海北藏族自治州	门源回族自治县	0.10	320.83
	祁连县	0.05	
	海晏县	88.39	
	刚察县	232.28	
黄南藏族自治州	同仁县	0.00	0.12
	尖扎县	0.00	
	泽库县	0.07	
	河南蒙古族自治县	0.05	

续表 3.5

行政区划（市、州）	行政区划（县、区、市）	湖泊湿地面积（万亩）	小计
		湖泊水面	
海南藏族自治州	共和县	359.03	361.04
	同德县	0.00	
	贵德县	0.00	
	兴海县	2.01	
	贵南县	0.00	
果洛藏族自治州	玛沁县	1.03	272.96
	班玛县	0.02	
	甘德县	0.05	
	达日县	1.01	
	久治县	2.44	
	玛多县	268.41	
玉树藏族自治州	玉树市	5.24	626.72
	杂多县	28.06	
	称多县	8.60	
	治多县	535.56	
	囊谦县	0.13	
	曲麻莱县	49.13	
海西蒙古族藏族自治州	格尔木市	399.06	675.55
	德令哈市	138.40	
	茫崖市	29.02	
	乌兰县	31.25	
	都兰县	20.41	
	天峻县	5.38	
	大柴旦行政委员会	52.02	

3. 河流湿地

河流湿地包括永久性河流、季节性或间歇性河流、洪泛平原湿地、喀斯特溶洞湿地二级湿地类型，主要包括三调水域及水利设施一级类中的河流水面二级类和湿地一级类中的内陆滩涂二级类。根据三调成果初步统计，青海省河流水面有 652.10 万亩、内陆滩涂有 1 561.86 万亩，共有河流湿地 2 213.96 万亩。青海省河流湿地分行政区示意图，如图 3.23 所示。青海省河流湿地分行政区占比示意图，如图 3.24 所示。河流湿地在青海省各行政区内的面积，见表 3.6。

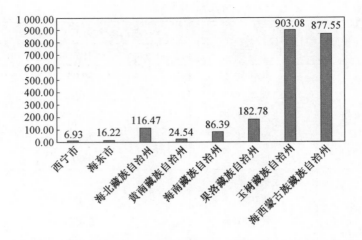

图 3.23　青海省河流湿地分行政区示意图（单位：万亩）

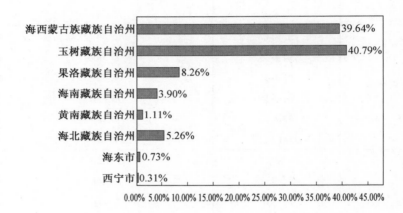

图 3.24　青海省河流湿地分行政区占比示意图

表 3.6　河流湿地在青海省各行政区内的面积

行政区划（市、州）	行政区划（县、区、市）	河流湿地面积/万亩		小计
		河流水面	内陆滩涂	
西宁市	城东区	0.15	0.02	6.93
	城中区	0.06	0.01	
	城西区	0.08	0	
	城北区	0.27	0	
	大通回族土族自治县	1.32	0.45	
	湟中区	1.89	0.99	
	湟源县	0.71	0.98	

续表 3.6

行政区划（市、州）	行政区划（县、区、市）	河流湿地面积/万亩		小计
		河流水面	内陆滩涂	
海东市	乐都区	1.14	0.48	16.22
	平安区	0.43	0.26	
	民和回族土族自治县	1.61	1.23	
	互助土族自治县	1.88	1.15	
	化隆回族自治县	1.77	2.67	
	循化撒拉族自治县	2.71	0.89	
海北藏族自治州	门源回族自治县	7.93	6.34	116.47
	祁连县	17.95	41.20	
	海晏县	2.73	9.32	
	刚察县	15.96	15.04	
黄南藏族自治州	同仁县	2.65	1.98	24.54
	尖扎县	0.50	1.01	
	泽库县	8.39	1.63	
	河南蒙古族自治县	5.91	2.46	
海南藏族自治州	共和县	9.06	27.76	86.39
	同德县	4.13	6.15	
	贵德县	3.68	6.41	
	兴海县	11.10	10.45	
	贵南县	2.70	4.95	
果洛藏族自治州	玛沁县	15.43	14.89	182.78
	班玛县	6.93	1.30	
	甘德县	11.40	7.13	
	达日县	22.76	15.84	
	久治县	9.48	4.56	
	玛多县	22.67	50.38	
玉树藏族自治州	玉树市	15.97	3.63	903.08
	杂多县	67.24	42.76	
	称多县	18.74	7.95	
	治多县	100.57	420.84	
	囊谦县	13.08	6.65	
	曲麻莱县	68.87	136.77	
海西蒙古族藏族自治州	格尔木市	106.50	431.34	877.55
	德令哈市	9.58	76.22	
	茫崖市	1.58	10.91	
	乌兰县	3.26	20.97	
	都兰县	17.82	57.15	
	天峻县	30.07	94.46	
	大柴旦行政委员会	3.44	14.28	

4. 人工湿地

人工湿地包括库塘、运河、输水河、水产养殖场、稻田/冬水田、盐田二级湿地类型，主要包括三调水域及水利设施一级类中水库水面、坑塘水面、沟渠和湿地一级类中的盐田二级类。根据三调成果初步统计，青海省水库水面为 109.28 万亩、坑塘水面为 3.48 万亩、沟渠为 9.13 万亩、盐田为 241.04 万亩，共有人工湿地 362.93 万亩。青海省人工湿地分行政区示意图，如图 3.25 所示。青海省人工湿地分行政区占比示意图，如图 3.26 所示。人工湿地在青海省各行政区内的面积，见表 3.7。

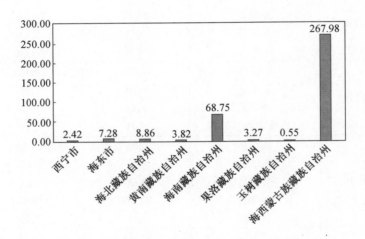

图 3.25 青海省人工湿地分行政区示意图（单位：万亩）

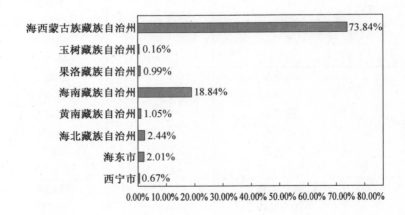

图 3.26 青海省人工湿地分行政区占比示意图

表 3.7　人工湿地在青海省各行政区内的面积

行政区划（市、州）	行政区划（县、区、市）	人工湿地面积/万亩				小计
		水库水面	坑塘水面	沟渠	盐田	
西宁市	城东区	0.00	0.01	0.01	0.00	2.42
	城中区	0.00	0.02	0.02	0.00	
	城西区	0.00	0.00	0.01	0.00	
	城北区	0.00	0.03	0.04	0.00	
	大通回族土族自治县	0.45	0.09	0.57	0.00	
	湟中区	0.76	0.06	0.17	0.00	
	湟源县	0.02	0.03	0.13	0.00	
海东市	乐都区	0.09	0.05	0.07	0.00	7.28
	平安区	0.14	0.05	0.03	0.00	
	民和回族土族自治县	0.17	0.10	0.11	0.00	
	互助土族自治县	0.29	0.11	0.23	0.00	
	化隆回族自治县	4.77	0.08	0.02	0.00	
	循化撒拉族自治县	0.76	0.11	0.09	0.00	
海北藏族自治州	门源回族自治县	5.07	0.02	0.08	0.00	8.86
	祁连县	2.28	0.06	0.03	0.00	
	海晏县	0.42	0.11	0.13	0.00	
	刚察县	0.00	0.08	0.59	0.00	
黄南藏族自治州	同仁县	0.13	0.02	0.03	0.00	3.82
	尖扎县	3.55	0.02	0.02	0.00	
	泽库县	0.00	0.01	0.02	0.00	
	河南蒙古族自治县	0.00	0.01	0.02	0.00	
海南藏族自治州	共和县	34.22	0.28	1.44	0.00	68.75
	同德县	0.03	0.02	0.51	0.00	
	贵德县	0.78	0.50	0.21	0.00	
	兴海县	1.13	0.10	1.17	0.00	
	贵南县	27.96	0.15	0.25	0.00	
果洛藏族自治州	玛沁县	0.02	0.01	0.00	0.00	3.27
	班玛县	0.16	0.00	0.01	0.00	
	甘德县	0.00	0.01	0.01	0.00	
	达日县	0.00	0.01	0.01	0.00	
	久治县	0.35	0.03	0.00	0.00	
	玛多县	2.53	0.08	0.01	0.01	

续表 3.7

行政区划（市、州）	行政区划（县、区、市）	人工湿地面积/万亩				小计
		水库水面	坑塘水面	沟渠	盐田	
玉树藏族自治州	玉树市	0.43	0.04	0.01	0.00	0.55
	杂多县	0.00	0.00	0.01	0.00	
	称多县	0.00	0.00	0.01	0.00	
	治多县	0.00	0.00	0.01	0.00	
	囊谦县	0.00	0.00	0.01	0.02	
	曲麻莱县	0.00	0.00	0.00	0.00	
海西蒙古族藏族自治州	格尔木市	22.07	0.29	1.03	133.87	267.98
	德令哈市	0.31	0.20	0.66	0.00	
	茫崖市	0.00	0.04	0.01	35.99	
	乌兰县	0.09	0.18	0.31	10.01	
	都兰县	0.26	0.07	0.79	44.83	
	天峻县	0.02	0.28	0.02	0.00	
	大柴旦行政委员会	0.00	0.11	0.22	16.31	

三、基于《土地利用现状分类》的湿地资源类型

根据《土地利用现状分类》（GB/T 21010—2017）中的湿地分类，湿地一级类中包含水田、红树林地、森林沼泽、灌丛沼泽、沼泽草地、盐田、河流水面、湖泊水面、水库水面、坑塘水面、沿海滩涂、内陆滩涂、沟渠、沼泽地。青海省无水田、红树林地、灌丛沼泽、沿海滩涂等类型。该分类标准实则是在三调工作分类标准湿地一级类的基础上增添了河流水面、湖泊水面、水库水面、坑塘水面及沟渠等地类。

依照该标准湿地口径统计，青海省湿地总面积为 10 924.10 万亩，占全省国土总面积的 10.45%。其中沼泽草地为 5 948.59 万亩，占全省湿地总面积的 54.45%；湖泊水面为 2 257.27 万亩，占全省湿地总面积的 20.66%；内陆滩涂为 1 561.86 万亩，占全省湿地总面积的 14.30%；河流水面为 652.11 万亩，占全省湿地总面积的 5.97%；盐田为 241.04 万亩，占全省湿地总面积的 2.21%；沼泽地为 141.33 万亩，占全省湿地总面积的 1.29%；水库水面为 109.28 万亩，占全省湿地总面积的 1.00%；坑塘水面为 3.48 万亩，占全省湿地总面积的 0.03%；沟渠为 9.13 万亩，占全省湿地总面积的 0.08%；森林沼泽为 2.85 亩。青海省主要湿地类型及面积，如图 3.27 所示。青海省主要湿地类型占比，如图 3.28 所示。

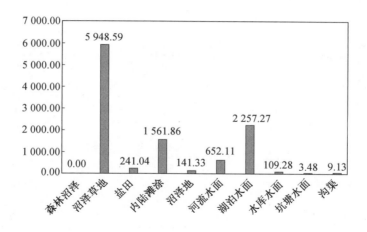

图 3.27 青海省主要湿地类型及面积（单位：万亩）

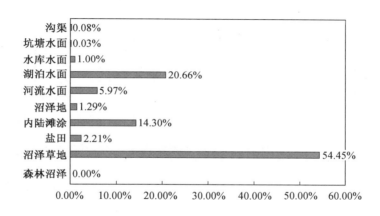

图 3.28 青海省主要湿地类型占比

1. 河流水面

河流水面指天然形成或人工开挖河流常水位岸线之间的水面，不包括被堤坝拦截后形成的水库区段水面。青海省境内的河流非常丰富，长江、黄河、澜沧江干流和黑河流域以及内陆河广布，长度在 20 km 以上的河流有百余条。省内主要的内陆河流域有黑河、八宝河、托勒河、疏勒河、布哈河、沙流河、都兰河、巴音郭勒河、库赛河等河流；澜沧江流域主要河流有扎曲、吉曲、巴曲、子曲、色曲 5 条河流；黄河上游流域有卡日曲、多曲、东科曲、西科曲、隆务河、湟水河、洮河、北川河、大通河等河流；长江上游流域主要河流有沱沱河、楚玛尔河、当曲、通天河、巴塘河、扎曲、马可河等（图 3.29）。

图 3.29　班玛县河流水面

　　青海省河流水面面积为 652.11 万亩，西宁市有 4.48 万亩，占 0.69%；海东市有 9.54 万亩，占 1.46%；海北藏族自治州有 44.57 万亩，占 6.84%；黄南藏族自治州有 17.46 万亩，占 2.68%；海南藏族自治州有 30.67 万亩，占 4.70%；果洛藏族自治州有 88.68 万亩，占 13.60%；玉树藏族自治州有 284.47 万亩，占 43.62%；海西蒙古族藏族自治州有 172.23 万亩，占 26.41%，具体分布详见表 3.7。青海省河流水面分行政区示意图，如图 3.30 所示。青海省河流水面分行政区占比示意图，如图 3.31 所示。

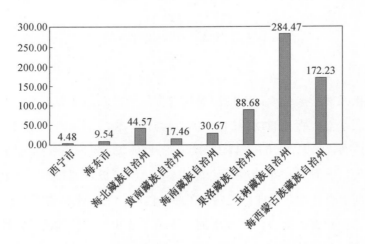

图 3.30　青海省河流水面分行政区示意图（单位：万亩）

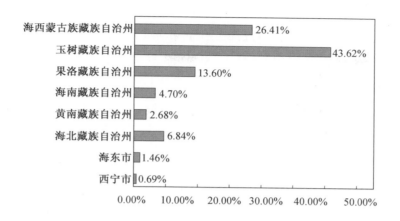

图 3.31　青海省河流水面分行政区占比示意图

2. 湖泊水面

　　湖泊水面指天然形成的积水区常水位岸线所围成的水面。青海省省域内湖泊众多，有湖泊 1 980 多个，其中淡水湖泊 1 690 个、咸水湖泊近 300 个，面积在 100 hm² 以上的湖泊有近百个，主要分布在柴达木盆地、可可西里国家级自然保护区、黄河流域、长江流域、澜沧江流域及青海湖流域。柴达木盆地主要有哈拉湖、可鲁克湖、托素湖、都兰湖等；可可西里国家级自然保护区主要有太阳湖、马鞍湖、可可西里湖、盐湖、卓乃湖、库赛湖、西金乌兰湖、海丁诺尔湖、乌兰乌拉湖等 29 个湖泊，其中盐湖有 20 个；黄河流域主要有鄂陵湖、扎陵湖（图 3.32）、岗纳格玛措、日格措、阿涌贡玛措、孟达天池等湖泊；长江流域主要有葫芦湖、玛章错钦、错阿日玛、尼日阿错改、隆宝湖等湖泊；澜沧江流域主要有年吉错、白马海；青海湖流域主要有青海湖等（图 3.33）。

图 3.32　玛多县扎陵湖湖泊水面

图 3.33　刚察县青海湖湖泊水面

青海省湖泊水面面积为 2 257.27 万亩，分布在海北藏族自治州 320.83 万亩，占 14.21%；海南藏族自治州 361.04 万亩，占 15.99%；果洛藏族自治州 272.96 万亩，占 12.09%；玉树藏族自治州 626.72 万亩，占 27.76%；海西蒙古族自治州 675.55 万亩，占 29.93%；海东市 0.05 万亩，黄南藏族自治州 0.12 万亩，具体分布详见表 3.5。青海省湖泊水面分行政区示意图，如图 3.34 所示。青海省湖泊水面分行政区占比示意图，如图 3.35 所示。

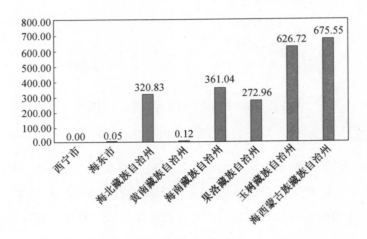

图 3.34　青海省湖泊水面分行政区示意图（单位：万亩）

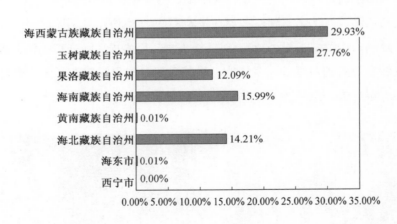

图 3.35　青海省湖泊水面分行政区占比示意图

3. 水库水面

水库水面指人工拦截汇集而成的总设计库容大于等于 10 万 m^3 的水库正常蓄水位岸线所围成的水面。青海省水库水面面积共计 109.28 万亩，主要分布在青海段黄河沿线的共和、贵德、尖扎、化隆、循化等地，以及柴达木盆地格尔木市，黑河流域也有少量分布。化隆县（李家峡水电站）水库水面，如图 3.36 所示。青海省水库水面分行政区示意图，如图 3.37 所示。青海省水库水面分行政区占比示意图，如图 3.38 所示。

图 3.36 化隆县（李家峡水电站）水库水面

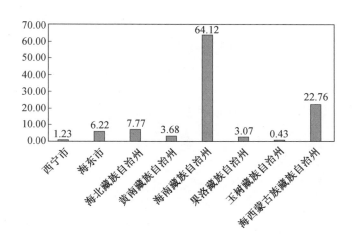

图 3.37 青海省水库水面分行政区示意图（单位：万亩）

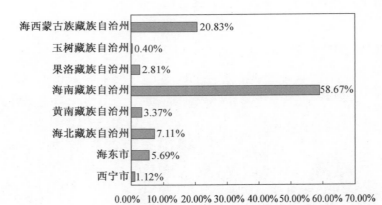

图 3.38　青海省水库水面分行政区占比示意图

4. 坑塘水面

坑塘水面指人工开挖或天然形成的需水量小于 10 万 m³ 的坑塘常水位岸线所围成的水面。坑塘在青海省各地均有分布，但总量较小。全省坑塘水面总面积为 3.48 万亩。格尔木市坑塘水面，如图 3.39 所示。青海省坑塘水面分行政区示意图，如图 3.40 所示。青海省坑塘水面分行政区占比示意图，如图 3.41 所示。

图 3.39　格尔木市坑塘水面

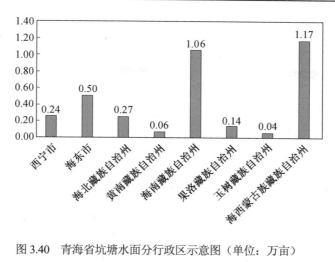

图 3.40 青海省坑塘水面分行政区示意图（单位：万亩）

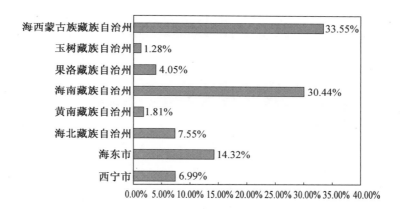

图 3.41 青海省坑塘水面分行政区占比示意图

5. 沟渠

沟渠指人工修建，南方宽度大于等于 1 m、北方宽度大于等于 2 m 用于引、排、灌的渠道，包括渠槽、渠堤、护路林及小型磅站。沟渠在青海省各地均有分布，总量小，全省沟渠面积为 9.12 万亩。青海省沟渠分行政区示意图，如图 3.42 所示。青海省沟渠分行政区占比示意图，如图 3.43 所示。

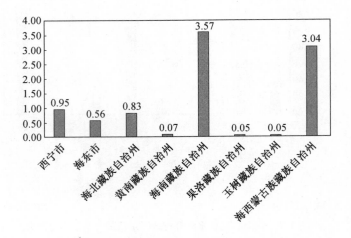

图 3.42　青海省沟渠分行政区示意图（单位：万亩）

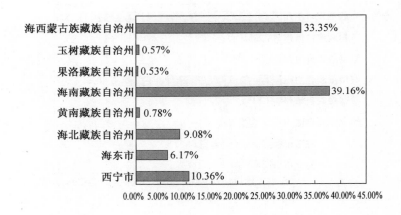

图 3.43　青海省沟渠分行政区占比示意图

6. 盐田

（1）概况。

三调工作分类中盐田指用于生产盐的土地，包括晒盐场所、盐池及附属设施用地。就青海省而言，盐田主要分布在柴达木盆地内，以湖盐为主；三江源地区也有零星分布（图 3.44、3.45）。

（a）　　　　　　　　　　　　　　（b）

图 3.44　乌兰县盐田

图 3.45　玉树藏族自治州囊谦县的白扎盐田

（2）各行政区内的盐田面积。

根据三调成果统计，青海省共有盐田 241.04 万亩，主要分布在海西蒙古族藏族自治州。海西蒙古族藏族自治州有盐田 241.01 万亩，占全省盐田总面积的 99.99%，果洛藏族自治州和玉树藏族自治州盐田有零星分布（表 3.8）。

表3.8 盐田在青海省各行政区内的面积

行政区划（州）	行政区划（县、区、市）	盐田面积/万亩	小计
果洛藏族自治州	玛多县	0.01	0.01
玉树藏族自治州	囊谦县	0.02	0.02
海西蒙古族藏族自治州	格尔木市	133.87	241.01
	德令哈市	0.00	
	茫崖市	35.99	
	乌兰县	10.01	
	都兰县	44.82	
	天峻县	0.01	
	大柴旦行政委员会	16.31	

综上，三调中把湿地独立为一级土地类型，从资源保护与利用看，有其重要意义。与湿地二调相比，沼泽地的盐沼类型面积大幅度减少（原因见于后文第四章中），沼泽草地类，面积大，分布广。青海湿地总体呈现出青藏高原高寒特色，湿地类型较多，分布相对集中。在《全国湿地资源调查技术规程（试行）》划分的 5 类 34 型湿地中，青海省分布有河流湿地、湖泊湿地、沼泽湿地 3 大类自然湿地和人工湿地共 4 大类湿地，并有永久性河流湿地、永久性淡水湖、草本沼泽、人工库塘等 17 个湿地型。三调工作分类中湿地一级类中包括红树林地、森林沼泽、灌丛沼泽、沼泽草地、沿海滩涂、内陆滩涂、沼泽地 7 种二级类型，青海分布有沼泽草地、内陆滩涂、沼泽地、森林沼泽 4 种二级类型，主要分布在三江源区和柴达木地区。《土地利用现状分类》（GB/T 21010—2017）中规定的调查工作分类，湿地一级类中包含水田、红树林地、森林沼泽、灌丛沼泽、沼泽草地、盐田、河流水面、湖泊水面、水库水面、坑塘水面、沿海滩涂、内陆滩涂、沟渠、沼泽地等，该分类标准与《湿地公约》中湿地标准更接近，与第二次湿地资源调查湿地分类标准更容易衔接，因此，本书湿地范围以《土地利用现状分类》（GB/T 21010—2017）中湿地范围为标准，对湿地资源现状和变化进行研究。

第二节 青海省湿地资源地理分布

青海省地处青藏高原东北部，是我国长江、黄河和澜沧江的发源地，有"江河源"之称。气候属高原大陆性气候，具有寒冷、干旱、多风等特征，年平均气温为-4～8 ℃。年降水量由东南向西北逐渐递减，并具有明显的区域分异，整体地势呈南北高中间低、西高东低的特点。根据青海省自然景观地带分异规律，综合考虑气候、地貌、土壤、植被、人类活动等因素，结合国家颁布的已有区域的相关界限和行政区域界限，将青海省划分为三江源地区、柴达木地区、祁连山地区、青海湖地区以及东部地区 5 大自然地理单元。

青海高原独特的地质、地形和气候植被条件为高原湖泊湿地、沼泽湿地、河流湿地的广泛发育提供了有利的条件。由于各自然地理单元在地形、气候和水文等方面的自然差异，青海省湿地有着明显的地域分布特点：南部三江源地区地势高，高山与宽谷相间，地形相对平缓，地表切割较弱，源头水系发达，为沼泽草地等的发育奠定了重要基础，主要分布着河流和高寒沼泽草地湿地；柴达木地区是一个封闭型内陆盆地，是沼泽地集中分布区，分布着柴达木盆地咸水湖、盐湖；祁连山地区的河流源头区以及湖盆周围是沼泽草地、内陆滩涂湿地集中分布的重要区域；东北部青海湖地区主要分布着中国最大的高原湖泊湿地以及河流湿地、内陆滩涂；东部地区主要以河流湿地和内陆滩涂为主，还有黄河沿线的水库水面等，东部可可西里地区主要分布着青海海拔最高的湖泊湿地，东南部黄河源区断陷盆地主要分布着黄河外流水系及高原缓盆地湖泊湿地。

一、三江源地区

1. 地理特征

青海省南部三江源地区地处青藏高原的腹地，位于青海省南部，是长江、黄河、澜沧江的发源地，是我国江河中下游地区和东南亚国家生态环境安全和区域可持续发展的生态屏障。三江源地区主要包括玉树藏族自治州 6 个县市，果洛藏族自治州 6 个县，海南藏族自治州兴海县、同德县，黄南藏族自治州泽库县、河南蒙古族自治县以及海西蒙古族藏族自治州格尔木市唐古拉山镇，总计 16 个县市 1 个镇，占全省总面积的 51.29%。

三江源地区自然地理环境独特，处在东昆仑山与唐古拉山系之间的广大地区，地形复杂多样，平均海拔在 4 200 m 以上，地势起伏率变化较小。属于典型的高原大陆性气候，气候特征表现为冷热两季交替、干旱两季分明、年温差小、日温差大、日照时间长、辐射强烈。降水量高度集中，雨热同期。大部分地区的最暖月均温在 13 ℃以下，1 月和 7 月平均温度都比同纬度东部地区低 15～20 ℃。年太阳辐射量在 6 300 MJ/m² 以上。年降水量在 170～700 mm。

三江源地区河流密布、湖泊沼泽众多、雪山冰川广布，是世界上海拔最高、面积最大、最集中的湿地分布区。河流分为外流河和内流河两大类，有大小河流 180 多条。

三江源地区是一个多湖泊地区，湖泊主要分布在内陆河流域和长江、黄河的源头段，有大小湖泊 16 500 余个，湖水面积在 0.5 km² 以上的天然湖泊有 188 个。列入中国重要湿地名录的有扎陵湖、鄂陵湖、玛多湖、黄河源区岗纳格玛措、依然措、多尔改措等湖泊。其中扎陵湖、鄂陵湖是黄河干流上最大的两个淡水湖，具有巨大的水量调节功能，已于 2005 年被列入国际重要湿地名录。

三江源地区植被类型有针叶林、阔叶林、针阔混交林、灌丛、草甸、草原、沼泽及水生植被、垫状植被和稀疏植被 9 个植被型，可分为 14 个群系纲、50 个群系。森林植被以寒温性的针叶林为主，主要树种有川西云杉、青海云杉、紫果云杉、祁连圆柏、大果圆柏等。灌丛植被主要种类有杜鹃、山柳、金露梅、箭叶锦鸡儿、高山锈线菊等。草原、草甸等植被类型主要植物种类为藏蒿草、紫花针茅、青藏苔草、风毛菊等。高山草甸和高寒草原是三江源地区主要植被类型和天然草场。

三江源地区由于独特的地理位置以及自然环境特点，从而形成高原生态系统的多样性基本特征。高寒生态系统及其景观生态类型是青藏高原独特的生态系统类型，典型类型有高寒草甸生态系统、高寒湿地生态系统、高寒草原生态系统、高寒垫状稀疏植被生态系统等。三江源许多地区的生态类型和自然景观受到人类活动的干扰较少，处于自然原始状态。生态系统结构简单、生产力水平低、稳定性差和自我恢复能力弱等特点，容易因外界因子的干扰、破坏而发生变化，恢复难度极大且恢复过程缓慢。

2. 水资源及湿地特征

三江源地区素有"中华水塔"之称，是世界上最大的"水塔"，其丰富的水汽来源主要得益于巨大山体改变了大气环流，因此现代冰川和冰川地貌在此发育。据统计，有现代冰川 36 793 条，冰川面积为 410.58 万亩，冰川融水是高原河流主要的补给来源。三江源地区有良好的水汽条件和丰富的水资源，江河源区湿地众多，主要分布着河流、湖泊和高寒沼泽湿地。

三江源地区湿地面积为 7 284.12 万亩，其中沼泽草地为 4 644.22 万亩，盐田为 0.03 万亩，内陆滩涂为 956.44 万亩，沼泽地为 35.04 万亩，河流水面为 461.90 万亩，湖泊水面为 1 179.70 万亩，水库水面为 4.66 万亩，坑塘水面为 0.33 万亩，沟渠为 1.80 万亩。三江源地区湿地类型面积分布图，如图 3.46 所示。三江源地区各湿地类型占比，如图 3.47 所示。

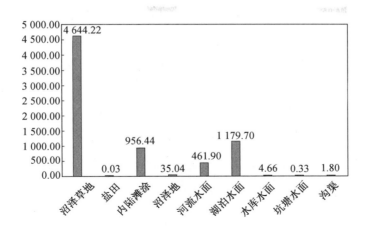

图 3.46 三江源地区各湿地类型面积及分布（单位：万亩）

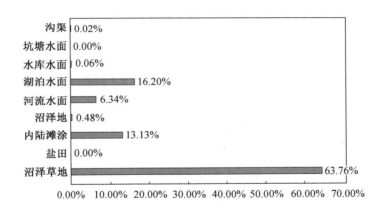

图 3.47 三江源地区各湿地类型占比

沼泽草地主要分布在长江源区、黄河源区，大多集中于三江源区潮湿的东部和南部，而干旱的西部和北部分布较少，从地势方面看，主要分布在河滨、湖周一带的低洼地区，尤以河流中上游分布为多。长江源区当曲水系中上游和通天河上段以南各支流的中上游一带，沼泽草地连片广布，以当曲流域发育最广，沱沱河次之，楚马尔河则较少。在唐古拉山北侧，沼泽草地最高发育到海拔 5 350 m，达到青藏高原的上限，是世界上海拔最高的沼泽。黄河源区沼泽草地发育受到半干旱特征限制，主要分布于河源约古宗列渠、扎陵湖、鄂陵湖周围及星宿海地区。澜沧江源区主要集中在干流扎阿曲段和支流扎那曲、阿曲（阿涌）上游。

江河源区面积大于 0.5 km² 的湖泊有 188 个，湖泊的类型多样，有淡水湖、咸水湖、盐湖、干盐湖等，湖泊成因复杂，有构造湖堰塞湖、热融湖、冰川湖等。江河源区是东亚和南亚地区诸多江河的源头地区，长江、黄河、澜沧江均发源于此。三江源区域河流面积为 461.96 万亩，主要是长江、黄河、澜沧江（上游称扎曲）三大水系。长江在青海省境内称通天河，在省内呈独立的 3 个水系，即干流通天河、支流雅砻江和大渡河；沱沱河是长江源头的中支源流，为长江正源，发源于唐古拉山脉主峰各拉丹冬雪山西南侧的冰川丛中，全长 375 km，流域面积为 1.76 万 km²；黄河自玉树藏族自治州曲麻莱县境内巴颜喀拉山北麓各姿各雅山下的卡日曲河谷和约古宗列盆地发源，先由西向东流入四川、甘肃两省交界处，再折向西流入青海省，又北折而后东流，在民和县官亭流入甘肃省，此河段在青海省境内绕了一个 S 形大弯。澜沧江发源于吉富山，三江源区内长 448 km，占干流全长的 10%。

二、柴达木地区

1. 地理特征

柴达木地区主要是柴达木盆地，它是中国三大内陆盆地之一，属封闭性的巨大山间断陷盆地，是中国四大盆地之一。它位于青海省西北部、青藏高原东北部，主要在海西蒙古族藏族自治州。西北抵阿尔金山脉，西南至昆仑山脉，东北有祁连山脉，盆地略呈三角形，东西长约 800 km，南北宽约 300 km，占全省总面积的 29.30%。内陆盛产铁矿、铜矿、锡矿、盐矿等多种矿物，故被称作"聚宝盆"。腹地的柴达木沙漠其面积在中国八大沙漠里居第五。

柴达木盆地整个地势四周高、中间低，地形呈西高东低走向，高山与谷地或盆地相间分布。地貌复杂多样，垂直分异明显，盆地内发育有次一级的小盆地，如马海盆地、德令哈盆地、希里沟盆地等，主要地貌类型有冰川冻土地貌、流水地貌、干燥剥蚀山地貌、湖积地貌、风成地貌等。盆地深居大陆腹地，四周高山环绕，西南暖湿气流受喜马拉雅山、唐古拉山、昆仑山的层层阻挡，很难进入盆地上空形成降雨，从而形成了降水稀少、气候干燥的主要特点。盆地东部年降水量在 190 mm 左右，年蒸发量达到 2 000 mm，年湿润系数在 0.15～0.21，年平均相对湿度为 40% 左右，为干旱半荒漠地区；盆地西部年降水量在 100 mm 以下，年蒸发量为 3 000 mm 左右，年湿润系数多在 0.05 以下，年平均相对湿度不到 35%，为干燥荒漠地区。盆地云雨稀少，天气晴朗，日照时数多，太阳辐射强，各地年平均日照时数一般都在 3 000 h 以上，日照百分率大于 70%，为国内高值区。

2. 水资源以及湿地特征

柴达木盆地虽降水稀少，但山区降水相对较多，雪线以上的山峰和沟壑终年覆盖着积雪和冰川，发育有大小河流 160 多条，主要靠冰雪融水补给，其次是洪水和少量泉水、地下水等的补给，大部分为高原内陆河流。其中，季节性河流占绝大多数，暖季丰水，冷季枯水或干涸，而常年有水的较大河流有 30 多条，大部分为间歇性河流，仅有 10 余条为常流河，有那陵格勒河、格尔木河、香日德河、大哈尔腾河、巴音河、诺木洪河、察汗乌苏河、塔塔陵河等，主要分布于盆地东部，西部水网极为稀疏。柴达木盆地湖泊基本以盐湖为主，主要有察尔汗盐湖、东西台吉乃尔湖、大浪滩、可鲁克湖等。柴达木盆地河流主要由山区的融雪水和降水补给而形成，具有数目多而分散、流程短而水量小的特点。在山区河网密度大，支流多且长，干、支流呈格子状分布；河流出山口后水量一般逐渐减少或变为季节性河段或逐渐消失，因地势平坦，很难确定主河槽，河道多呈扇状或辫状分布。主要水系有尕斯库勒湖水系、苏干湖水系、马海湖水系、大柴旦湖水系、小柴旦湖水系、库尔雷克湖水系、台吉乃尔湖水系、达布逊湖水系、霍布逊湖水系等。

柴达木地区湿地类型主要为沼泽草地、内陆滩涂、湖泊水面、盐田、河流水面等。三调数据显示，柴达木地区湿地总面积为 1 669.84 万亩，其中沼泽草地 611.29 万亩、盐田 241.01 万亩、内陆滩涂 322.71 万亩、沼泽地 102.07 万亩、河流水面 72.74 万亩、湖泊水面 293.44 亩、水库水面 22.74 万亩、坑塘水面 0.87 万亩、沟渠 2.97 万亩。柴达木地区各湿地类型面积分布图，如图 3.48 所示。柴达木地区各湿地类型占比，如图 3.49 所示。

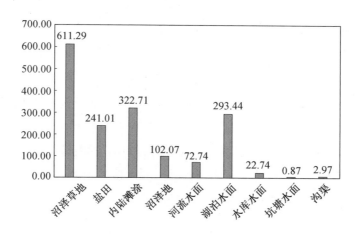

图 3.48 柴达木地区湿地类型面积分布图（单位：万亩）

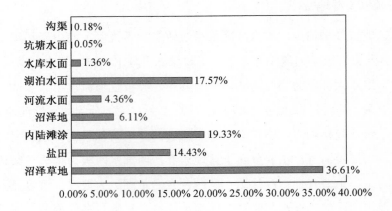

图 3.49　柴达木地区各湿地类型占比

三、祁连山地区

1. 地理特征

祁连山系是位于青藏高原东北部的边缘山系，北靠河西走廊，南邻柴达木盆地和黄南山地。由一系列北西—南东平行走向的褶皱断块山脉和谷地、盆地组成，东西长约1 200 km，南北宽约 300 km，占全省总面积的 8.97%。地势高差悬殊，最低海拔约1 600 m，最高 5 800 m 多，山地一般在 4 000 m 左右。根据位置、高度不同，祁连山系分为东、中、西 3 部分。东部流水作用强，往西寒冻风化和干燥剥蚀作用加强。地貌类型复杂多样，除构造地貌外，冰川地貌、冻土地貌、冰缘地貌分布广泛，东部河谷地带黄土地貌、丹霞地貌、河流地貌典型。

祁连山地区年均降水量在 300～700 mm。4 500 m 以上的山峰和山谷常年覆盖着积雪和冰川，现代冰川广泛发育。以青甘边界上的冷龙岭到大通山、日月山、青海南山、鄂拉山为界，此界线以东为外流水系（湟水河水系与大通河水系），以西为内流水系（包括青海湖水系、哈拉湖水系、茶卡—沙珠玉水系、祁连山地水系）。

森林植被类型中天然乔木植被主要包括青海云杉林、祁连圆柏林、油松林、青杆林、山杨林、桦木林等，人工林植被主要为杨树林。灌木植被主要有金露梅、银露梅、高山柳、箭叶锦鸡儿、杜鹃以及怪柳、白刺、沙棘、膜果麻黄、小叶锦鸡儿等。草原植被类型包括高寒草甸、山地草甸、高寒草原、温性草原（含温性荒漠）和盐生草甸。祁连山地区山地植被、土壤类型多。山地垂直带谱为：祁连山东段黄河流域内 2 500 m 以下的基带是温性荒漠草原，基带以上依次出现温性草原-栗钙土带、山地草甸草原-黑钙土带、寒温性常绿针叶林-灰钙土带、高寒灌丛-高山灌丛草甸土带、高寒荒漠-高山寒漠土带。

随干旱程度加大，植被土壤分布带的高度逐渐升高，带谱结构趋于简化。如温性草原栗钙土，在东祁连山系分布的上限约为 2 400 m，在中祁连山系约为 2 800 m，在西祁连山系约 3 200 m。干旱程度愈强，山地垂直带谱的结构愈趋简化。东祁连山系的阴坡地段包括 6 个带，而西祁连山系包括两三个带。而且，干旱山地植被土壤的坡向差异十分显著，例如，祁连山南麓东段的灰钙土、栗钙土在阳坡均比阴坡高些，而黑钙土和山地草甸土带上限的海拔高度阴、阳坡基本相等。

祁连山复杂多样的生态系统镶嵌组合，形成了适宜不同生物栖息的生态环境，奠定了本区生物物种多样性的环境基础。保护物种和它们的生存环境属当务之急。祁连山是一个生态极其脆弱的地区，森林覆盖率为 28.5%，作为水源涵养林主体的青海云杉天然林，树种结构单一，林分密度大，林下灌木草本稀少，生物多样性较低，天然更新差，生态系统易受自然条件的影响，承载力低、易破坏、修复能力弱。全球气候变暖、植物群落结构简单化、生态系统脆弱等自然因素，加之人类无序干扰和过度利用造成冰川退缩、冰储量减少、雪线上升、生态逆向演替、森林功能弱化、水源涵养能力下降、草地严重退化、水土流失加剧等生态问题。

祁连山地区景观资源丰富，是青海省旅游发展最主要的基地，青海湖景区是青海 5A 级景观，区域影响大。同时，祁连山矿产资源丰富，是青海省内已探明的煤炭主要产地和石棉、贵金属、多金属矿的重要产地，已探明矿产 27 种，产地 68 处，具有较大的找矿潜力。青海煤炭探明储量为 46.06 亿 t，其中 93.7%分布于这里，大部分为炼焦用煤。对矿产资源的不合理开采，对该地区生态环境造成的损害巨大，尤其是在水源地带，造成了无法修复的态势。

2. 水资源及湿地特征

整个祁连山地区冰川及永久积雪面积达 0.33 万亩，冰川主要分布在疏勒河、哈尔腾河、黑河和哈拉湖水系，其次为石羊河、巴音郭勒河水系。祁连山中的冰川融汇成河，造就了一个个绿洲，也造就了河西走廊。河流密布，主要有黑河、八宝河、托勒河、疏勒河、党河、石羊河、大通河 7 条河流，流域地表水资源总量为 60.2 亿 m^3。

青海湖流域属于高原半干旱内流水系，流域面积大于 5 km^2 的河流有 48 条，且多为季节性河流。流域内水系分布不均衡，西部和北部水系发达，东部和南部相反。河流大多发源于四周高山，向中心辐聚，最终汇聚于青海湖，较大的河流有布哈河、沙柳河、哈尔盖河、泉吉河、黑马河等。流域西部的布哈河最大，其次为湖北岸的沙柳河和哈尔盖河，这三条河流的径流量占入湖总径流量的 75%以上；再加上泉吉河和黑马河，五条河流的年总径流量达 13.71×10^8 m^3，占入湖地表径流量的 82.19%。

受地理位置和地形、气候等自然条件影响，河川径流的补给主要来自大气降水（包括降雨和融雪径流），其次为冰川融水，经过转化的地下水也占一定比重。流域多年平均径流量为 $16.68 \times 10^8 \, m^3$，年内分配不均，6～9 月径流量占全年的 80%。径流分布与降水分布基本一致，湖北岸为高值区，布哈河南岸和湖东地区为两个低值区。流域地下水具有半干旱区内陆盆地典型的环带状分布特征，即周边山区为补给区、山前洪积-冲积平原为渗流区、环湖湖滨平原为排泄区。受山体宽度影响，北部地下水较南部丰富。祁连山地区主要分布着沼泽草地湿地，三调祁连山地区湿地总面积为 786.05 万亩，其中沼泽草地 425.43 万亩，内陆滩涂 187.17 万亩，沼泽地 3.83 万亩，河流水面 57.65 万亩，湖泊水面 102.86 亩，水库水面 8.33 万亩，坑塘水面 0.42 万亩，沟渠 0.35 万亩。祁连山地区湿地类型面积分布图，如图 3.50 所示。祁连山地区各湿地类型及占比，如图 3.51 所示。

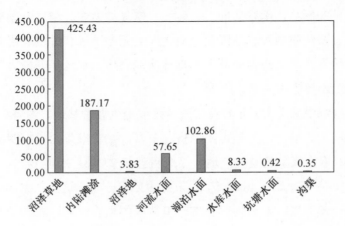

图 3.50　祁连山地区湿地类型面积分布图（单位：万亩）

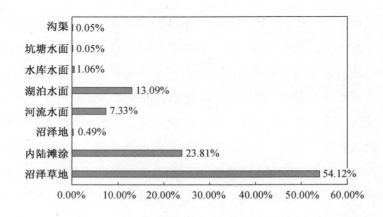

图 3.51　祁连山地区各湿地类型及占比

四、青海湖地区

1. 地理特征

青海湖地区亦称青海湖盆地，占青海省总面积的 5.96%。其四周分界线为：东至日月山脊，与西宁市所属湟源县相连；西至敖仑诺尔、阿木尼尼库山，与柴达木盆地、哈拉湖盆地相接；北至大通山山脊与大通河流域分界；南至青海南山山脊与茶卡-共和盆地分界。

青海湖地区地处青藏高原东北部，是我国祁连山系的一个大型山间盆地。以青海湖巨大的天然水体为中心，形成地貌类型独特、气候环境多样、生境变化复杂的格局。气候类型为半干旱的温带大陆性气候，气温偏低，年均温为-1.1～4 ℃，寒冷期长，没有明显的四季之分，干旱少雨，太阳辐射强烈，气温日较差大。现有种子植物 52 科 174 属 445 种。青海湖流域土壤类型多样，主要有高山寒漠土、高山草甸土、高山草原土、山地草甸土、山地灌丛草甸土、黑钙土、栗钙土、草甸土、沼泽土、风沙土、盐土等。

2. 水资源及湿地特征

青海湖地区的水文环境具有自身鲜明的特点。它是一个独立的集水区，以青海湖为中心，周围有大小河流 50 多条，都注入青海湖，形成一个完整的内流河水系。青海湖流域的河流大多以雨、雪补给型为主，其流量依降水量的多少而变化，年内分配很不均匀，主要集中在 5～9 月份，占全年径流量的 85%以上。青海湖流域西北部湖泊多为淡水湖，东南部的多为咸水湖。青海湖流域自然地理条件独特，野生动物赖以生存的自然生态环境多样，是青海省内野生动物分布较为集中的重要区域之一，分布有各类高等动物 243 种，其中鸟类 164 种、兽类 36 种、两栖类 2 种、爬行类 3 种，另有鱼类 6 种及其他。流域分布的鸟类，隶属于 15 目 35 科，总数达到 10 万～15 余万只。流域分布的兽类分属 6 目 15 科，包括食虫目、食肉目、奇蹄目与偶蹄目、兔形目和啮齿目。

青海湖地区地处青藏高原区、柴达木盆地与河西走廊、陕甘宁黄土高原区的交汇地带，植物种类构成复杂多样。据初步统计，青海湖流域分布的种子植物有 64 科 264 属 775 种及 24 亚种或变种。

青海湖地区地域辽阔、地势高耸、地形复杂，具有独特和多样化的高原自然景观及生态环境系统类型，典型生态系统类型有森林灌丛生态系统、草原生态系统、草甸生态系统、湿地生态系统、沙地生态系统和农田生态系统。青海湖地区湿地类型主要以湖泊水面和沼泽草地为主。根据三调结果，青海湖地区湿地总面积为 1 080.03 万亩，其中沼泽草地 250.27 万亩，内陆滩涂 73.34 万亩，河流水面 38.50 万亩，湖泊水面 681.23 万亩，水库水面 34.22 万亩，坑塘水面 0.38 万亩，沟渠 2.09 万亩。青海湖地区湿地类型面积分布图，如图 3.52 所示。青海湖地区各湿地类型及占比，如图 3.53 所示。

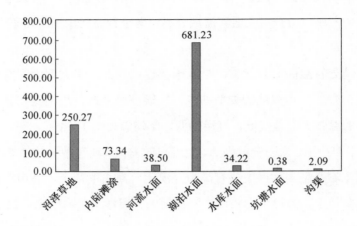

图 3.52　青海湖地区湿地类型面积分布图（单位：万亩）

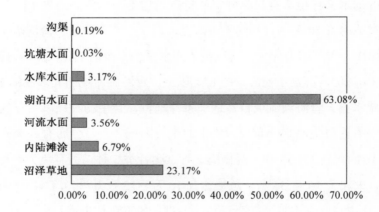

图 3.53　青海湖地区各湿地类型及占比

五、东部地区

1. 地理特征

东部地区位于日月山以东，北、东与甘肃省毗邻，南以黄南山地为界，与青海河湟地区基本吻合，处在黄土高原与青藏高原的过渡地带，黄土广布，黄土地貌发育典型。黄河及其支流湟水、大通河从西向东流过，形成盆峡相间的地貌格局。黄土主要分布在黄河沿岸和湟水流域，东与甘肃陇中黄土高原相连。在中生代地表及新生代晚第三纪的红土层所构成的古地形上，广泛覆盖了一层很厚的风成黄土。经长期流水冲刷作用和其他外营力的剥蚀作用，发育成为黄土丘陵地貌景观。

东部地区基本上位于祁连山系东段，大地构造属于强烈上升的祁连山地，由于强烈地壳上升运动和长期流水侵蚀切割，形成山峦起伏、沟壑纵横的地貌。地貌发育主要受大地构造和新构造运动的控制，其地貌单元与构造单元非常吻合，山脊走向和盆地排列都与构造方向一致。从北向南由冷龙岭、大通河谷地、达坂山、湟水谷地、拉脊山、黄河谷地、黄南山地组成，形成"三山三谷"的山谷相间的地表结构。地理范围主要包括西宁市、海东市、海北藏族自治州、海晏县东南部及海南藏族自治州贵德县，以及贵南县、黄南藏族自治州同仁县、尖扎县，占青海省总面积的4.48%。

2. 水资源及湿地特征

东部地区属于高原温带半干旱气候区，由于纬度和地势的影响，水、热的空间分布复杂，不仅有南北的纬向差异和东西的经向差异，而且垂直差异明显。热量条件以南部黄河谷地最好，其次是中部湟水谷地，北部大通河谷地较差。而水份条件则相反，北部的大通河流域、冷龙岭降水较多，湟水谷地次之，南部的黄河谷地较少，这种降水的格局主要与所处地的地理位置有关，处在青藏高原东北边缘的冷龙岭和门源盆地，一是地形雨多，二是边缘地带，决定了偏北的冷空气和偏南的暖湿气流在此相遇的概率高，形成降水。这种水热的空间格局形成了南北有异的景观。黄河谷地和湟水谷地为半干旱的草原生态系统，而大通河谷形成了半湿润的草原、草甸和灌丛生态系统。

东部地区湿地类型以河流和内陆滩涂为主，其次为水库水面。根据三调结果，东部地区湿地总面积为104.04万亩，其中森林沼泽2.85亩（以万亩为单位计量时，可以忽略不计），沼泽草地17.38万亩，内陆滩涂22.20万亩，沼泽地0.39万亩，河流水面21.32万亩，湖泊水面0.04亩（以万亩为单位计量时，可以忽略不计），水库水面39.34万亩，坑塘水面1.48万亩，沟渠1.91万亩。东部地区湿地类型面积分布图，如图3.54所示。东部地区各湿地类型及占比，如图3.55所示。

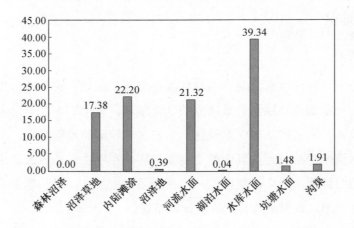

图 3.54　东部地区湿地类型面积分布图（单位：万亩）

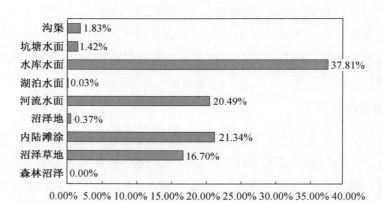

图 3.55　东部地区各湿地类型及占比

第三节　湿地的行政区域分布

一、总体概况

青海省湿地总面积为 10 924.10 万亩，其中，西宁市 9.69 万亩，占全省湿地总面积的 0.09%；海东市 24.30 万亩，占总面积的 0.22%；海北藏族自治州 768.56 万亩，占总面积的 7.04%；黄南藏族自治州 111.60 万亩，占总面积的 1.02%；海南藏族自治州 545.01 万亩，占总面积的 4.99%；果洛藏族自治州 1 432.02 万亩，占总面积的 13.11%；玉树藏族自治州 5 084.88 万亩，占总面积的 46.55%；海西蒙古族藏族自治州 2 948.04 万亩，占总面积的 26.99%。青海省分行政区湿地面积分布，如图 3.56 所示。青海省分行政区湿地面积占比示意图，如图 3.57 所示。青海省行政区内各湿地类型面积见表 3.9。

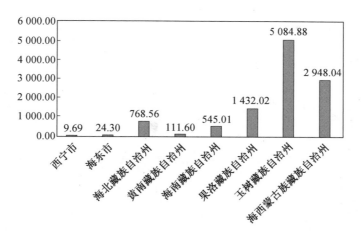

图 3.56　青海省分行政区湿地面积分布（单位：万亩）

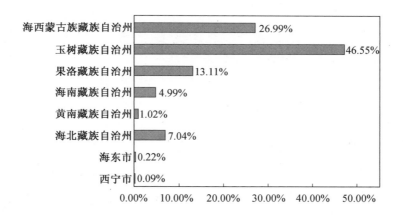

图 3.57　青海省分行政区湿地面积占比示意图

单位：万亩

表 3.9　青海省行政区内各湿地类型面积

行政区域		湿地类型										
名称（市、州）	名称（县、区、市）	森林沼泽 (0304)	沼泽草地 (0402)	盐田 (0603)	内陆滩涂 (1106)	沼泽地 (1108)	河流水面 (1101)	湖泊水面 (1102)	水库水面 (1103)	坑塘水面 (1104)	沟渠 (1107)	小计
青海省	青海省	0.000 285	5 948.59	241.04	1 561.86	141.33	652.11	2 257.27	109.28	3.48	9.13	10 924.10
西宁市	城东区	0.00	0.00	0.00	0.02	0.00	0.15	0.00	0.00	0.01	0.01	
	城中区	0.00	0.00	0.00	0.01	0.00	0.06	0.00	0.00	0.02	0.02	
	城西区	0.00	0.00	0.00	0.00	0.00	0.08	0.00	0.00	0.00	0.01	
	城北区	0.00	0.00	0.00	0.00	0.00	0.27	0.00	0.03	0.03	0.04	9.69
	湟中区	0.00	0.34	0.00	0.45	0.00	1.32	0.00	0.45	0.09	0.57	
	大通回族土族自治县	0.000 285	0.00	0.00	0.99	0.00	1.89	0.00	0.76	0.06	0.17	
	湟源县	0.00	0.00	0.00	0.98	0.00	0.71	0.00	0.02	0.03	0.13	
海东市	乐都区	0.00	0.00	0.00	0.48	0.05	1.14	0.00	0.09	0.05	0.07	
	平安区	0.00	0.00	0.00	0.26	0.01	0.43	0.00	0.14	0.05	0.03	
	民和回族土族自治县	0.00	0.66	0.00	1.23	0.00	1.61	0.00	0.17	0.10	0.11	24.30
	互助土族自治县	0.00	0.01	0.00	1.15	0.00	1.88	0.02	0.29	0.11	0.23	
	化隆回族自治县	0.00	0.02	0.00	2.67	0.00	1.77	0.00	4.77	0.08	0.02	
	循化撒拉族自治县	0.00	0.00	0.00	0.89	0.00	2.71	0.03	0.76	0.11	0.09	
海北藏族自治州	门源回族自治县	0.00	5.09	0.00	6.34	0.00	7.93	0.10	5.07	0.02	0.08	
	祁连县	0.00	90.88	0.00	41.20	0.00	17.95	0.05	2.28	0.06	0.03	768.56
	海晏县	0.00	25.82	0.00	9.32	0.00	2.73	88.39	0.42	0.11	0.13	
	刚察县	0.00	200.62	0.00	15.04	0.00	15.96	232.28	0.00	0.08	0.59	
黄南藏族自治州	同仁县	0.00	0.98	0.00	1.98	0.00	2.65	0.00	0.13	0.02	0.03	
	尖扎县	0.00	0.10	0.00	1.01	0.30	0.50	0.00	3.55	0.02	0.02	111.60
	泽库县	0.00	54.77	0.00	1.63	0.11	8.39	0.07	0.00	0.01	0.02	
	河南蒙古族自治县	0.00	26.86	0.00	2.46	0.00	5.91	0.05	0.00	0.01	0.02	

续表 3.9

单位：万亩

行政区域		湿地类型										小计
名称（市、州）	名称（县、区、市）	森林沼泽（0304）	沼泽草地（0402）	盐田（0603）	内陆滩涂（1106）	沼泽地（1108）	河流水面（1101）	湖泊水面（1102）	水库水面（1103）	坑塘水面（1104）	沟渠（1107）	
海南藏族自治州	共和县	0.00	19.22	0.00	27.76	0.00	9.06	359.03	34.22	0.28	1.44	545.01
	同德县	0.00	0.00	0.00	6.15	0.00	4.13	0.00	0.03	0.02	0.51	
	贵德县	0.00	0.32	0.00	6.41	0.03	3.68	0.00	0.78	0.50	0.21	
	兴海县	0.00	6.14	0.00	10.45	0.00	11.10	2.01	1.13	0.10	1.17	
	贵南县	0.00	3.11	0.00	4.95	0.00	2.70	0.00	27.96	0.15	0.25	
果洛藏族自治州	玛沁县	0.00	64.97	0.00	14.89	0.00	15.43	1.03	0.02	0.01	0.00	1 432.02
	班玛县	0.00	8.59	0.00	1.30	0.00	6.93	0.02	0.16	0.00	0.01	
	甘德县	0.00	41.07	0.00	7.13	0.00	11.40	0.05	0.00	0.01	0.01	
	达日县	0.00	168.26	0.00	15.84	0.05	22.76	1.01	0.00	0.01	0.01	
	久治县	0.00	40.07	0.00	4.56	0.00	9.48	2.44	0.35	0.03	0.00	
	玛多县	0.00	632.92	0.01	50.38	17.09	22.67	268.41	2.53	0.08	0.01	
玉树藏族自治州	玉树市	0.00	67.52	0.00	3.63	2.40	15.97	5.24	0.43	0.04	0.01	5 084.88
	杂多县	0.00	816.00	0.00	42.76	0.00	67.24	28.06	0.00	0.00	0.01	
	称多县	0.00	612.44	0.00	7.95	0.00	18.74	8.60	0.00	0.00	0.01	
	治多县	0.00	937.47	0.00	420.84	0.00	100.57	535.56	0.00	0.00	0.01	
	囊谦县	0.00	14.58	0.02	6.65	0.00	13.08	0.13	0.00	0.00	0.01	
	曲麻莱县	0.00	1 104.11	0.00	136.77	0.00	68.87	49.13	0.00	0.00	0.00	
海西蒙古族藏族自治州	格尔木市	0.00	392.63	133.87	431.34	27.28	106.50	399.06	22.07	0.29	1.03	2 948.04
	德令哈市	0.00	31.94	0.00	76.22	25.25	9.58	138.40	0.31	0.20	0.66	
	茫崖市	0.00	33.85	35.99	10.91	29.40	1.58	29.02	0.00	0.04	0.01	
	乌兰县	0.00	16.93	10.01	20.97	11.65	3.26	31.25	0.09	0.18	0.31	
	都兰县	0.00	189.13	44.83	57.15	22.48	17.82	20.41	0.26	0.07	0.79	
	天峻县	0.00	332.86	0.00	94.46	3.76	30.07	5.38	0.02	0.28	0.02	
	大柴旦行政委员会	0.00	8.33	16.31	14.28	1.46	3.44	52.02	0.00	0.11	0.22	

从行政区域来看，青海省主要的湿地分布在三江源核心区的玉树藏族自治州、海西蒙古族藏族自治州和果洛藏族自治州，尤以玉树藏族自治州的湿地分布最多，占比近50%。具体县、区、市分布情况如图 3.58 所示。

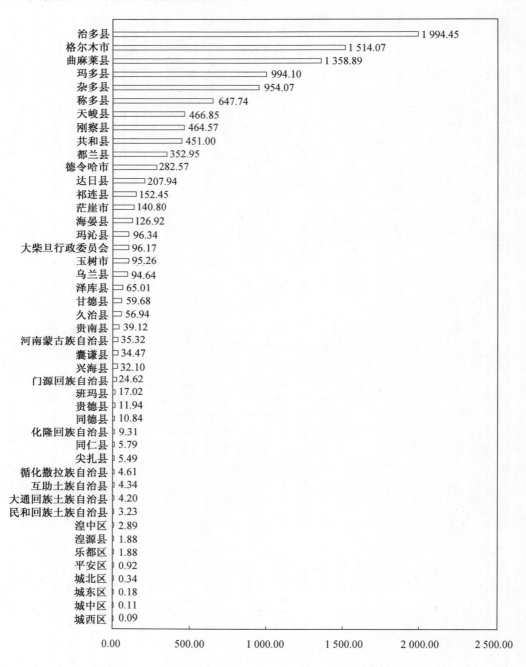

图 3.58 青海省分行政区（县、区、市）湿地面积分布（单位：万亩）

二、各行政区域湿地分布情况及特征

1. 西宁市

（1）区域湿地概况。

西宁市是青海省省会，位于青海省东北部、青藏高原东北部，是全省的政治、经济、文化、科教、交通、医疗中心。西宁市辖城东、城中、城西、城北、湟中五个城区及大通回族土族自治县、湟源县两个县，还有西宁（国家级）经济技术开发区。西宁市共有湿地面积9.69万亩，占全市湿地面积的0.09%。其中，城东区湿地面积0.18万亩，占全市湿地总面积的1.90%；城中区0.11万亩，占全市湿地总面积的1.09%；城西区0.09万亩，占全市湿地总面积的0.96%；城北区0.34万亩，占全市湿地总面积的3.48%；湟中区2.89万亩，占全市湿地总面积的29.83%；大通回族土族自治县4.20万亩，占全市湿地总面积的43.37%；湟源县1.88万亩，占全市湿地总面积的19.37%。西宁市各区县湿地面积分布图，如图3.59所示。西宁市各区县湿地面积占比图，如图3.60所示。

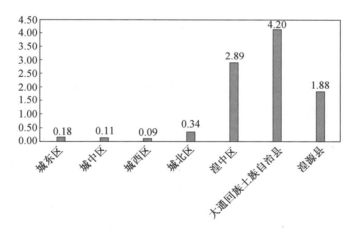

图3.59　西宁市各区县湿地面积分布图（单位：万亩）

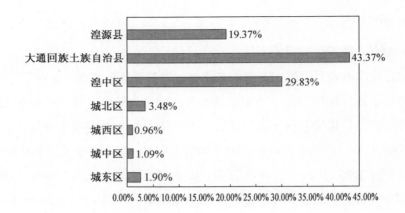

图 3.60　西宁市各区县湿地面积占比图

（2）主要类型及分布。

西宁市湿地类型主要为河流水面、内陆滩涂和水库水面，无灌丛沼泽、盐田等地类，大通回族土族自治县有沼泽草地分布，湟中区有少量森林沼泽分布，湟中区和湟源县有零星湖泊水面分布。其中，森林沼泽 2.85 亩，沼泽草地 0.34 万亩，内陆滩涂 2.45 万亩，河流水面 4.48 万亩，内陆滩涂 2.45 万亩，湖泊水面 34.20 亩（以万亩为计量单位时，可以忽略不计），水库水面 1.23 万亩，坑塘水面 0.24 万亩，沟渠 0.95 万亩。西宁市各湿地类型面积分布图，如图 3.61 所示。西宁市各湿地类型分布占比图，如图 3.62 所示。

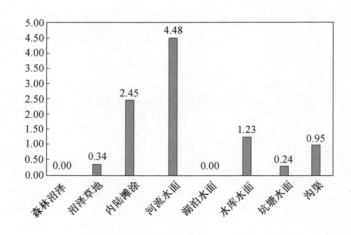

图 3.61　西宁市各湿地类型面积分布图　（单位：万亩）

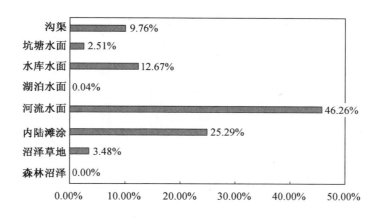

图 3.62　西宁市各湿地类型分布占比图

流经西宁市的主要河流为湟水河及其支流，湟水河从海晏县发源，流经湟源县、湟中区、西宁市区，过小峡流入海东市平安区，汇入黄河，沿途形成了大量的河流水面和内陆滩涂；大通回族土族自治县境内河流众多，主要有北川河、宝库河、黑林河、东峡河等，发源于娘娘山、大坂山，全县河流面积 1.89 万亩；北川河属湟水支流北川水系，流经西宁城区，汇入湟水河。

水库水面主要有湟中区境内的蚂蚁沟、盘道、大石门、西纳川、拦隆、小南川、黄滩、莫家沟等水库，面积 0.45 万亩；大通回族土族自治县境内的黑泉、景阳、中岭等水库，面积 0.76 万亩。

2. 海东市

（1）区域湿地概况。

海东市位于祁连山脉东段、青海省东北部，全境东西长约 124.5 km，南北宽约 180 km，总面积 1.32 万 km²，面积占全省总面积的 2.78%。海东市辖乐都区、平安区、互助土族自治县、循化撒拉族自治县、化隆回族自治县和民和回族土族自治县，政府驻乐都区碾伯镇。海东市湿地面积 24.30 万亩，占全省湿地的 0.22%。其中分布在乐都区 1.88 万亩，占全市湿地总面积的 7.73%；平安区 0.92 万亩，占 3.78%；民和回族土族自治县 3.23 万亩，占 13.30%；互助土族自治县 4.34 万亩，占 17.87%；化隆回族自治县 9.31 万亩，占 38.33%；循化撒拉族自治县 4.61 万亩，占 18.99%。海东市各区县湿地面积分布图，如图 3.63 所示。海东市各区县湿地面积占比图，如图 3.64 所示。

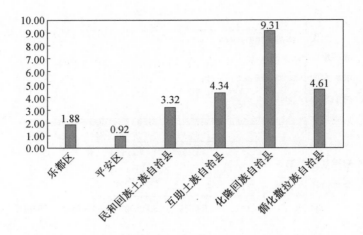

图 3.63　海东市各区县湿地面积分布图（单位：万亩）

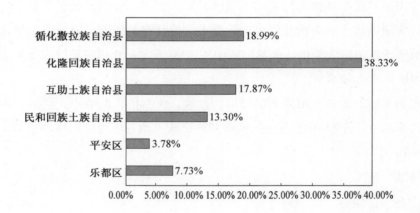

图 3.64　海东市各区县湿地面积占比图

（2）主要类型及分布。

海东市湿地类型以河流水面、内陆滩涂及水库水面为主，其中河流水面 9.54 万亩，占全市湿地总面积的 39.27%；内陆滩涂 6.68 万亩，占 27.50%；水库水面 6.22 万亩，占 25.60%。无森林沼泽、灌丛沼泽、盐田分布，互助土族自治县和循化撒拉族自治县、化隆回族自治县有少量的沼泽草地分布，共计 0.69 万亩，乐都区和平安区分布有 0.06 万亩的沼泽地，坑塘水面、沟渠境内均有分布。海东市各湿地类型面积分布图，如图 3.65 所示。海东市各湿地类型分布占比图，如图 3.66 所示。

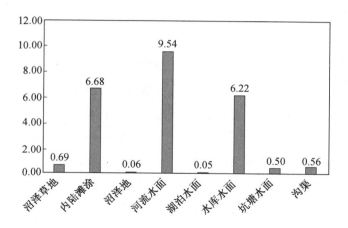

图 3.65 海东市各湿地类型面积分布图（单位：万亩）

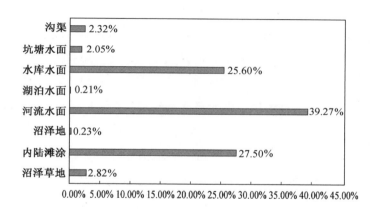

图 3.66 海东市各湿地类型分布占比图

海东市河流密布，流经境内的有黄河、湟水、大通河三大水系，有大小河流 120 多条，流经线路长，范围广，形成了大量的河流水面和内陆滩涂。黄河（玛曲）干流自海南藏族自治州贵德县松巴峡口入境，在市内流经化隆回族自治县、循化撒拉族自治县、民和回族土族自治县三县，至民和回族土族自治县寺沟峡入甘肃省境。湟水河自小峡口入境，流经平安区、互助土族自治县、乐都区、民和回族土族自治县四区县，在民和回族土族自治县享堂与大通河合流，向南流经民和回族土族自治县川口镇、马场垣乡，系青海省与甘肃省界河，在下川口流入甘肃省境内，至甘肃省兰州市注入黄河。大通河自海北藏族自治州门源县朱固寺沟口入海东市互助土族自治县境内，向南流经互助土族自治县巴扎乡、加定镇，变为青海省与甘肃省界河，再流经下河风景区，至羊脖子南流入甘肃省境内，再经甘肃省窑街、红古区入海东市民和回族土族自治县境内，至民和回族土族自治县享堂与湟水河合流。

水库水面主要有乐都区境内的李家、可什加岭、石门沟、盛家峡、大水滩、中坝水库等，面积 0.09 万亩；平安区境内的法台、小干沟、古城、干沟、清泉、汪家沟、巴家和下星家水库等，面积 0.14 万亩；互助土族自治县境内的南门峡、五峰寺、前头沟、小泥沟、杨徐、刘家沟、后尤沟、韭菜沟、卓扎、大菜子沟、昝扎、五龙山、魏坑沟、本坑沟、马家、红湾水库等，面积 0.29 万亩；民和回族土族自治县境内的马家河、深巴沟、古鄯、麻子沟、浪塘、张铁水库等，面积 0.17 万亩；化隆回族自治县境内的公伯峡、李家峡、直岗拉卡、康扬、苏只、合什加水库、合群水库等，面积 4.77 万亩；循化撒拉族自治县境内的积石峡、黄丰等水电站，面积 0.76 万亩。

3. 海北藏族自治州

（1）区域湿地概况。

海北藏族自治州位于青海省东北部，东南与西宁市的大通回族土族自治县、海东市的互助土族自治县和西宁市的湟中、湟源县接壤，西与海西蒙古族藏族自治州的天峻县毗连，南与海南藏族自治州的共和县隔青海湖相望，北与甘肃省的天祝、山丹、民乐、永昌、张掖、肃南市、县毗邻。海北藏族自治州辖门源回族自治县、海晏县、祁连县、刚察县 4 县，州府驻海晏县西海镇。海北藏族自治州共有湿地面积 768.56 万亩，占全省湿地的 7.04%。其中，门源回族自治县 24.62 万亩，占全州湿地总面积的 3.20%；祁连县 152.45 万亩，占 19.84%；海晏县 126.92 万亩，占 16.51%；刚察县 464.57 万亩，占 60.45%。海北藏族自治州各县湿地面积分布图，如图 3.67 所示。海北藏族自治州各县湿地类型分布占比图，如图 3.68 所示。

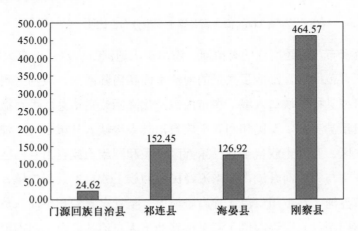

图 3.67　海北藏族自治州各县湿地面积分布图（单位：万亩）

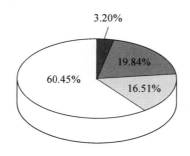

3.20%

19.84%

16.51%

60.45%

■ 门源回族自治县　■ 祁连县　□ 海晏县　□ 刚察县

图3.68　海北藏族自治州各县湿地类型分布占比图

（2）主要类型及分布。

海北藏族自治州主要湿地地类为湖泊水面，共 320.83 万亩，占海北藏族自治州总湿地面积的 41.74%；沼泽草地 322.40 万亩，占 41.95%；内陆滩涂 71.89 万亩，占 9.35%；河流水面 44.57 万亩，占 5.80%；水库水面 7.77 万亩，占 1.01%，无灌丛沼泽、森林沼泽、盐田、沼泽地分布，其他地类零星分布，数量较少。海北藏族自治州各湿地类型面积分布图，如图 3.69 所示。海北藏族自治州各湿地类型分布占比图，如图 3.70 所示。

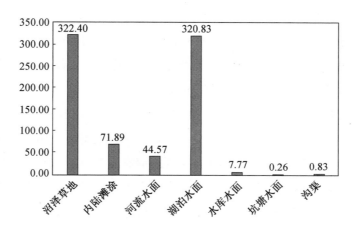

图3.69　海北藏族自治州各湿地类型面积分布图（单位：万亩）

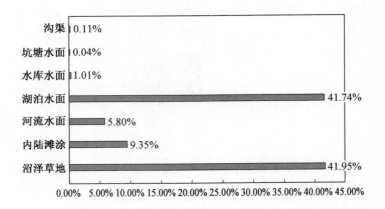

图 3.70　海北藏族自治州各湿地类型分布占比图

　　湖泊水面是海北藏族自治州主要的湿地类型之一，占比较大，主要是青海湖水面面积。青海湖横跨海北藏族自治州、海南藏族自治州和海西蒙古族藏族自治州，总面积680.18 万亩，分布在海北藏族自治州刚察县 232.28 万亩、海晏县 88.39 万亩、海西蒙古族藏族自治州天峻县 1.60 万亩，青海湖是海北藏族自治州主要的湖泊。

　　沼泽草地主要分布在刚察县 200.62 万亩、祁连县 90.88 万亩、海晏县 25.82 万亩、门源回族自治县 5.09 万亩。沼泽草地主要分布在祁连县黑河上游白沙沟至小洒陇及双岔沟一带，托勒河上游上铁迈至玉石沟、刚察县默勒河（大通河）南侧发源于大通山的各支流的广大区域河流阶地上广有分布；同时，在大通山分水岭以南、青海湖以北及湟水上游谷地包含海北藏族自治州海晏、刚察县的青海湖北部滨湖地区，布哈河、吉尔孟河、乌哈阿兰河、沙柳河、哈尔盖河、甘子河等河流两岸也广有沼泽草地分布，特别是在刚察县境内大通山山脊以南至青海湖以北分布最多。

　　河流水面分布在祁连县 17.95 万亩、刚察县 15.96 万亩、门源回族自治县 7.93 万亩、海晏县 2.73 万亩；内陆滩涂分布在祁连县 41.20 万亩、刚察县 15.04 万亩、海晏县 9.32 万亩、门源回族自治县 6.34 万亩。祁连县主要的河流为黑河及干流，其发源于祁连山腹地，临近多天雪峰，与冰川汇聚，是祁连山最大的河流，流经青海、甘肃、内蒙古自治区三省区。刚察县境内河流除发源于大通山由南向北流向大通河的支流，如江仓曲、木里日尼赫曲、克克赛曲、甲日果曲、拉巴曲、外力哈达曲等，其他河流均发源于大通山由北向南流向大通河的支流，为青海湖重要的补给水源，如布哈河、吉尔孟河、沙柳河、哈尔盖河、甘子河、吉尔孟河等干流及其支流，密集分布在青海湖湖滨北岸草原，水流平缓，沼泽密布。门源回族自治县主要河流为发源于海西蒙古族藏族自治州天峻县的大通河，先后流经海西蒙古族藏族自治州天峻县，海北藏族自治州刚察、祁连、门源回族自治县，海东市互助土族自治县、民和回族土族自治县 6 个县，融入湟水河，最后汇入黄河。海晏县是湟水河发源地，西北向东南流向，在托洛亥附近流入西宁市湟源县境内，支流众多且流程长，主要有哈勒景河等；水峡河发源于海晏县，经居户目沟流入西宁市湟中区境内，为湟水河支流西纳川河的上游。县内其余河流为哈尔盖河的支流，主要有擦那曲、哈登曲等，最后流入青海湖。

水库水面分布在门源回族自治县 5.07 万亩、祁连县 2.28 万亩、海晏县 0.42 万亩，刚察县没有水库水面分布。门源回族自治县水库水面主要是大通河梯级水电站库区，从门源回族自治县与互助土族自治县交界寺沟口以上，分布有寺沟口、地久、东旭、玉龙滩、雪龙、多龙滩、雪龙滩、久干、仙河、克图等水电站，至苏吉滩乡和皇城蒙古族乡，有石头峡、纳子峡水电站；祁连县水库主要是门源回族自治县境内的纳子峡水电站的库区；海晏县水库主要是位于县城东南 6 km 处的金银滩大草原上的东大滩水库。

4. 黄南藏族自治州

（1）区域湿地概况。

黄南藏族自治州位于青海省东南部，因地处黄河之南而得名，东北部与海东市的化隆回族自治县、循化撒拉族自治县为邻，东南部与甘肃省甘南藏族自治州夏河、碌曲、玛曲三县接壤；西北部、西南部与海南藏族自治州贵德、同德、贵南县以及果洛藏族自治州玛沁县相接。黄南藏族自治州辖同仁县、尖扎县、泽库县和河南蒙古族自治县 4 县，州府驻同仁县隆务镇。黄南藏族自治州湿地面积 111.60 万亩，占全省湿地面积的 1.02%。其中，同仁县 5.79 万亩，占全州湿地总面积的 5.19%；尖扎县 5.49 万亩，占 4.92%；泽库县 65.00 万亩，占 58.25%；河南蒙古族自治县 35.32 万亩，占 31.64%。黄南藏族自治州各县湿地面积分布图，如图 3.71 所示。黄南藏族自治州各县湿地面积占比图，如图 3.72所示。

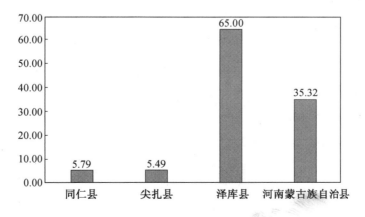

图 3.71　黄南藏族自治州各县湿地面积分布图（单位：万亩）

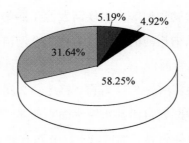

■ 同仁县　■ 尖扎县　□ 河南蒙古族自治县　■ 泽库县

图 3.72　黄南藏族自治州各县湿地面积占比图

（2）主要类型及分布。

黄南藏族自治州主要湿地类型为沼泽草地，共 82.71 万亩，占全州湿地总面积的 74.11%；河流水面 17.46 万亩，占 15.64%；内陆滩涂 7.09 万亩，占 6.35%；水库水面 3.68 万亩，占 3.30%。无灌丛沼泽、盐田等地类，沼泽地、坑塘水面、沟渠零星分布，面积较小。黄南藏族自治州各湿地类型面积分布图，如图 3.73 所示。黄南藏族自治州各湿地类型面积分布占比图，如图 3.74 所示。

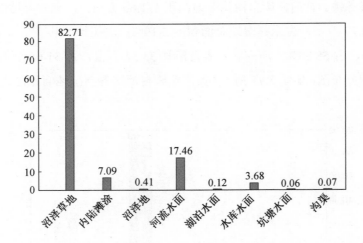

图 3.73　黄南藏族自治州各湿地类型面积分布图（单位：万亩）

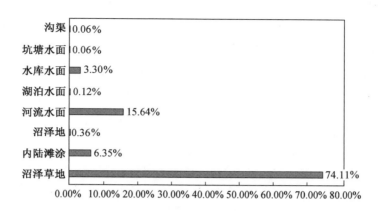

图 3.74 黄南藏族自治州各湿地类型面积分布占比图

沼泽草地主要分布在泽库县和河南蒙古族自治县，泽库县 54.77 万亩，河南蒙古族自治县 26.86 万亩，尖扎县无沼泽草地分布，同仁县有少量分布。泽库县主要分布在黄河一级支流泽曲上游及其二级支流，如则曲、日俄冬曲、夏得日河上游河谷两岸地带，西北流向，流入海南藏族自治州同德县的巴曲上游的宁秀曲源头，多福顿乡夏马日滩等地也有分布；河南蒙古族自治县主要分布在洮河支流延曲、代桑曲及其二级支流两岸。

河流水面及内陆滩涂主要是黄河及其支流，黄南藏族自治州境内大小河流有 140 余条。黄河为过境客水，主要河流均为黄河的支流，较大的一级支流有洮河、隆务河、泽曲河、巴河等，二级支流有大南曼河等，水能资源丰富。

水库水面主要分布在尖扎县，同仁县也有少量分布，主要是位于尖扎县境内黄河上游李家峡、直岗拉卡、康杨等梯级水电站库区水面，以及同仁县境内隆务河的同仁县电站、多哇电站库区。

5. 海南藏族自治州

（1）区域湿地概况。

海南藏族自治州位于青海省东部，东与海东市和黄南藏族自治州毗连，西与海西蒙古族自治州接壤，南与果洛藏族自治州为邻，北隔青海湖与海北藏族自治州相望，因地处青海湖南部而得名，全州辖共和县、同德县、贵德县、兴海县和贵南县，州府驻共和县恰卜恰镇。海南藏族自治州共有湿地面积 545.01 万亩，占全省湿地总面积的 4.99%。其中，共和县 451.00 万亩，占全州湿地总面积的 82.75%；同德县 10.84 万亩，占 1.99%；贵德县 11.94 万亩，占 2.19%；兴海县 32.10 万亩，占 5.89%；贵南县 39.12 万亩，占 7.18%。

海南藏族自治州各县湿地面积分布图，如图 3.75 所示。海南藏族自治州各县湿地面积占比图，如图 3.76 所示。

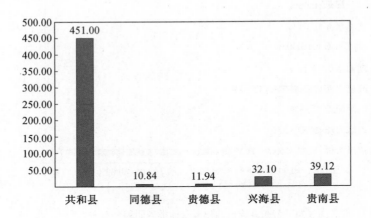

图 3.75　海南藏族自治州各县湿地面积分布图（单位：万亩）

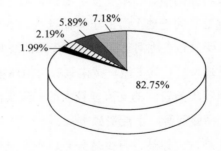

□ 共和县　■ 同德县　▤ 贵德县　■ 兴海县　▨ 贵南县

图 3.76　海南藏族自治州各县湿地面积占比图

（2）主要类型及分布。

海南藏族自治州主要的湿地类型为湖泊水面，共 361.04 万亩，占全州湿地总面积的 66.25%；水库水面 64.12 万亩，占 11.77%；内陆滩涂 55.72 万亩，占 10.22%；河流水面 30.67 万亩，占 5.63%；沼泽草地 28.79 万亩，占 5.28%；沟渠 3.57 万亩，占 0.66%，无灌丛沼泽，除贵德县有 0.03 万亩沼泽地外，其余县无沼泽地分布，坑塘水面零星分布，共 1.06 万亩，占全州湿地总面积的 0.19%。海南藏族自治州各湿地类型面积分布图，如图 3.77 所示。海南藏族自治州各湿地类型分布占比图，如图 3.78 所示。

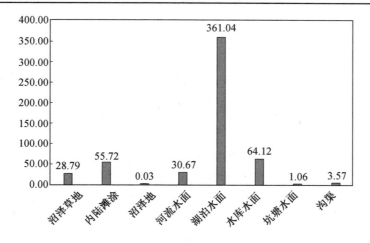

图 3.77　海南藏族自治州各湿地类型面积分布图（单位：万亩）

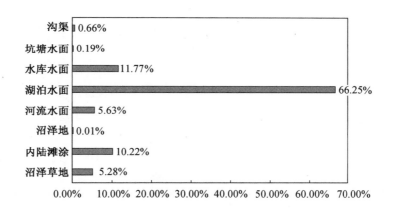

图 3.78　海南藏族自治州各湿地类型分布占比图

海南藏族自治州湖泊水面主要分布在共和县 359.03 万亩、兴海县 2.01 万亩，其他三县无分布。主要是位于共和县境内的青海湖湖面面积，兴海县有少量湖泊分布。水库水面分布在共和县 34.22 万亩、贵南县 27.96 万亩，主要是位于两县交界的黄河上游龙羊峡水电站库区面积。兴海县水库水面 1.13 万亩、贵德县 0.78 万亩、同德县 0.03 万亩。

河流水面分布在兴海县 11.10 万亩、共和县 9.06 万亩、同德县 4.13 万亩、贵德县 3.69万亩、贵南县 2.70 万亩。内陆滩涂分布在共和县 27.76 万亩、兴海县 10.45 万亩、贵德县6.41 万亩、同德县 6.15 万亩、贵南县 4.95 万亩。海南藏族自治州境内水系分为黄河流域水系和内陆水系两部分。其中，同德、贵南、贵德三县均属黄河流域的外流河；兴海县大部分为黄河流域；共和县小部分为黄河流域，大部分为内陆水系，有青海湖、沙珠玉河、茶卡盐湖、尕海滩、河卡河、苦海、约尔根永河 7 个内陆水系。

6. 果洛藏族自治州

（1）区域湿地概况。

果洛藏族自治州地处青藏高原腹地、黄河源头，位于青海省的东南部。果洛藏族自治州东临甘肃省甘南藏族自治州和青海省黄南藏族自治州，南接四川省阿坝藏族羌族自治州和甘孜藏族自治州，西与青海省玉树藏族自治州毗连，北和青海省海西蒙古族藏族自治州、海南藏族自治州接壤。全州辖玛沁、班玛、久治、达日、甘德和玛多 6 县，州府驻玛沁县大武镇。果洛藏族自治州湿地总面积 1 432.02 万亩，占全省湿地面积的13.11%。其中，玛沁县 96.34 万亩，占全州湿地总面积的 6.73%；班玛县 17.02 万亩，占1.19%；甘德县 59.68 万亩，占 4.17%；达日县 207.94 万亩，占 14.52%；久治县 56.94 万亩，占 3.98%；玛多县 994.10 万亩，占 69.42%。果洛藏族自治州各县湿地类型面积分布图，如图 3.79 所示。果洛藏族自治州各县湿地分布占比图，如图 3.80 所示。

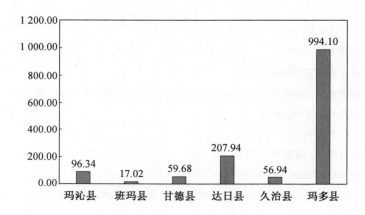

图 3.79　果洛藏族自治州各县湿地类型面积分布图（单位：万亩）

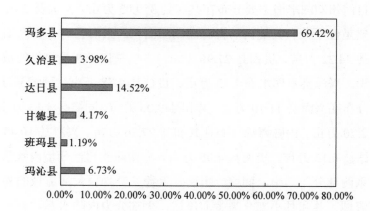

图 3.80　果洛藏族自治州各县湿地分布占比图

（2）主要类型及分布。

果洛藏族自治州主要的湿地类型为沼泽草地，共 955.86 万亩，占全州湿地总面积的 66.75%；湖泊水面 272.96 万亩，占 19.06%；内陆滩涂 94.10 万亩，占 6.57%；河流水面 88.68 万亩，占 6.19%；沼泽地 17.14 万亩，占 1.20%，其他地类分布很少。果洛藏族自治州各湿地类型面积分布图，如图 3.81 所示。果洛藏族自治州各湿地类型分布占比图，如图 3.82 所示。

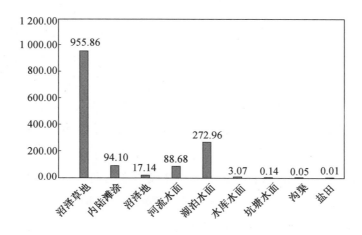

图 3.81　果洛藏族自治州各湿地类型面积分布图（单位：万亩）

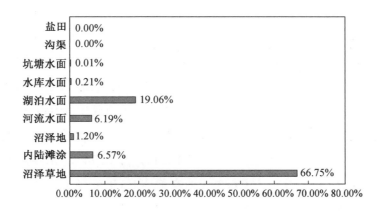

图 3.82　果洛藏族自治州各湿地类型分布占比图

沼泽草地分布在玛多县 632.92 万亩、达日县 168.26 万亩、甘德县 41.07 万亩、久治县 40.07 万亩、玛沁县 64.97 万亩、班玛县 8.59 万亩，主要分布于玛多县扎陵湖和鄂陵湖南部、岗纳格玛措和日格措岔玛东部的湖滨草原上，热曲上游、白马曲中游河谷地带也有分布。

湖泊水面绝大部分分布在玛多县，面积为 268.41 万亩，主要是扎陵湖、鄂陵湖、冬格措纳湖、岗纳格玛措、日格措岔玛、阿涌尕玛错、阿涌哇玛错、阿涌贡玛错、隆热错、豆错（苦海）、尕拉拉错等。

河流水面分布在达日县 22.76 万亩、玛多县 22.67 万亩、玛沁县 15.43 万亩、甘德县 11.40 万亩、久治县 9.48 万亩、班玛县 6.93 万亩。内陆滩涂分布在玛多县 50.38 万亩、达日县 15.84 万亩、玛沁县 14.89 万亩、甘德县 7.13 万亩、久治县 4.56 万亩、班玛县 1.30 万亩。果洛藏族自治州 6 县基本属于黄河源区，河流主要为黄河和其支流，达日县主要河流为黄河上游支流达日河，亦称达日勒曲，发源于巴颜喀拉山须仑沟北麓；玛沁县境内主要河流有优尔曲、当曲、格科曲、切木曲，均属黄河水系；玛多县境内主要河流有玛曲、热曲、江曲、勒那曲、多曲等；甘德县主要有东柯曲、西柯曲和当曲三大河流；久治县境内河流众多，且分布均匀，主要河流有马柯河、克柯河、沙柯河、哈曲、久曲、章库河及折安木库河等，分属长江、黄河两大水系；班玛县境内河流众多，主要有玛柯河、多柯河、克柯河和洛曲等河流。

7. 玉树藏族自治州

（1）区域湿地概况。

玉树藏族自治州位于青藏高原腹地的三江源头，北与海西蒙古族藏族自治州相邻，西北与新疆巴音郭楞自治州接壤，东与果洛藏族自治州互通，东南与四川省甘孜藏族自治州毗邻，西南与西藏昌都地区和那曲地区交界。全州辖玉树市和杂多、称多、治多、囊谦、曲麻莱县，共 1 市 5 县，州府驻玉树市结古镇。玉树藏族自治州湿地面积 5 084.88 万亩，占全省湿地总面积的 46.55%。其中，玉树市 95.26 万亩，占全州湿地面积的 1.87%；杂多县 954.07 万亩，占 18.76%；称多县 647.74 万亩，占 12.74%；治多县 1 994.45 万亩，占 39.22%；囊谦县 34.47 万亩，占 0.68%；曲麻莱县 1 358.89 万亩，占 26.72%。玉树藏族自治州各市县湿地类型面积分布图，如图 3.83 所示。玉树藏族自治州各市县湿地面积分布占比图，如图 3.84 所示。

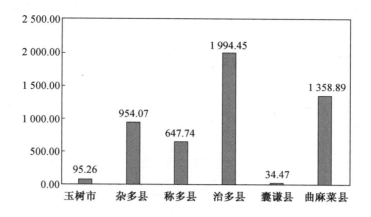

图 3.83 玉树藏族自治州各市县湿地类型面积分布图（单位：万亩）

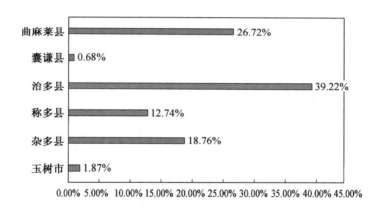

图 3.84 玉树藏族自治州各市县湿地面积分布占比图

（2）主要类型及分布。

玉树藏族自治州主要的湿地类型为沼泽草地，共 3 552.12 万亩，占全州湿地面积的 69.86%；湖泊水面 626.72 万亩，占 12.33%；内陆滩涂 618.61 万亩，占 12.17%；河流水面 284.47 万亩，占 5.59%。沼泽地 2.40 万亩，主要分布在玉树市；盐田 0.02 万亩，分布在囊谦县；水库水面 0.43 万亩，分布在玉树市；坑塘水面 0.04 万亩，分布在玉树市；沟渠 0.05 万亩，各市县均有分布。玉树藏族自治州各湿地类型面积分布图，如图 3.85 所示。玉树藏族自治州各湿地类型面积分布占比图，如图 3.86 所示。

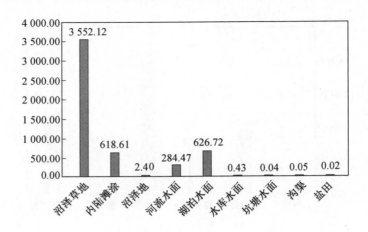

图3.85 玉树藏族自治州各湿地类型面积分布图（单位：万亩）

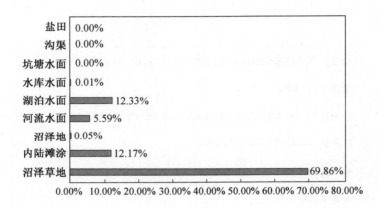

图3.86 玉树藏族自治州各湿地类型分布占比图

沼泽草地分布在曲麻莱县1 104.11万亩、治多县937.47万亩、杂多县816.00万亩、称多县612.44万亩、玉树市67.52万亩、囊谦县14.58万亩。从分布特点看，沼泽草地大多集中于州域潮湿的东部和南部。从地势方面看，主要分布在河滨、湖周一带的低洼地区，尤以河流中上游分布为多。在当曲水系中上游唐古拉山北吾钦曲、切美曲两岸，尼日阿错改湖滨地区，以及通天河上段以南各支流的中上游一带，沼泽草地连片广布。以当曲流域发育最广，沱沱河次之，楚马尔河则较少。在唐古拉山北侧，沼泽草地最高发育到海拔5 350 m，达到青藏高原的上限，是世界上海拔最高的沼泽。

湖泊水面分布在治多县535.56万亩，集中分布在县域西部的可可西里腹地，主要有西金乌兰湖、可可西里湖、勒斜武旦湖、霍通诺尔、多尔改措、库赛湖、错达日玛、饮马湖、明镜湖、月亮湖、永红湖、太阳湖、苟鲁山克湖、海丁诺尔、盐湖等；分布在曲麻莱县49.13万亩，主要有卡巴钮尔多、错坎巴昂日东、错拉巴鄂阿东、错木斗江章、错龙日阿以及扎陵湖西段部分；分布在杂多县 28.06 万亩，主要有尼日阿错改、扎木错；分布在称多县 8.60 万亩，主要是寇察和阿木错；分布在玉树市 5.24 万亩，主要是年吉错、隆宝湖和赛永错；分布在囊谦县 0.13 万亩，主要在子曲、热曲、巴尔曲两岸，单个湖泊面积小且分布零散。

河流水面分布在治多县 100.57 万亩、曲麻莱县 68.87 万亩、杂多县 67.24 万亩、称多县 18.74 万亩、玉树市 15.97 万亩、囊谦县 13.08 万亩。内陆滩涂分布在治多县 420.84 万亩、曲麻莱县 136.77 万亩、杂多县 42.76 万亩、称多县 7.95 万亩、囊谦县 6.65 万亩、玉树市 3.63 万亩。杂多县境内水系众多，河流密布，较大的河流有扎曲、结曲、当曲、莫曲等，著名的国际河流澜沧江（湄公河）正源扎曲发源于扎青乡境内的吉富山区域，长江南源发源于唐古拉山脉东段结多乡境内保扎日山麓的当曲；治多县是长江的发源地，县境内河流、湖泊众多，河流多属长江水系，主要有通天河（长江）、当曲、牙曲等；曲麻莱县境内河流纵横，湖泊星罗，地表水流极为丰富，楚玛尔河、色吾河、约古宗列曲等长江、黄河干流支系纵横交错；称多县境内河流密布，河床落差大，水资源极其丰富，蕴藏较大开发潜能，主要河流有通天河、扎曲、多曲、细曲、德曲等；玉树市全市纵跨长江与澜沧江两大水系，两大水系支流网络全市，通天河、扎曲、巴曲在玉树市境内流过；囊谦县境内主要有扎曲、孜曲、巴曲、热曲、吉曲 5 条大河流。

8. 海西蒙古族藏族自治州

（1）区域湿地概况。

海西蒙古族藏族自治州位于青藏高原北部，南通西藏，北达甘肃，西出新疆，东邻本省海北、海南藏族自治州，是青海、甘肃、新疆、西藏四省区交会的中心地带，也是进出西藏的重要通道，因居青海湖以西而得名。全州辖格尔木、德令哈、茫崖三市，都兰、乌兰、天峻三县，以及大柴旦行政委员会。海西蒙古族藏族自治州湿地面积 2 948.04 万亩，占全省湿地面积的 26.99%。其中，分布在格尔木市 1 514.07 万亩，占 51.36%；德令哈市 282.57 万亩，占 9.58%；茫崖市 140.80 万亩，占 4.78%；乌兰县 94.64 万亩，占 3.21%；都兰县 352.95 万亩，占 11.97%；天峻县 466.85 万亩，占 15.84%；大柴旦行政委员会 96.17 万亩，占 3.26%。海西蒙古族藏族自治州各市县湿地面积分布图，如图 3.87 所示。海西蒙古族藏族自治州各市县湿地面积分布占比图，如图 3.88 所示。

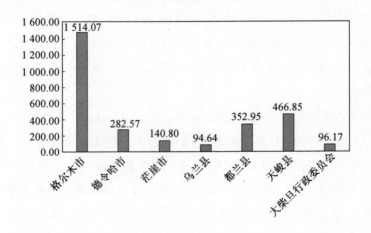

图 3.87　海西蒙古族藏族自治州各市县湿地面积分布图（单位：万亩）

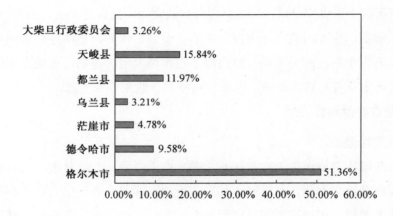

图 3.88　海西蒙古族藏族自治州各市县湿地面积分布占比图

（2）主要类型及分布。

海西蒙古族藏族自治州湿地的主要类型为沼泽草地，共 1 005.76 万亩，占 34.11%；湖泊水面 675.55 万亩，占 22.92%；内陆滩涂 705.32 万亩，占 23.93%；盐田 241.01 万亩，占 8.18%；河流水面 172.23 万亩，占 5.84%；沼泽地 121.29 万亩，占 4.11%；水库水面 22.76 万亩，占 0.77%；沟渠（含干渠）3.04 万亩，占 0.10%；坑塘水面 1.17 万亩，占 0.04%。海西蒙古族藏族自治州各湿地面积分布图，如图 3.89 所示。海西蒙古族藏族自治州各湿地类型面积分布占比图，如图 3.90 所示。

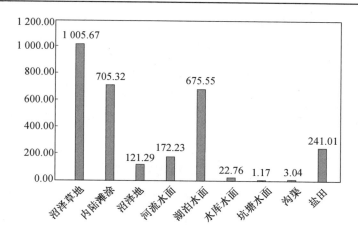

图 3.89 海西蒙古族藏族自治州各湿地面积分布图（单位：万亩）

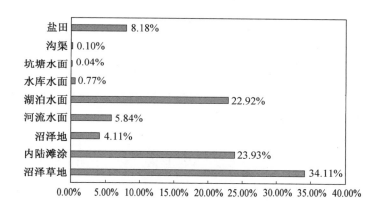

图 3.90 海西蒙古族藏族自治州各湿地类型面积分布占比图

沼泽草地分布在天峻县 332.86 万亩，主要分布在托勒南山南坡与疏勒南山北坡间河谷地带的疏勒河源头区域，布哈河上游龙门乡至木里镇之间河流两侧、峻河源头至布哈河交汇处的河流两侧都有大面积的沼泽草地分布；格尔木市沼泽草地有 392.63 万亩，主要分布在达布逊湖等湖滨地带和格尔木河、乌图美仁河、那陵格勒河等下游沿岸；都兰县沼泽草地有 189.13 万亩，主要分布在南、北霍鲁逊湖湖滨地带和素棱郭勒河下游沿岸，以及巴隆乡北部香日德河沿岸铁奎、托海、沙日等定居点附近；德令哈市沼泽草地有 31.94 万亩，主要分布在克鲁克湖与托素湖湖滨东部至尕海湖间的巴音郭勒河两岸、尕海湖湖滨东部、巴罗根郭勒上游、阿让郭勒中下游沿岸、恩情诺尔湖滨、怀头他拉镇居洪图周边季节性河床以及哈拉湖湖滨东南等地区；乌兰县沼泽草地有 16.93 万亩，主要分布在茶卡盐湖湖滨东部高伟河里沿岸、都兰湖湖滨、素棱郭勒河中游南岸草原上；茫崖市沼泽草地有 33.85 万亩，主要分布在尕斯库勒湖湖滨、铁木里克河沿岸和茫崖湖湖滨；大柴旦行政委员会有沼泽草地 8.33 万亩，主要分布在巴仑马海至南八仙一带。

海西蒙古族藏族自治州湖泊水面以盐湖为主，其中分布在格尔木市 399.06 万亩、德令哈市 138.40 万亩、茫崖市 29.02 万亩、乌兰县 31.25 万亩、都兰县 20.41 万亩、天峻县 5.38 万亩、大柴旦行政委员会 52.02 万亩。主要湖泊有察尔汗盐湖、东西台吉乃尔湖、大浪滩、尕斯库勒湖、茶卡盐湖、柯柯盐湖等，其他湖泊有哈拉湖、克鲁克湖、托素湖、依克柴达木湖、巴嘎柴达木湖、阿拉克湖等。

海西蒙古族藏族自治州河流水面共 172.23 万亩、其中格尔木市 106.50 万亩、天峻县 30.07 万亩、都兰县 17.82 万亩、德令哈市 9.58 万亩，其余市县分布较少；内陆滩涂共 705.32 万亩，其中格尔木市 431.34 万亩、天峻县 94.46 万亩、德令哈市 76.22 万亩、都兰县 57.15 万亩，其余市县分布少。海西蒙古族藏族自治州共有大小河流 160 余条，流域面积大约 500 km²，常年有水的河流有 40 余条，多年平均径流量超过一亿 m³ 的河流有那棱格勒河、布哈河、柴达木河、疏勒河 、格尔木河、鱼卡河、呼伦河、乌图美仁河、党河、沱沱河、哈勒腾河、巴音河、木里河、 诺木洪河、塔塔棱河、察汗乌苏河。

盐田分布在格尔木市 133.87 万亩、都兰县 44.83 万亩、茫崖市 35.99 万亩、大柴旦行政委员会 16.30 万亩、乌兰县 10.01 万亩，德令哈市和天峻县没有分布。海西蒙古族藏族自治州的盐田主要集中在柴达木盆地的马海、昆特依、大浪滩、察汗斯拉图、一里坪、察尔汗 6 个干盐湖中，在尕斯库勒湖、茶卡盐湖、柯柯盐湖也有分布。

水库水面分布在格尔木市 22.07 万亩，主要是格尔木河上的大型水库温泉水库、中型水库小干沟水库和乃吉里水库，以及小型水库大干沟水库；分布在德令哈市 0.31 万亩，主要是位于巴音河和巴勒更河上的中型水库黑石山水库和怀头他拉水库；分布在乌兰县 0.09 万亩，有都兰河、赛西、赛什克一、赛什克二、巴音、莫河等水库；分布在都兰县 0.26 万亩，有西台、哈图、伊克高、英德尔等水库；分布在天峻县 0.02 万亩，其他县没有分布。

沟渠（含干渠）分布在格尔木市 1.03 万亩、德令哈市 0.66 万亩、茫崖市 0.01 万亩、乌兰县 0.31 万亩、都兰县 0.79 万亩、天峻县 0.02 万亩、大柴旦行政委员会 0.23 万亩。海西蒙古族藏族自治州农业生产具有典型的"绿洲农业"特征，水利工程、土地工程较发达，灌溉需要大量的沟渠分布。

第四章 青海省湿地资源变化分析

本章所指湿地变化，仅界定为"面积和分布"的变化，不涉及湿地生态系统的质量变化。秉持"口径可比较、数据可分析、差异可处理"的原则，与湿地二调调查结果进行对比，将二调湿地分类体系与《土地利用现状分类》（GB/T 21010—2017）中湿地分类体系衔接（详见表1.7），对青海省2010—2020年湿地的变化情况进行分析。

第一节　湿地的面积与空间变化

一、青海省第二次全国湿地资源调查概况

从2003年我国完成首次全国湿地资源调查以来，随着经济社会发展，我国湿地生态状况发生了显著变化。为准确掌握湿地资源及其生态变化情况，制定加强湿地保护管理的政策，编制重大生态修复规划，国家林业和草原局于2009—2013年组织完成了第二次全国湿地资源调查。青海省根据国家总体要求，采用"3S"技术与现地核查相结合的方法，严格按照《全国湿地资源调查与监测技术规程（试行）2008》，对青海省内符合湿地公约标准的各类湿地面积、分布和保护情况进行了调查；对国际重要湿地、国家重要湿地、自然保护区、湿地公园和其他重要湿地的生态、野生动植物、保护和利用、社会经济及受威胁状况的动态变化情况等进行了清查。

结果显示，青海省湿地面积为12 069.68万亩，青海无近海与海岸湿地，其中河流湿地1 181.86万亩、湖泊湿地2 205.45万亩、沼泽湿地8 469.04万亩、人工湿地213.33万亩。青海省湿地二调类型分布图，如图4.1所示。青海省湿地二调各类型面积分布占比图，如图4.2所示。

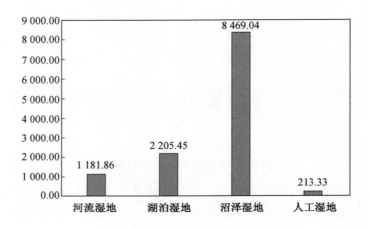

图 4.1　青海省湿地二调类型分布图（单位：万亩）

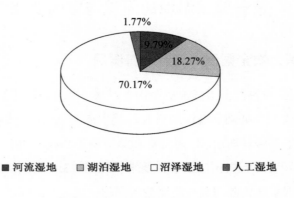

■ 河流湿地　　■ 湖泊湿地　　□ 沼泽湿地　　■ 人工湿地

图 4.2　青海省湿地二调各类型面积分布占比图

二、湿地的面积变化

通过对青海省国土三调湿地面积与湿地二调面积的比较（表 4.1、图 4.3），可以看出 2010—2020 年青海省湿地资源的变化态势。湿地总体变化是趋于减少，三调湿地面积为 10 924.10 万亩，湿地二调为 12 069.68 万亩，共减少 1 145.58 万亩，变化率为-9.49%。从具体地类来看，沼泽地、河流水面以及灌丛沼泽的面积 2010—2020 年趋于减少，分别减少了 3 634.65 万亩、279.18 万亩、0.95 万亩，其变化率分别为-96.26%、-29.98%、-100%；而沼泽草地、盐田、内陆滩涂、湖泊水面、水库水面、坑塘水面、沟渠的面积趋于增加，其中，内陆滩涂增加面积最大，增加 1 311.29 万亩，增加率为 523.32%，盐田和水库水面面积增加较大，增加率分别达到 85.94%和 30.56%，沼泽草地增长也较快。

表 4.1　青海省国土三调湿地面积与湿地二调面积对比一览表

单位：万亩

序号	湿地类型	三调面积	二调面积	差值（三调－二调）	变化率/%
1	森林沼泽	0.000 285	—	0.000 285	—
2	灌丛沼泽	0.00	0.95	−0.95	−100.00
3	沼泽草地	5 948.59	4 692.11	1 256.48	26.78
4	盐田	241.04	129.63	111.41	85.94
5	内陆滩涂	1 561.86	250.57	1 311.29	523.32
6	沼泽地	141.33	3 775.98	−3 634.65	−96.26
7	河流水面	652.11	931.29	−279.18	−29.98
8	湖泊水面	2 257.27	2 205.45	51.82	2.35
9	水库水面	109.28	83.70	25.58	30.56
10	坑塘水面	3.48	—	3.48	—
11	沟渠	9.13	—	9.13	—
	合计	10 924.10	12 069.68	−1 145.58	−9.49

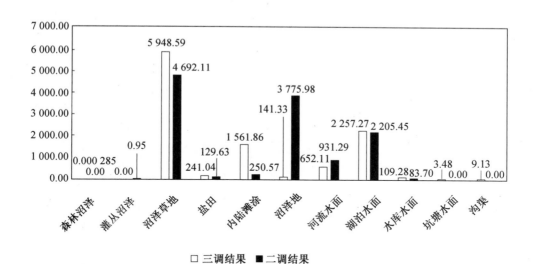

图 4.3　青海省国土三调湿地面积与湿地二调面积对比图（单位：万亩）

三、湿地的空间变化

湿地数量的变化反映到具体空间的变化上，更能反映出变化的实质，有利于分析出变化的原因。下面从行政区域和五大板块变化两个层面分析湿地的空间变化。

1. 分行政区域湿地的空间变化

（1）县、区、市级湿地变化情况。

与湿地二调县、区、市级湿地面积相比（表 4.2），青海省大部分县、区、市级湿地面积增加，全省 45 个县、区、市级单元中，有 33 个县的湿地面积出现了增加，增加面积最多的是曲麻莱县、治多县和称多县，分别增加了 378.48 万亩、361.30 万亩和 262.29 万亩；变化率最大的县、区、市分别是湟中区、民和回族土族自治县、甘德县、平安区，均超过了 100%，湟中区达到 463.38%。

湿地面积减少最多的县、区、市分别是格尔木市、都兰县、茫崖/冷湖行政委员会和乌兰县，分别减少了 1 351.19 万亩、887.03 万亩、191.97 万亩和 170.99 万亩；变化率最大的分别是都兰县、乌兰县和茫崖/冷湖行政委员会，分别达到-71.54%、-64.37%和-57.69%。

表 4.2　国土三调湿地面积与湿地二调面积分县、区、市级对比一览表

行政区划（市、州）	行政区划（县、区、市）	三调面积/万亩	二调面积/万亩	差值（三调-二调）/万亩	变化率/%
630000	青海省	10 924.10	12 069.68	-1 145.58	-9.49
西宁市	城东区	0.18	0.19	0.06	-3.31
	城中区	0.11	0	0.12	0.00
	城西区	0.09	0.05	0.05	85.19
	城北区	0.34	0.18	0.16	87.59
	大通回族土族自治县	2.89	3.8	-0.87	-23.92
	湟中区	4.20	0.75	3.48	460.38
	湟源县	1.88	1.64	0.25	14.47
海东市	乐都区	1.88	1	0.88	87.94
	平安区	0.92	0.41	0.51	124.04
	民和回族土族自治县	3.23	1.37	1.87	135.88
	互助土族自治县	4.34	2.62	1.73	65.77
	化隆回族自治县	9.31	6.06	3.27	53.68
	循化撒拉族自治县	4.61	2.94	1.70	56.93
海北藏族自治州	门源回族自治县	24.62	20.04	4.62	22.88
	祁连县	152.45	115.29	37.17	32.23
	海晏县	126.92	113.65	13.27	11.67
	刚察县	464.57	414.9	49.67	11.97

续表 4.2

行政区划（市、州）	行政区划（县、区、市）	三调面积/万亩	二调面积/万亩	差值（三调-二调）/万亩	变化率/%
黄南藏族自治州	同仁县	5.79	6.87	-1.07	-15.76
	尖扎县	5.49	5.43	0.07	1.10
	泽库县	65.01	58.84	6.18	10.48
	河南蒙古族自治县	35.32	50.41	-15.09	-29.94
海南藏族自治州	共和县	451.00	429.77	21.24	4.94
	同德县	10.84	9.89	0.95	9.56
	贵德县	11.94	33.42	-21.46	-64.27
	兴海县	32.10	16.95	15.17	89.41
	贵南县	39.12	35.93	3.21	8.89
果洛藏族自治州	玛沁县	96.34	52.13	44.22	84.81
	班玛县	17.02	11.89	5.13	43.13
	甘德县	59.68	26.19	33.49	127.88
	达日县	207.94	123.66	84.29	68.16
	久治县	56.94	78.14	-21.20	-27.14
	玛多县	994.10	915.75	78.36	8.56
玉树藏族自治州	玉树市	95.26	82.38	12.89	15.63
	杂多县	954.07	802.09	151.99	18.95
	称多县	647.74	385.45	262.31	68.05
	治多县	1 994.45	1 633.15	361.42	22.12
	囊谦县	34.47	39.08	-4.55	-11.79
	曲麻莱县	1 358.89	980.41	378.50	38.60
海西蒙古族藏族自治州	格尔木市	1 514.07	2 865.26	-1 350.94	-47.16
	德令哈市	282.57	251.02	31.58	12.57
	茫崖/冷湖行政委员会	140.80	332.77	-191.97	-57.69
	乌兰县	94.64	265.63	-170.97	-64.37
	都兰县	352.95	1 239.98	-887.00	-71.54
	天峻县	466.85	416.38	50.47	12.12
	大柴旦行政委员会	96.17	235.9	-139.71	-59.23

（2）市（州）级湿地变化情况。

青海省 8 个市（州）级行政区域国土三调湿地面积与湿地二调面积进行比较（表 4.3），湿地面积增加最多的依次分别为玉树藏族自治州、果洛藏族自治州和海北藏族自治州，分别增加了 1 162.32 万亩、224.26 万亩、104.68 万亩；湿地面积变化率大的依次为海东市、西宁市和玉树藏族自治州，分别为 68.74%、46.60% 和 29.63%。

湿地面积减少主要集中在海西蒙古族藏族自治州，共减少了 2 658.90 万亩，变化率也较大，达到了 -47.42%。

表 4.3　国土三调湿地面积与湿地二调面积分州（市）级对比一览表

行政区划（市、州）	二调面积/万亩	三调面积/万亩	差值（三调-二调）/万亩	变化率/%
西宁市	6.61	9.69	3.08	46.60
海东市	14.4	24.30	9.90	68.74
海北藏族自治州	663.88	768.56	104.68	15.77
黄南藏族自治州	121.55	111.60	-9.95	-8.18
海南藏族自治州	525.96	545.01	19.05	3.62
果洛藏族自治州	1 207.76	1 432.02	224.26	18.57
玉树藏族自治州	3 922.56	5 084.88	1 162.32	29.63
海西蒙古族藏族自治州	5 606.94	2 948.04	-2 658.90	-47.42

2. 分地理板块湿地的空间变化

利用 ARCGIS 空间分析功能，将第二次全国湿地调查的湿地图斑与国土三调湿地图斑进行叠加分析，对青海省五大板块的湿地变化情况进行分析。由于第二次全国湿地调查采用西安 80 坐标，因此将其坐标重新投影统一到 CGCS2000 坐标系进行分析。由于坐标系之间的转换，重新投影后第二次全国湿地调查中青海省湿地面积为 12 062.51 万亩。国土三调湿地面积与湿地二调面积分板块对比一览表，见表 4.4。各地理板块国土三调湿地面积与湿地二调面积对比图，如图 4.4 所示。各地理板块湿地变化率，如图 4.5 所示。

表 4.4　国土三调湿地面积与湿地二调面积分板块对比一览表

板块	二调面积/万亩	三调面积/万亩	差值（三调-二调）/万亩	变化率/%
三江源地区	5 782.98	7 284.14	1 501.16	25.96
柴达木地区	4 531.93	1 669.84	-2 862.09	-63.15
祁连山地区	648.27	786.05	137.78	21.25
青海湖地区	987.65	1 080.03	92.38	9.35
东部地区	111.68	104.04	-7.64	-6.84

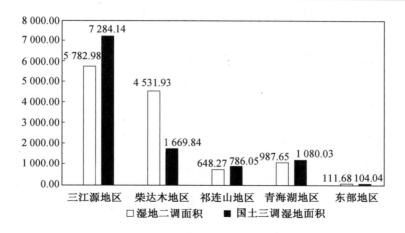

图 4.4　各地理板块国土三调湿地面积与湿地二调面积对比图（单位：万亩）

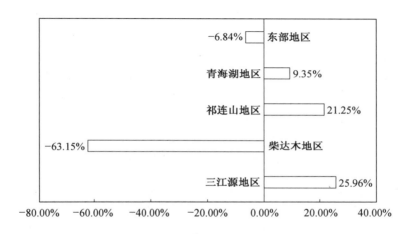

图 4.5　各地理板块湿地变化率

从图 4.4 和图 4.5 可以看出，三江源地区、祁连山地区、青海湖地区的湿地面积呈现增加的趋势，增加面积最大的为三江源地区，增加了 1 501.16 万亩，变化率达到 25.96%；柴达木地区、东部地区的湿地面积呈现减少趋势，减少面积最大的为柴达木地区，减少了 2 862.09 万亩，变化率为-63.15%。

（1）三江源地区。

青海省湿地面积增加主要集中在三江源地区。三江源地区辖 16 县 1 镇，国土三调湿地面积为 7 284.14 万亩，比湿地二调面积多 1 501.16 万亩，具体湿地类型面积对比图如图 4.6 所示。

从二级地类来看，三江源地区增加较多的有沼泽草地、内陆滩涂和湖泊水面，分别比湿地二调增加了 733.49 万亩、729.68 万亩和 124.85 万亩，而河流水面国土三调面积比湿地二调面积减少了 124.04 万亩。

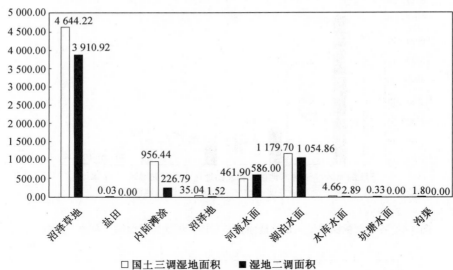

图 4.6 三江源地区湿地二调和国土三调各湿地类型面积对比图（单位：万亩）

利用 ARCGIS 将湿地二调图斑和国土三调湿地图斑进行叠加分析，绘制转移矩阵，对具体的湿地类型进行详细分析（表 4.5）。

表 4.5 三江源地区湿地二调和国土三调湿地类型转移矩阵（单位：万亩）

湿地二调类型	二调面积	湿地										其他地类
		小计（00）	沼泽草地（0402）	盐田（0603）	内陆滩涂（1106）	沼泽地（1108）	河流水面（1101）	湖泊水面（1102）	水库水面（1103）	坑塘水面（1104）	沟渠（1107）	小计
201	577.24	438.58	29.23	261.68	0.18	0.00	144.52	2.35	0.60	0.02	0.01	138.66
202	8.76	6.15	0.34	4.93	0.00	0.00	0.61	0.26	0.00	0.00	0.00	2.61
203	226.79	138.98	38.07	79.33	7.16	0.00	7.71	6.68	0.00	0.02	0.00	87.81
301	468.58	452.52	18.16	5.95	3.20	0.00	2.26	422.95	0.00	0.00	0.00	16.05
302	584.79	577.88	5.38	13.18	0.13	0.01	1.18	558.00	0.00	0.00	0.00	6.90
303	1.50	1.33	0.35	0.02	0.02	0.00	0.01	0.93	0.00	0.00	0.00	0.16
402	1.48	0.09	0.00	0.07	0.00	0.00	0.01	0.00	0.00	0.00	0.00	1.38
403	0.05	0.02	0.02	0.00	0.00	0.00	0.00	0.00	0.00	0.00	0.00	0.03
407	3 910.92	2 914.02	2 720.85	60.29	17.50	0.00	39.92	75.41	0.00	0.05	0.00	996.90
501	2.89	2.76	0.00	0.13	0.03	0.00	0.08	0.00	2.51	0.00	0.00	0.13
小计	5 782.98	4 532.34	2 812.41	425.59	28.23	0.01	196.31	1 066.57	3.11	0.08	0.02	1 250.65

注：湿地二调类型代码详细可见表 1.4。

三江源地区湿地二调总面积为 5 782.98 万亩，其中三调调查仍为湿地的为 4 532.34 万亩，占湿地二调总面积的 78.37%，1 250.65 万亩为其他地类，占湿地二调总面积的 21.63%。变化最大的为沼泽化草甸，共减少了 996.90 万亩，占总减少面积的 79.71%。

（2）祁连山地区。

祁连山地区国土三调湿地面积为 786.05 万亩，比湿地二调面积多 137.78 万亩，具体湿地地类面积及变化如图 4.7 所示。

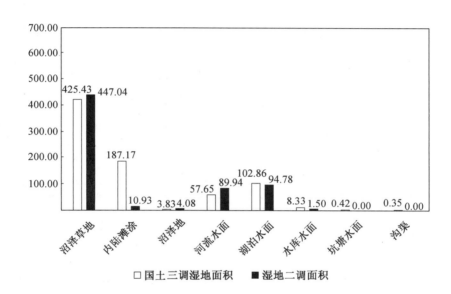

图 4.7　祁连山地区湿地二调和国土三调各湿地类型面积对比图（单位：万亩）

从二级地类来看，祁连山地区增加较多的为内陆滩涂，比湿地二调增加了 176.24 万亩。

利用 ARCGIS 将湿地二调图斑和国土三调湿地图斑进行叠加分析，绘制转移矩阵，对具体的湿地地类进行详细分析（表 4.6）。

祁连山地区湿地二调总面积为 648.27 万亩，其中三调调查仍为湿地的为 494.20 万亩，占湿地二调总面积的 76.23%，154.07 万亩为其他地类，占湿地二调总面积的 23.77%。变化最大的为沼泽化草甸，共减少了 118.90 万亩，占总减少面积的 77.17%。

表 4.6　祁连山地区湿地二调和国土三调湿地类型转移矩阵（单位：万亩）

湿地二调型	二调面积	湿地								其他地类
		小计（00）	沼泽草地（0402）	内陆滩涂（1106）	沼泽地（1108）	河流水面（1101）	湖泊水面（1102）	水库水面（1103）	坑塘水面（1104）	小计
201	85.38	58.11	7.74	32.63	0.08	16.27	0.06	1.30	0.02	27.27
202	4.57	4.23	0.99	3.07	0.00	0.18	0.00	0.00	0.00	0.34
203	10.93	7.16	1.80	3.54	0.00	1.43	0.00	0.35	0.04	3.77
301	4.08	3.89	0.67	0.03	0.18	0.01	2.99	0.00	0.00	0.20
302	90.42	90.41	0.00	0.01	0.00	0.00	90.40	0.00	0.00	0.01
303	0.18	0.04	0.00	0.00	0.00	0.00	0.04	0.00	0.00	0.15
304	0.09	0.09	0.00	0.00	0.00	0.00	0.09	0.00	0.00	0.00
402	1.33	0.89	0.00	0.84	0.00	0.00	0.06	0.00	0.00	0.43
405	2.75	0.02	0.02	0.00	0.00	0.00	0.00	0.00	0.00	2.74
407	447.04	328.14	296.91	17.44	3.43	6.63	3.52	0.00	0.21	118.90
501	1.50	1.23	0.01	0.06	0.00	0.31	0.00	0.84	0.00	0.27
小计	648.27	494.20	308.14	57.61	3.69	24.84	97.15	2.49	0.28	154.07

注：湿地二调类型代码详细可见表 1.4。

（3）青海湖地区。

青海湖地区国土三调湿地面积为 1 080.05 万亩，比湿地二调面积多 92.40 万亩，具体湿地地类面积及变化如图 4.8 所示。

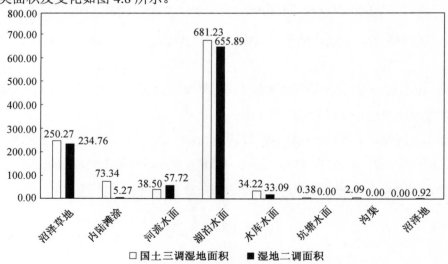

图 4.8　青海湖地区湿地二调和国土三调各湿地类型面积对比图（单位：万亩）

从二级地类来看，青海湖地区增加较多的为沼泽草地、内陆滩涂和湖泊水面，分别比湿地二调增加了 15.51 万亩、68.07 万亩和 25.34 万亩。而河流水面国土三调面积比湿地二调面积减少了 19.22 万亩。

利用 ARCGIS 将湿地二调图斑和国土三调湿地图斑进行叠加分析，绘制转移矩阵，对具体的湿地类型进行详细分析（表 4.7）。

表 4.7 青海湖地区湿地二调和国土三调湿地类型转移矩阵（单位：万亩）

| 湿地二调型 | 二调面积 | 湿地 | | | | | | | | 其他地类 |
		小计（00）	沼泽草地（0402）	内陆滩涂（1106）	河流水面（1101）	湖泊水面（1102）	水库水面（1103）	坑塘水面（1104）	沟渠（1107）	小计
201	55.46	31.61	2.27	15.78	12.96	0.58	0.01	0.01	0.01	23.84
202	2.26	1.37	0.03	1.17	0.16	0.00	0.00	0.00	0.00	0.90
203	5.27	2.74	0.38	1.75	0.59	0.02	0.00	0.00	0.00	2.53
301	3.78	3.43	1.66	0.02	0.03	1.70	0.00	0.03	0.00	0.35
302	651.33	651.18	0.20	0.68	0.00	650.27	0.00	0.02	0.00	0.15
303	0.29	0.22	0.02	0.00	0.00	0.20	0.00	0.00	0.00	0.06
304	0.49	0.33	0.11	0.00	0.00	0.22	0.00	0.00	0.00	0.16
402	0.23	0.23	0.15	0.03	0.00	0.04	0.00	0.00	0.00	0.00
403	0.05	0.01	0.00	0.00	0.01	0.00	0.00	0.00	0.00	0.04
405	0.63	0.35	0.23	0.07	0.05	0.00	0.00	0.00	0.00	0.28
407	234.76	142.37	117.04	7.31	4.09	13.92	0.01	0.00	0.00	92.39
501	33.09	32.98	0.00	0.04	0.00	0.16	32.78	0.00	0.00	0.11
小计	987.65	866.83	122.10	26.86	17.89	667.12	32.80	0.05	0.02	120.82

注：湿地二调类型代码详细可见表 1.4。

青海湖地区湿地二调总面积为 987.65 万亩，其中三调调查仍为湿地的为 866.83 万亩，占湿地二调总面积的 87.77%，120.82 万亩为其他地类，占湿地二调总面积的 12.23%。变化最大的为沼泽化草甸，共减少了 92.39 万亩，占总减少面积的 76.47%。

（4）东部地区。

青海省东部地区国土三调湿地面积为 104.04 万亩，比湿地二调面积减少 7.64 万亩，具体湿地地类面积及变化如图 4.9 所示。

从二级地类来看，东部地区增加较多的为内陆滩涂，比湿地二调增加了 17.56 万亩。而沼泽草地三调面积比湿地二调减少了 26.91 万亩。

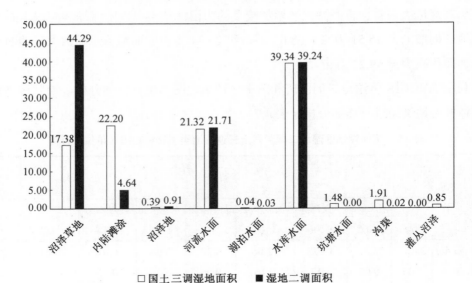

图 4.9　东部地区湿地二调和国土三调各湿地类型面积对比图（单位：万亩）

利用 ARCGIS 将湿地二调图斑和国土三调湿地图斑进行叠加分析，绘制转移矩阵，对具体的湿地类型进行详细分析（表 4.8）。

表 4.8　东部地区湿地二调和国土三调湿地类型转移矩阵（单位：万亩）

湿地二调型	二调面积	湿地									其他地类
		小计（00）	沼泽草地（0402）	内陆滩涂（1106）	沼泽地（1108）	河流水面（1101）	湖泊水面（1102）	水库水面（1103）	坑塘水面（1104）	沟渠（1107）	小计
201	20.77	9.99	0.74	4.51	0.02	4.45	0.00	0.21	0.06	0.01	10.77
202	0.94	0.41	0.00	0.34	0.00	0.07	0.00	0.00	0.00	0.00	0.53
203	4.64	0.68	0.27	0.19	0.00	0.16	0.00	0.04	0.01	0.00	3.96
301	0.03	0.03	0.00	0.00	0.00	0.00	0.03	0.00	0.00	0.00	0.00
402	0.86	0.49	0.13	0.04	0.00	0.05	0.00	0.00	0.28	0.00	0.36
403	0.85	0.06	0.01	0.03	0.00	0.02	0.00	0.00	0.00	0.00	0.79
407	44.29	7.09	5.90	0.36	0.17	0.63	0.00	0.00	0.03	0.00	37.20
408	0.01	0.00	0.00	0.00	0.00	0.00	0.00	0.00	0.00	0.00	0.01
409	0.04	0.00	0.00	0.00	0.00	0.00	0.00	0.00	0.00	0.00	0.03
501	39.24	37.48	0.01	0.27	0.00	1.47	0.00	35.69	0.04	0.01	1.75
503	0.02	0.01	0.00	0.00	0.00	0.00	0.00	0.00	0.01	0.00	0.00
小计	111.68	56.26	7.05	5.73	0.18	6.85	0.03	35.94	0.44	0.03	55.42

注：湿地二调类型代码详细可见表 1.4。

东部地区二调总面积为 111.68 万亩，其中三调调查仍为湿地的为 56.26 万亩，占湿地二调总面积的 48.22%，55.42 万亩为其他地类，占湿地二调总面积的 51.78%。变化最大的为沼泽化草甸，共减少了 37.20 万亩，占总减少面积的 67.12%。

（5）柴达木地区。

青海省湿地减少的区域主要集中在柴达木地区。柴达木地区国土三调湿地面积为 1 669.84 万亩，比湿地二调面积少 2 862.09 万亩，具体湿地地类面积及变化如图 4.10 所示。

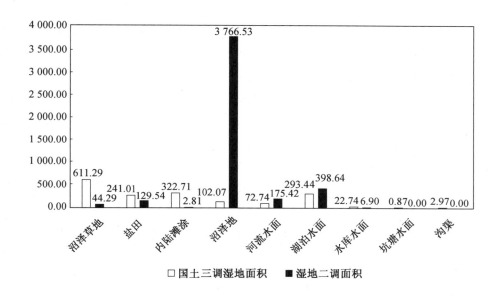

图 4.10　柴达木地区湿地二调和国土三调各湿地类型面积对比图（单位：万亩）

从二级地类来看，柴达木地区增加较多的为沼泽草地、内陆滩涂和盐田，分别比湿地二调增加了 567.00 万亩、319.89 万亩和 111.47 万亩；减少最多的为沼泽草地，减少了 3 664.46 万亩。

利用 ARCGIS 将湿地二调图斑和国土三调湿地图斑进行叠加分析，绘制转移矩阵，对具体的湿地类型进行详细分析（表 4.9）。

柴达木地区湿地二调总面积为 4 531.93 万亩，其中三调调查仍为湿地的为 1 355.11 万亩，仅占湿地二调总面积的 29.90%，3 176.82 万亩为其他地类，占湿地二调总面积的 71.10%。变化最大的为内陆盐沼，共减少了 2 745.58 万亩。

表 4.9 东部地区湿地二调和国土三调湿地类型转移矩阵（单位：万亩）

| 湿地二调型 | 二调面积 | 湿地 | | | | | | | | | | 其他地类 |
		小计（00）	沼泽草地（0402）	盐田（0603）	内陆滩涂（1106）	沼泽地（1108）	河流水面（1101）	湖泊水面（1102）	水库水面（1103）	坑塘水面（1104）	沟渠（1107）	小计
201	150.58	106.94	13.68	1.44	57.31	0.50	13.95	19.58	0.42	0.04	0.03	43.64
202	24.84	10.60	0.00	0.00	9.32	0.00	1.26	0.01	0.00	0.00	0.00	14.24
203	2.81	0.53	0.33	0.00	0.05	0.00	0.01	0.15	0.00	0.00	0.00	2.28
301	23.60	23.41	0.43	0.00	0.26	0.03	0.02	22.67	0.00	0.00	0.00	0.20
302	350.88	241.85	2.71	55.18	1.01	1.49	0.04	171.99	9.42	0.00	0.00	109.03
303	0.09	0.09	0.09	0.00	0.00	0.00	0.00	0.00	0.00	0.00	0.00	0.00
304	24.07	10.75	0.00	0.00	0.53	0.42	0.03	9.78	0.00	0.00	0.00	13.32
402	403.65	189.56	135.33	3.61	2.20	40.72	1.90	3.61	2.03	0.04	0.13	214.09
405	3 362.84	617.27	426.27	9.48	79.16	45.52	17.94	34.33	3.92	0.21	0.45	2 745.58
407	52.10	34.01	17.56	0.00	9.83	4.16	1.23	1.15	0.08	0.00	0.00	18.08
409	0.04	0.02	0.02	0.00	0.00	0.00	0.00	0.00	0.00	0.00	0.00	0.01
501	6.90	6.35	0.21	0.00	0.27	0.00	0.07	0.01	5.77	0.02	0.00	0.55
505	129.54	113.73	0.00	107.67	0.00	0.07	0.03	5.96	0.00	0.00	0.00	15.81
小计	4 531.93	1 355.11	596.63	177.37	159.93	92.92	36.47	269.25	21.64	0.31	0.60	3 176.82

注：湿地二调类型代码详细可见表 1.4。

3 176.82 万亩内陆盐沼中，主要为灌木林地（0305）556.23 万亩、天然牧草地（0401）326.04 万亩、其他草地（0404）765.23 万亩、盐碱地 980.56 万亩、沙地（1205）70.55 万亩、裸土地（1206）23.14 万亩，其他园地（0204）10.42 万亩，其余为其他零星地类。为了进一步核实湿地二调中确定的内陆盐沼等是否具有湿地特征，特邀请青海省湿地、土地资源管理、植物等方面专家赴实地进行调研判读。

经过业内判读，湿地二调中柴达木地区内陆盐沼呈东西条带状分布，图斑面积整体较大，故选取南北向断面作为实地验证路线方向，路线覆盖三调盐碱地、草地、灌木林地等图斑，为保证结果的准确性和代表性，特选择两条验证路线，一条沿 G215 国道，格尔木市—察尔汗盐湖，并在沿线进行勘察；一条为 G109 国道，格尔木—大格勒乡方向向东约 30 km，然后朝北方向进行调查，两条线路东西跨度 30 km，兼顾典型性和普遍性，保证调查的全面性。实地验证情况如下：

①关于湿地二调内陆盐沼图斑中盐碱地的认定。

在调查路线上，分别选择 6 个典型的样地进行调查和验证。专家组发现，实地无明显积水或者渍水，地表覆盖近 10～20 cm 厚的盐壳；通过土壤剖面发现，土壤整体较干旱，地下水层较低。该区域零星分布有大叶白麻、碱蓬、零星芦苇等天然耐碱植物，芦苇根系普遍较发达，分布在地表 3 m 以下的区域，具有抗旱植被根系的特征，说明区域严重缺水（图 4.11、图 4.12）。根据《第三次全国国土调查实施方案》中盐碱地的判定标准，盐碱地是"指表层盐碱聚集，生长天然耐盐植物的土地"，专家组认为，该区域地表干旱，无经常积水或渍水，严重缺水，无湿生植被分布，且植被盖度较低，只有少量耐盐碱、耐干旱植被分布，无湿地特征，故不能认定为湿地，地类应为盐碱地。

图 4.11 国土三调盐碱地图斑地表概况

图 4.12 典型盐碱地土壤剖面

②关于湿地二调内陆盐沼图斑中天然牧草地的认定。

在调查路线上，分别选择 3 个典型的样地进行调查和验证。专家发现，天然牧草地中可见放牧的牛羊，主要生长芦苇等植物，此处芦苇相对盐碱地内零星分布的芦苇分布较广、较矮小，根系较浅，并且盐碱化相对较轻，多在河流两侧或干枯的河道等地，地表无积水或渍水，符合《第三次全国国土调查实施细则》中天然牧草地的判定标准，天然牧草地"指以天然草本植物为主，用于放牧或割草的草地，包括实施禁牧措施的草地，不包括沼泽草地"（图 4.13）。国土三调中的沼泽草地，主要分布在季节性河道，河道内芦苇生长茂盛，且分布有海乳草等湿生植物，土壤较湿润，有季节性积水，有零星水面，符合沼泽湿地标准，即"以天然草本植物为主的沼泽化的低地草甸、高寒草甸"，其应为沼泽草地，国土三调认定准确（图 4.14）。

图 4.13　天然牧草地

图 4.14　沼泽草地

③关于湿地二调内陆盐沼图斑中灌木林地的认定。

在调查路线上，选择 2 个调查样地进行调查认定。该区域灌木林地林种以柽柳、白刺为主，柽柳普遍生长在沙丘上，根系较发达，但植株较矮小，普遍在 1 m 以下，具备典型的沙生柽柳特征，地表干涸，无积水，以沙地为主，盖度≥40%（图 4.15）。灌木林地"指灌木覆盖度≥40%的林地，不包括灌丛沼泽"，该地不符合"以灌丛植物为优势群落的淡水沼泽"灌丛沼泽的标准，因此认定其为灌木林地，并且格尔木市林草局将该样地纳入天然林范畴（图 4.16），地表少量积水主要来自地下水的灌溉（图 4.17）。

图 4.15　灌木林地

图 4.16　格尔木市林草局公示牌

图 4.17　灌木林地内的灌溉设施

④关于湿地二调内陆盐沼图斑中园地的认定。

格尔木市其他园地主要是枸杞地，随着特色枸杞产业的发展，其他园地的数量不断增长。经过实地查看，其他园地中种植着枸杞，枸杞为多年生作物。部分园地荒废，无人经营，但枸杞仍有一定的分布。其他园地"指种植桑树、可可、咖啡、油棕、胡椒、药材等其他多年生作物的园地"，因此，认定其为其他园地。

经实地验证，湿地二调中的内陆盐沼现在均不具有湿地的特征。

第二节　湿地变化的原因分析

青海省近 10 年来湿地面积变化较大，与湿地二调结果比较，总体趋向是湿地面积在减少。青海省湿地变化主要集中在两个区域，即柴达木地区和三江源地区。柴达木地区的沼泽地（内陆盐沼）出现了大面积的减少，而三江源地区的内陆滩涂、沼泽地和湖泊水面有了一定的增加。因此，本书以柴达木地区和三江源地区为研究对象，对湿地变化的原因进行分析。

一、柴达木地区湿地减少的主要原因分析

1. 前后两次湿地调查的精度和尺度不同

第二次全国湿地资源调查是严格按照《全国湿地资源调查技术规程（试行）》（2008）开展的。调查范围主要包括面积为 8 hm^2（含 8 hm^2）以上的近海与海岸湿地、湖泊湿地、沼泽湿地、人工湿地以及宽度 10 m 以上、长度 5 km 以上的河流湿地；在调查时间和季节上，选择的遥感影像解译为近两年丰水期的影像资料，如果丰水期的遥感影像的效果影响到判读解译的精度，可以选择最为靠近丰水期的遥感影像资料，且影像空间分辨率

较低（19.5 m，以中巴卫星资源卫星 CBERS～CCD 为主要数据源，辅助数据源为中巴环境卫星影像），内陆盐沼图斑面积较大（部分单个图斑面积超过 1 000 万亩）。

国土三调是严格按照《第三次全国国土调查实施细则》开展的。确保地类不重、不漏、全覆盖，采用的影像空间分辨率较高（优于 1 m，城镇内部土地利用现状调查采用优于 0.2 m 的航空遥感正射影像），最小图斑面积为 400 m²，并对差错率进行严格的控制，逐图斑进行检查，严格质量监理，确保了国土三调的精度和准确度。

由于湿地二调和国土三调在调查尺度、调查精度、调查时间及调查的方法、流程、精度要求上均存在不同，导致湿地二调中内陆盐沼图斑过大，与三调的结果存在一定的出入。

2. 自然因素对湿地减少的影响

（1）气候因素对湿地面积变化的影响。

影响湿地面积和分布的主要气象因子有气温、降雨量和蒸发量。在研究气候变化对湿地生态的影响时，不能只考虑单一气候因子对湿地的影响，应综合考虑多种气象因子。相关研究表明，湿地面积一般与气温呈负相关，与降水量、相对湿度呈正相关，气候变化对湿地面积和分布所产生的影响因所处地域不同也存在一定的差异。我国干旱区和半干旱区对气候变化极为敏感，降水量的增加可以在一定程度上缓解湿地面积的减少，但在干旱和半干旱地区，由于受季风的影响，蒸发量显著大于降水量，湿地面积呈现萎缩趋势。国外学者曾对半干旱区以水生植物为主的湿地对气候的响应进行研究，同样认为半干旱区气温的升高与湿地面积呈负相关，其研究表明在气温升高 3～4 ℃后，湿地将会在 5 年之内减少 70%～80%。

柴达木盆地是我国降水值最低的地区，一旦气候、水环境条件发生改变，植被便不可避免地发生变化，进而影响区域生态环境。柴达木盆地属于典型的高原大陆性气候，全球气候暖化趋势加剧了地表水的减少。利用柴达木盆地（都兰县、诺木洪、格尔木、小灶火、德令哈、大柴旦、冷湖、茫崖）气象站点近 30 年（1989—2018 年）的气象数据分析发现，气候影响是湿地变化的主要原因之一。

①气温变化对湿地的影响。

经过分析发现，近 30 年柴达木盆地平均气温以 0.451 ℃·$(10a)^{-1}$（$\alpha \geqslant 0.001$）显著增温（图4.18），共增温 1.353 ℃，年平均值为 3.662 ℃，远高于全国 0.250 ℃·$(10a)^{-1}$ 和青藏高原 0.370 ℃·$(10a)^{-1}$ 的增温速度，增幅最大的是茫崖站，增幅最小的是都兰站，气温增幅西部地区大于东部。调查区格尔木站气温倾向率为 0.457 ℃·$(10a)^{-1}$（$\alpha \geqslant 0.001$），平均温度逐年升高。

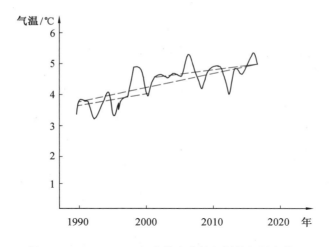

图 4.18　1989—2018 年柴达木盆地气温的年际变化

②降水量与蒸散量的变化对湿地的影响。

近 30 年来，柴达木盆地降水量总体为增加趋势，以 7.891 mm·（10a）-1（$\alpha \geqslant 0.001$）的趋势增加（图 4.19（a）），年平均降水量为 126.411 mm，各气象站点总体呈增加的趋势，最大为德令哈和都兰，最小为冷湖，呈东高西低的增加趋势。

虽然降水有一定趋势的增加，对湿地减退具有一定的缓解作用，但由于柴达木盆地特殊的气候条件，其潜在蒸散量远远高于降雨量，因此，补给能力十分有限。柴达木盆地具有较高的蒸散量，潜在蒸散量最高值为 1992 年的 1 289.571 mm，最低值为 2013 年的 1 145.261 mm，年平均值为 1 216.755 mm（图 4.19（b））。

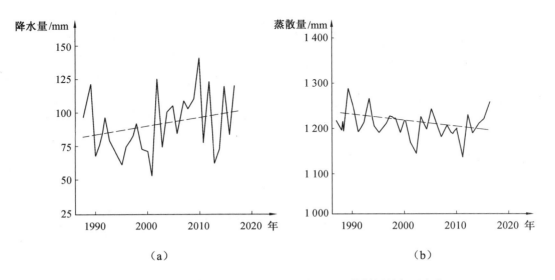

（a）　　　　　　　　　　　　　　　　（b）

图 4.19　1989—2018 年柴达木盆地降水量和蒸散量的年际变化

近 30 年来，虽然潜在蒸散量总体呈现减少趋势，共减少了 62.587 mm，但是随着温度的升高，近年来蒸散量有不断升高的趋势，2018 年达到了 1 278.162 mm，是 2000 年以来潜在蒸散量最高的一年。

温度的升高和潜在蒸散量的加大，对以内陆河流为主要补给的柴达木湿地造成严重的影响，导致柴达木盆地的干旱有加剧的趋势。柴达木盆地降水虽然总体有增多的趋势，但根据月平均降水量分布来看，降水高度集中，年内分配极不均匀，月降水量呈单峰性，峰值出现在 7 月（30.10 mm），最小值出现在 12 月（0.78 mm），其中 6～8 月降水量占全年降水量的 66.2%（图 4.20）。

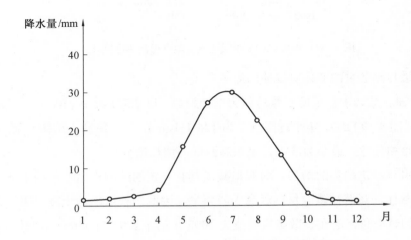

图 4.20　1989—2018 年柴达木盆地降水量的月际分布

湿地二调明确规定，取丰水季的影像进行调查，降水月际差异较大，内陆盐沼极易出现季节性干涸，地下水盐分上返，势必会引起一定的调查差异。

（2）径流变化对湿地面积变化的影响。

水文条件是湿地形成过程中重要的影响因素之一，不同的水文条件会形成不同的湿地类型，湿地水文的不良变化势必会导致湿地生态系统退化、生态功能下降。尤其是气候的变化，气温的升高、蒸发量的增大，导致干旱大面积出现，而各方面的用水需求增大，间接减少了湿地水文补给，从而改变了湿地的水文过程，引起湿地面积减少。

①河流径流量的变化对湿地的影响。

沼泽地中的内陆盐沼湿地，主要依靠降雨、地下水和少量的径流补给，对水文条件的变化响应更加敏感。根据青海省水文局监测资料，对格尔木河和格尔木水文站、奈金河和纳赤台水文站、诺木洪河和诺木洪水文站、香日德河和香日德水文站、托索河和千瓦鄂博水文站、察汗乌苏河和察汗乌苏水文站、沙柳河和查查香卡水文站、巴音河和德令哈水文站，以及鱼卡河和鱼卡水文站共计 9 条河流和 9 个水文站近 60 年径流量进行分析，我们发现，2010 年，柴达木盆地发生近 60 年不遇的特大洪水，河流径流量突增，然后在 2011—2018 年，径流量不断下降，虽整体不断增加，但近 10 年呈现下降的趋势（图 4.21）。内陆盐沼对河流径流更加敏感，径流变化导致内陆盐沼减少。

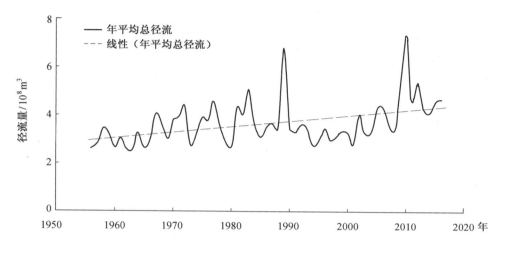

图 4.21 柴达木盆地主要河流径流观测值总量变化示意图

②地下径流的变化对湿地的影响。

《青海省地质环境公报》数据显示，格尔木河冲洪积扇顶部、中部地下水位近 7 年（2011—2018 年）来呈逐年下降的趋势，下降范围较大的地区在 2.52～5.49 m/年之间，较小的区域在 0.52～1.93 m/年之间，因特殊的地质条件，地下水和地表水转换频繁，地下水位的快速下降，导致地表水减少，进而导致部分河道干涸，湿地面积减少。

3. 湿地面积减少的人为因素分析

柴达木盆地是青海省六大内陆流域之一，多年平均降水量为 115.9 mm，多年平均蒸发量为 1 581.8 mm，仅约 1/5 的降水可形成径流。盆地多年平均水资源总量为 55.88 亿 m³，水资源可利用量为 18.74 亿 m³，可利用率为 33.54%，每平方千米产水量为 1.99 万 m³，不足全省平均水平的 1/4，仅为全国平均水平的 1/16。随着柴达木循环经济实验区的建设、矿产资源的开发利用、特色农业产业的发展，无论是工业用水，还是农业用水，均处于增加趋势，导致地表水和地下水减少，影响了湿地生态系统。

（1）工业用水。

随着柴达木地区经济的发展和促进藏区发展政策的实施，以及格尔木打造全球最大金属镁基地、千万吨炼油基地等的建设，势必会导致水资源的大量使用，减少下游生态用水的补给。柴达木盆地资源丰富，炼油、纯碱、焦化、冶金、碳酸锂等高耗能企业多，不可避免地截流大量水资源，引起下游的水供给不足。

以盐湖化工业为例，大量开采晶间卤水，采卤渠大量增加，形成若干降水漏斗，导致地下水位急剧下降；对鸡窝状矿区的淋溶开采，使用大量的淡水进行溶解，造成水资源的大量消耗；对氯化镁、光卤石、硫酸钾、碳酸锂等的提取，均需要大量的水资源。2010 年，海西蒙古族藏族自治州原盐产量仅为 167.4 万 t，2018 年达到了 262.82 万 t，年均增长率达到 5.8%。海西蒙古族藏族自治州工业用水量呈不断增加的趋势，2015 年海西蒙古族藏族自治州工业用水量为 0.53 亿 m³，2019 年达 1.35 亿 m³，近 5 年工业用水量增加了 0.82 亿 m³。

（2）农业发展和生态用水。

近年来，柴达木地区大力发展特色种植业，尤其是枸杞，海西蒙古族藏族自治州的枸杞种植面积近 40 万亩。虽采用渗灌、滴灌等节水灌溉模式，但仍有大量的枸杞地采用地下水灌溉等模式，引起地下水位逐年降低。2010 年，海西蒙古族藏族自治州农作物总播面积为 38.71 万亩，2019 年，农作物种植面积达到 91.54 万亩，种植面积以 10.04% 的增长率不断增加。2015 年海西蒙古族藏族自治州农业用水量为 5.09 亿 m³，2019 年达 7.53 亿 m³，近 5 年农业用水量增加了 2.44 亿 m³。

柴达木地区蒸散量较大，随着近年来区域内生态建设和城镇环境改善，生态用水量也大幅增加，部分天然灌木林和人工林需要大量的地下水浇灌。2019 年，全州生态用水量达到 6 185.74 万 m³，较 2010 年大幅增加。

（3）生活用水。

根据海西蒙古族藏族自治州第六次人口普查数据公报，海西蒙古族藏族自治州常住人口为 48.93 万人，2019 年达到 52.07 万人；第三产业增加值从 2010 年的 66.24 亿元增加到 2019 年的 189.65 亿元，建筑业增加值也不断增加，造成生活用水量不断增长。2015 年，海西蒙古族藏族自治州生活用水量为 0.09 亿 m³，2019 年达 0.37 亿 m³，近 5 年生活用水量增加了 0.28 亿 m³。

（4）道路交通的影响。

2010 年以来，柴达木地区的交通设施不断完善，新增共和至茶卡、茶卡至德令哈、德令哈至小柴旦、当金山至大柴旦、大柴旦至察尔汗、察尔汗至格尔木等高速公路，路网密度不断增大。道路的增加会阻挡水流的汇集，影响降雨后径流的形成，造成湿地的破碎化，从而加剧了湿地面积的减少。

二、三江源地区湿地面积增加的主要原因分析

1. 气候呈现暖湿趋势

研究发现，在一定的时间段内，青藏高原气温、降水与湿地总体面积增加呈正相关。温度上升与湖泊、河流及洪泛湿地的变化均呈正相关，而与沼泽湿地的变化呈负相关，可见温度上升在一定程度上能够促进湖泊、河流及洪泛湿地的扩张。降水整体上升的趋势同样与湿地总体变化呈正相关，能够补给各类湿地水量，有助于减缓湿地退化。

根据对三江源地区 21 个气象台站的数据分析，近 20 年来气温变化表现为明显的增暖趋势，平均每 10 年升高 0.59 ℃，2000—2018 年年平均气温升高了 0.059 3 ℃（图 4.22）。

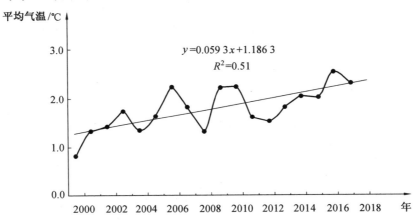

图 4.22 2000—2018 年三江源地区气温变化图

2000—2018 年，三江源地区降水量呈增多趋势，平均每 10 年增多 39.55 mm，19 年来共增加了 75.15 mm（图 4.23）。

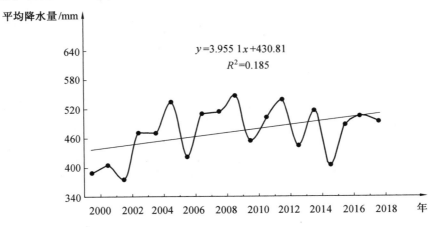

图 4.23 2000—2018 年三江源地区降水量变化图

根据第三次国土调查数据初步统计，三江源地区湿地面积增加的主要类型为沼泽草地、内陆滩涂、河流水面及湖泊水面。青藏高原是对气候变暖最为敏感的地区之一，源区冰川较多，共有冰川 700 多条，面积近 1 500 km^2。随着温度的升高，冰川融化，冻土消融，导致区内的湖泊面积、河流水面面积增大。同时，随着降雨量的增多，草场蓄水、产流功能增强，水资源不断增多，沼泽草地和内陆滩涂的面积不断扩大。

2. 人为因素对湿地的影响

随着三江源地区生态环境保护工程的实施，生态环境退化的趋势得到了遏制，同时，草地生态系统整体趋好。

相关研究成果（耿晓平等，2019）显示，2000—2018 年，三江源地区生态环境整体趋好，植被覆盖度逐年增加，生长季（5～9 月）植被指数（NDVI）呈增加趋势，平均每 10 年增加 0.010（图 4.24）。

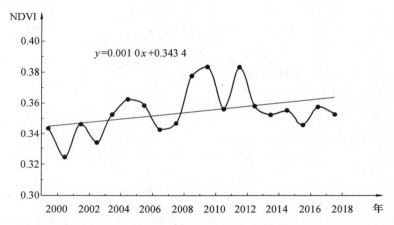

图 4.24　2000—2018 年三江源地区植被指数变化图

随着气温升高、降水增多、封育区域增大、对"黑土滩"的治理，以及草地面积增加和草地质量不断提高，草地涵养水源、调节气候等生态功能得到有效发挥，源区的沼泽草地面积不断增长。

2017 年，在青海省政府的组织下，中国科学院地理科学与资源研究所等相关部门的学者对三江源生态保护一期工程的成效进行了系统的评估，研究成果表明三江源生态保护一期工程展现出"初步遏制，局部改善"的局面，其中，水体和湿地生态系统面积增加 287.87 km^2，水土保持能力提升，三江源水体与湿地生态系统有所恢复。

第五章　青海省湿地资源利用与评价

第一节　湿地资源特点

一、湿地类型多样，面积大，分布广而集中

根据《第三次全国国土调查技术规程》（TDT 10552019）中规定的调查工作分类，湿地一级类中包含红树林地、森林沼泽、灌丛沼泽、沼泽草地、盐田、沿海滩涂、内陆滩涂、沼泽地 8 种类型。青海省属于内陆省份，无红树林地、沿海滩涂、灌丛沼泽和森林沼泽湿地类型，其余 4 种类型均有分布。《全国湿地资源调查技术规程（试行）》中湿地分类标准将湿地分为 5 个一级地类 34 个二级地类，根据分类的具体标准，与国土三调湿地一级类以及地类进行衔接，青海省现有湿地类型 11 种，有高原湖泊水面、沼泽草地、河流水面等自然湿地，还有库塘、沟渠等人工湿地，湿地类型多样。

依照《土地利用现状分类》（GB/T 21010—2017）中湿地口径统计，青海省湿地总面积为 10 924.10 万亩，占全省国土面积的 10.45%，位列全国首位。其中，沼泽草地 5 948.59 万亩，占总面积的 54.45%；湖泊水面 2 257.27 万亩，占总面积的 20.66%；内陆滩涂 1 561.86 万亩，占总面积的 14.30%；河流水面 652.11 万亩，占总面积的 5.97%；盐田 241.04 万亩，占总面积的 2.21%；沼泽地 141.33 万亩，占总面积的 1.29%；水库水面 109.28 万亩，占总面积的 1.00%；另外，坑塘水面 3.48 万亩、沟渠 9.13 万亩、森林沼泽 2.85 亩。

青海省湿地分布广，全省 8 州（市）均有分布。其中，西宁市 9.69 万亩，占全省湿地总面积的 0.09%；海东市 24.30 万亩，占总面积的 0.22%；海北藏族自治州 768.56 万亩，占总面积的 7.04%；黄南藏族自治州 111.60 万亩，占总面积的 1.02%；海南藏族自治州 545.01 万亩，占总面积的 4.99%；果洛藏族自治州 1 432.02 万亩，占总面积的 13.11%；玉树藏族自治州 5 084.88 万亩，占总面积的 46.55%；海西蒙古族藏族自治州 2 948.04 万亩，占总面积的 26.99%。但青海省湿地分布相对集中，78.97%的湿地集中分布在三江源地区和柴达木盆地。

就具体的湿地类型而言，呈现出这样的特征。例如，沼泽草地面积大而集中。沼泽草地为 5 948.59 万亩，占总面积的 54.45%，主要分布在河流源头高海拔地区或高原平缓滩地，呈斑块状镶嵌分布于江河源头区。由于地势高，气候寒冷，下垫面多为冻土，降水和冰雪融水在平缓滩地产生滞水，不断发生沼泽化过程，草本植物残体难以完全分解，在土壤中形成厚度不均的泥炭层。同时，融冻作用常常形成半圆形的冻胀草丘，丘间洼地常积水，也常形成大小各异的热融湖塘。以嵩草群落为典型代表的高寒草甸等，构成了江河源头区独特的景观生态类型。

二、生态区位重要，地域性特征显著

由于青海省人口少，人为活动对自然生态湿地的影响与破坏较轻，各类型湿地生态系统基本保持着原始的自然风貌。同时，由于高原面地势高、边远偏僻，一定程度上阻隔了其他生态分布区生物物种对该生态区生物群落的演替侵扰，保持着较强的生态功能。

青海省是长江、黄河、澜沧江的发源地，自然地理条件特殊，生态区位重要。青海省高原湿地广布，是我国和世界上影响力较大的生态调节区，也是海拔最高、分布最集中的地区，在维系高原生态系统和促进经济社会可持续发展中发挥着重大作用。

青海省湿地分布最广的两个区域为三江源地区和柴达木地区，受自然环境影响，其生态环境脆弱；三江源地区海拔较高，湿地生态条件严酷，柴达木地区是全国荒漠化、沙化重点集成区，也是我国沼泽地（内陆盐沼）面积最大的分布区，生态区位十分重要。独特的自然条件孕育了独特的高原湿地生物基因库、物种、基因和遗传多样性也孕育了独特的生态多样性，具有极大的经济价值和科学研究意义。高原湿地是青藏高原区域生态环境中最稳定的生态系统，对维系脆弱的高原生态系统具有重要意义；同时高原沼泽湿地泥炭储藏丰富，对减少温室效应、稳定气候具有重要作用。因此，保护好湿地资源，对改善青海省乃至黄河、长江、澜沧江下游地区生态具有重要的意义。

青海省湿地类型多样，但分布不均衡，呈现明显的地域性特点。全省湿地分布不均衡，主要分布在三江源地区、柴达木盆地和祁连山区。沼泽草地主要分布在玉树藏族自治州、果洛藏族自治州和海西蒙古族藏族自治州，占全省沼泽草地的 92.69%；湖泊水面主要分布在海北藏族自治州海晏县、刚察县，海南藏族自治州共和县，果洛藏族自治州玛多县，玉树藏族自治州治多县，海西蒙古族藏族自治州等地；沼泽地主要分布在海西蒙古族藏族自治州，共有沼泽地 121.29 万亩，占全省沼泽地的 85.82%；河流水面和内陆滩涂也主要分布在三江源地区和柴达木盆地；盐田主要集中在柴达木盆地的各盐湖及湖周围，主要有柴尔汗盐湖、茶卡盐湖、柯柯盐湖等；水库水面主要分布在江河干流、一级支流等，较为集中，多是大中型水电站蓄水库和水库建设形成的，面积较大，主要分布在海南藏族自治州等地，坑塘、沟渠全省零星分布。

三、湿地资源富集，形成多样的利用方式

湿地是自然界最富有生物多样性的生态景观和高生产力的生态系统，是人类赖以生存的重要生态环境之一。湿地作为水陆过渡地带，是重要的土地资源和自然资源，具有多种功能和多重价值。湿地的生态价值体现在，湿地不仅为野生动植物提供生存和活动的空间和环境，还可以抵御洪水、调节丰水期和枯水期的地表径流、积淤成陆，从而降低自然灾害的威胁，在调节气候、涵养水源、净化空气、降解污染物、保护生物多样性以及维持区域内生态平衡等方面更是具有其他生态系统无可比拟的优势。湿地的经济价值体现在，湿地为人类的生产、生活提供丰富的水产品、矿产资源与能源，依托湿地可以促进人类农副产业的发展，从而带动地方经济的发展；湿地的社会价值主要体现在，其区域内独特的地理结构、复杂的生物多样性和生态系统的构成是人类进行科学研究的重要基地，也是发展生态旅游、进行自然教育的重要场所。

青海省湿地区域广泛分布着高寒草甸草场等丰富的草地资源，为畜牧业发展提供了重要的物质基础，如三江源地区的长江、黄河源区的山间盆地以及河流两岸低阶地的沼泽草甸湿地区域中，可利用草场面积达 400 多万 hm^2，其草本植物质量好，产草量适中，可产鲜草 3 000 kg/hm^2，是青海省重要的畜牧业基地，也为各类野生动物的生息繁衍提供了必要的生态场所。青海省沼泽草甸不仅面积大、分布广，而且极具特点。尤其是泥岩储藏量高，是非常重要的碳源富集库。据研究，储藏在不同湿地类型中的碳约占地球陆地碳总量的 1%，是大气重要的碳汇，对减少 CO_2 等温室气体的浓度、降低温室效应、稳定气候具有重要作用。

青海省独特的自然条件和环境的演变，使得这里既保留了古老的物种，又产生了许多新的种属，使其成为现代物种分化和分布的中心，孕育了地球上独特的生物区系，具有生态环境的多样性、物种的多样性、基因和遗传的多样性。青海省高原湿地区域内栖息的哺乳类动物有 14 种，其中小型食草动物和有蹄类动物种群存量较大；鸟类有 119 种，其中雁鸭类和猛禽类种群数量较多；两栖爬行类有 10 类，大多数为特有种；鱼类有 59 种，其中 1/3 以上为中国特有种；有近万种昆虫和菌类。青海省湿地植物物种有 372 种；高寒草甸、高寒沼泽草甸为中国特有，这些都具有极大的经济价值和科学研究意义。

青海省人工湿地以盐田、水库为主。根据国土三调结果统计，青海省有水库水面107.55 万亩、坑塘水面 3.37 万亩、沟渠 9.03 万亩、盐田 212.15 万亩，共有人工湿地 332.10万亩。盐田开发已成规模，发展迅猛，柴达木盆地成为我国重要的盐化工基地。水库数

量以黄河流域占绝大多数，其水库的主要用途除蓄洪、灌溉、提供水源、水产养殖外，主要用于发电，青海黄河段成为我国重要的水电基地。

同时，湿地是重要的景观资源，许多重要的湿地资源成为青海省著名的旅游景区和供广大人民群众共享、游憩的绿色空间。

第二节　湿地资源利用

作为重要的土地资源，湿地资源有土地应有的功能，即承载功能、生育功能、自组织和净化功能。随着社会经济的发展与变革，湿地资源形成了独特的利用方式和利用现状，如农牧业利用、矿产资源利用、生物资源利用、盐湖资源开发、煤炭资源开采、黄金资源开采、水产业开发、水能资源开发、水资源利用、湿地植物利用以及生态旅游利用。下面仅从目前湿地资源开发利用对区域经济产生较大影响的视角梳理湿地资源利用现状。

一、分布广泛的沼泽草地为特色畜牧基地的建设提供了资源基础

青海省是我国畜牧业发展的五大牧区之一，草地植被盖度高、牧草品种多样，优良牧草产草量大、青草期柔软多汁，牲畜喜食；且受高原日照时间长，牧草光合作用强，生长旺盛，积累着高营养成分。沼泽草地是优质的草场资源之一，青海省沼泽草地共 5 468.67 万亩，尤其是高寒草甸成为夏季草场重要组成部分。按每只羊单位需草地 0.73 hm^2 计算，理论载畜量可达 7 490 万只羊单位。

青海省是我国牦牛养殖分布最多的省份，其数量约占世界牦牛总数的 1/3，被誉为高原牦牛故乡。境内的藏系羊，作为高原最古老的绵羊品种之一，在省内分布最广，产毛量大，羊毛品质好，成年羊产毛量平均达 1～4 kg/只。高寒草甸往往成为它们重要的觅食草场，为打造高原特色牦牛产业基地，沼泽草地成为重要的资源基础。

二、丰富的盐湖资源（盐田）成就了中国最主要的循环经济区

柴达木盆地有现代盐湖 75 个（大于 1 km^2），其中干盐湖有 6 个（大型）。地表含盐面积为 1.56 万 km^2。以钾、钠、镁、硼、锂五大类为主体的盐类资源总储量达 3 315.41 亿 t，其中氯化钾、镁盐、氯化锂、钠盐的储量分别占全国的 96.9%、99%、83.3%、80.6%，溴、碘、锡、铷、铯、石膏等储量也十分可观。这些盐湖矿床多属大型、特大型综合性矿床，潜在经济价值达 16.54 亿元。主要大型矿床有：察尔汗盐湖，它是一个以钾镁盐为主的综合性矿床，累计探明 C+D 级储量氯化钾 1.5 亿 t、氯化镁 16.5 亿 t、氯化钠 426 亿 t、氯化锂 842 万 t；东台吉乃尔盐湖，位于柴达木盆地中部，探明氯化银 C 级

储量 55.3 万 t、三氧化二硼 33.1 万 t、氯化钾 338.6 万 t，矿区卤水可直接抽取，地质条件简单；马海盐湖，位于柴达木盆地中部北缘，以钾为主，伴生钠、镁固液并存的大型综合性盐类矿床，固体钾矿储量为 770.9 万 t、液体钾矿储量为 5 627 万 t。昆特依、大浪滩、一里坪、西台吉乃尔等盐湖资源的远景储量也非常大，均属大型矿床，具有良好的开发前景。

盐湖资源具有三大特点：一是储量大。居全国第一位的有钾、钠、镁、锂、锶、芒硝等，居全国第二位的有溴和硼等。二是品位高。卤水中锂含量高达 2.2 g/L～3.12 g/L，其中东、西台吉乃尔盐湖和一里坪盐湖卤水锂含量均比美国大盐湖的锂含量高十倍。察尔汗盐湖和马海盐湖的晶间卤水经日晒可以析出高纯度的光卤石和钾石盐。三是类型全、分布相对集中、资源组合好、多种有用组分共生。有氯化物型盐湖、硫酸盐型盐湖和碳酸盐型盐湖（表 5.1）。

目前，盐湖矿产的开发主要以钾盐和湖盐为主，也最具规模。钾盐已开发的矿区主要有察尔汗盐湖、马海盐湖、大浪滩盐湖和昆特依盐湖；钾盐的主要生产企业有：青海盐湖钾肥股份有限公司、青海昆仑矿业有限责任公司、青海冷湖钾肥集团有限公司和青海茫崖海丰钾肥开发有限责任公司。青海盐湖钾肥股份有限公司是我国最大的钾肥生产企业。

湖盐已开发的矿区主要有柯柯盐湖和茶卡盐湖。湖盐的主要生产企业为青海盐业股份有限责任公司，集中在乌兰县茶卡、柯柯盐湖开发经营。目前生产湖盐 143 万 t，主要产品有原盐、再生盐、加碘盐、加锌盐、粉洗盐、味精盐、精制盐等。产品质量均达到部门一级标准，产品曾销往全国 23 个省市自治区，并远销尼泊尔及中东地区。

锂盐和锶矿开采正处于起步阶段，已开发的矿区有东台吉乃尔湖、西台吉乃尔湖和大风山天青石矿，锂盐的主要生产企业为青海中信国安科技发展有限公司，其年设计生产规模为 2.5 万 t 碳酸锂产品，目前正在进行西台吉乃尔湖开发基础建设。

镁盐开发主要集中于察尔汗团结湖一带；硼矿主要集中于大柴旦湖。镁盐的主要生产企业为民和镁厂、青海香江盐湖开发有限公司、格尔木蓝天镁钾有限公司及北京昆龙伟业格尔木有限公司。硼矿的生产企业主要为青海中天硼锂有限公司，年设计生产规模为 80 万 t（矿石量）。

依托丰富的盐湖资源（盐田）形成的系列盐化工产业成为柴达木盆地循环经济的重要产业支撑体系。目前，盐湖资源综合利用产业已成为全国有影响力的循环经济产业集群，循环经济工业增加值占比超过 60%。

表 5.1 柴达木盆地主要盐湖资源

名称	共伴生矿主要成分	品位		保有储量/万 t
		液体/(g·L^{-1})	固体/%	
察尔汗盐湖	NaCl	41.65～97.11		4 261 082
	KCl	18.5～27.84	38.3～56.2	14 880
	MgCl$_2$	197.42～291.79	5.79～10.01	164 600
	LiCl	0.21～1.6	7.8～19.02	838
	B$_2$O$_3$	0.33～0.86		410
大柴旦盐湖	NaCl	193.45		63 400
	MgCl$_2$	60.47		1 700
	MgSO$_4$	57.02	58.36	1 619
	B$_2$O$_3$	2.01		465
	KCl	12.64		359
	LiCl	1.34		38
马海盐湖	NaCl	220.26		85 568.8
	KCl	14.48	67.0	5 627
	MgCl$_2$	66.18	8.52	25 710
	MgSO$_4$	18.24	6.53	4 356
东、西台吉乃尔盐湖	NaCl	190.52～234.33		344 481
	MgCl$_2$	44.41～123.26		14 000
	KCl	18.4～19.64	57.77～61.47	2 256
	LiCl	2.57～3.12		323
	B$_2$O$_3$	1.08～1.92		145
柯柯盐湖	NaCl		78.84	59 000
茶卡盐湖	NaCl		82.94	44 813
察汗斯拉图盐湖	NaCl	269.95	73.83	898 952
大浪滩盐湖	NaCl	233.67～268.04	66.97～72.12	448 462
	KCl	15.65～46.57	7.36～9.03	5 206
	MgCl$_2$	22.45～38.17	19.54	57 794
	MgSO$_4$	20.45～66.11	28.31	114 461
尕斯库勒盐湖	NaCl	167.31		38 035
	KCl	20.3		134
	MgCl$_2$	87.72		19 942
	MgSO$_4$	62.31		14 164

续表 5.1

名称	共伴生矿主要成分	品位		保有储量/万 t
		液体/(g·L⁻¹)	固体/%	
昆特依盐湖	NaCl	120.68～264.39		199 444
	KCl	12.4～12.61	72.03～75.48	12 085
	MgCl₂	22.32～63.12	6.65～6.99	25 251
	MgSO₄	7.27～38.53	11.62	30 587
一里坪盐湖	NaCl			297 700
	KCl	20.95		1 638
	MgCl₂	110.73	66.51	8 147
	MgSO₄	2.2		178
	B₂O₃	1.16		89

三、河流水能资源的开发助力青海省清洁能源示范省建设

2018 年，国家能源局批复支持青海省创建国家清洁能源示范省，并同意将青海省清洁能源示范省建设纳入国家能源发展战略，在可再生能源相关重大项目、产业政策、体制机制改革等方面给予支持和保障。2018 年青海省电网总装机 2 778.6 万 kW，其中太阳能、风电装机分别为 961 万 kW 和 247 万 kW，水电装机为 1 191.6 万 kW，火电装机为 379 万 kW。青海省新能源装机达到 1 208 万 kW，占青海省电网总装机的 43.5%，其中，水电占 42.89%。青海省已经形成了以水电、光伏等清洁能源为主、火电为辅的能源供应格局。

青海省河流众多，具有特殊的地理条件和水系发育丰富的特点，河流水能资源富有，是西北地区乃至全国水电资源蕴藏量集中的省份之一。据统计，省域内河流水能理论蕴藏量在 1 万 kW 以上的河流有 108 条，理论蕴藏量为 2 537 万 kW；全省现有水电站坝址 178 处，总装机容量为 2 166 万 kW，居国内第 5 位。

青海省水能资源主要在黄河流域，其理论蕴藏量为 1 351.76 万 kW，占全省的 62.8%；长江流域蕴藏量为 434.87 万 kW，占全省的 20.2%；澜沧江流域蕴藏量为 202.40 万 kW，占全省的 9.4%；内陆河流域蕴藏量相对较少，有 164.63 万 kW，占全省的 7.6%。

黄河上游干流是我国十大水能富矿之一，主要集中于黄河上游龙羊峡到寺沟峡约 276 km 的河段上，这里水量充沛，地质条件好，淹没损失小，开发成本低，被誉为我国水能资源的"富矿区"，规划建 6 座大型、7 座中型水电站，总装机 1 125 万 kW，年发电量 368 亿 kW·h。已建的水电站有龙羊峡、拉西瓦、李家峡、公伯峡、积石峡和寺沟峡 6 个大型以及苏只、康扬、直岗拉卡、黄丰等中型梯级电站，装机容量达 785 万 kW，年

发电量约 294.5 亿 kW·h，分别占全省可开发水能资源总装机容量的 43.6% 和年发电总量的 38.1%。水能资源的开发利用使水能资源优势转化为现实的经济优势，不仅带动了青海省高耗能产业的发展，也成为青海省清洁能源示范省建设的最主要能源。

四、重要的湿地资源成为人民共享的绿色空间和旅游产业基地

截至 2020 年，青海省已建立国际重要湿地 3 处、国家重要湿地 16 块，已建立的湿地型或涉及湿地保护的自然保护区有 7 处、国家湿地公园 19 处（详见第六章）。当前，这些湿地已成为青海省生态保护的重要区域、科学研究和宣传教育的基地，承担着对外开展合作与交流、对内实施有效保护与监测研究的重要作用，并通过特许经营等方式进行适度的开发利用，成为自然教育、生态旅游的重要基地和供当地人民共享、游憩的绿色空间。

青海湖国际重要湿地，是青海 3 个 5A 级景区之一，一直是青海王牌景区，2018 年旅游人数达 396.5 万人、旅游收入达 5.5 亿元。

茶卡盐湖是国家级重要湿地，是中国唯一一家盐湖旅游 4A 级景区，因其旅游资源禀赋可与玻利维亚乌尤尼盐沼相媲美，享有中国"天空之镜"之美称，是《国家旅游地理》评选的"人一生要去的 55 个地方"之一，成为全国"网红打卡地"之一。自 2015 年开发建设以来，茶卡盐湖旅游人数和旅游收入实现持续增长，2019 年接待游客量超过 300 万人次。

国际重要湿地鄂陵湖和扎陵湖以及国家重要湿地冬给措纳湖，以三江源国家公园建设为契机，以特许经营的方式开展自然体验和生态旅游，使保护与发展有机统一，初显出良好的生态、经济和社会效益，为青海国家公园示范省的建设奠定了可复制的制度和经营模式。

青海西宁湟水国家湿地公园集湿地保育、环境教育、游憩、服务于一体，现已建成海湖湿地、北川湿地和宁湖湿地三大核心区，丰富了西宁市生态文化的内涵，是西宁市人民重要的休闲、游憩的绿色空间。

第三节　湿地资源评价

湿地资源评价是对湿地资源具有的各种生态功能进行科学的分析，主要是对湿地生态状况、受威胁程度和资源变化的综合因子进行评价，并通过在可比的条件下分析青海省湿地资源近十年来的变化，为强化保护管理和合理利用湿地资源提供支持。青海省湿

地资源受高原气候、地形地貌、人为活动的影响发生着一些变化，特别是实施的多项生态保护与建设工程，促进了其资源的治理和恢复，其水源涵养、固碳能力得到改善，湿地生物多样性保护状况有了好转，主要表现在水资源、森林资源、物种资源各方面均呈现良好的增长态势。本节主要对湿地水环境及生态状况进行评价。

一、湿地水环境状况评价

湿地是地球上水陆相互作用形成的独特的生态系统，在抵御洪水、调节径流、改善气候、控制污染和维护区域生态平衡等方面发挥着重要的作用。根据青海省第三次湿地资源调查结果分析，全省湿地资源的生态状况在不同的区域呈现不同的情况。我们可以通过对水文、水质和湖泊的营养化状况的研究探讨，了解和认知其变化，并对其服务功能进行科学的评价，从而确定高原湿地资源的现状与其应具有的生态功能。

在湿地二调时，青海省重点湿地资源调查内容中包括对其周边实地监测并观察记录湿地水源补给、流出状况、积水状况等水文数据，以及地表水、地下水 pH 值，矿化度，氮磷营养物等水质数据，还有主要污染因子等数据。近十年来，地方政府职能部门对重点湿地平均的环境要素进行了动态的监测，结合二调数据，青海省重点湿地水环境状况见表 5.2。

根据表 5.2 所列数据分析，青海省河流湿地主要由东南部的外流河流域和西北部的内陆河流域组成，水资源分布从东南向西北递减，同时水源季节间、年际分布极不均匀。河流水资源补给主要是大气降水、冰雪融水、地表径流、地下水及综合性的补给，为湿地的发育提供了多重水源保障。总体来说，地下水主要来源于大气降水与河流的渗透性补给，在径流中与地表水相互转化，最终多以地表水形式流出或在大量渗入盆地（或平原）的地下含水层后，再入渗于湿地、湖泊中。

表 5.2　青海省重点湿地水环境状况

序号	重点调查湿地名称	水源补给状况	水源流出状况	积水状况	矿化度	矿化度分级	pH值	pH分级	营养状况	水质级别	利用情况	污染物	威胁程度	备注
1	青海湖鸟岛国际重要湿地	综合补给	没有	永久性积水	14.77	盐水	9.2	碱性	贫	II	旅游	无	安全	在青海湖自然保护区内
2	扎陵湖国际重要湿地	综合补给	永久性	永久性积水			7.87	弱碱性	中	II	水源地	无	安全	在三江源自然保护区内
3	鄂陵湖国际重要湿地	综合补给	永久性	永久性积水			7.87	弱碱性	中	II	水源地	无	安全	在三江源自然保护区内
4	茶卡盐湖国家重要湿地	综合补给	没有	永久性积水			6.8	中性	中	III	工业旅游	有	重度	旅游对湿地生态系统造成的影响较大
5	青海玛多冬格措纳湖国家重要湿地	综合补给	永久性	永久性积水			7.87	弱碱性	贫	II	自然体验活动	无	安全	用时许经营模式开展自然体验活动
6	依然措国家重要湿地	综合补给	永久性	永久性积水	1	淡水	7.9	弱碱性	贫	II	未利用	无	安全	在可可西里自然保护区内
7	多尔改措国家重要湿地	综合补给	永久性	永久性积水	1	淡水	8	弱碱性	贫	II	未利用	无	安全	在可可西里自然保护区内
8	库赛湖国家重要湿地	综合补给	永久性	永久性积水	8	咸水	8.3	弱碱性	贫	II	未利用	无	安全	在可可西里自然保护区内
9	卓乃湖国家重要湿地	综合补给	永久性	永久性积水	12.82	盐水	8.6	碱性	贫	II	未利用	无	安全	在可可西里自然保护区内
10	哈拉湖国家重要湿地	综合补给	没有	永久性积水		咸水			贫	I	小规模的生态旅游	无	安全	
11	柴达木盆地国家重要湿地	综合补给	永久性	永久性积水	9.9	咸水	9	碱性	贫	III	工业旅游	有	重度	自2019年，东台、西台合吉乃尔湖成为青海又一"网红打卡地"
12	尕斯库勒湖国家重要湿地	综合补给	没有	永久性积水	5.09	咸水	7.56	弱碱性	贫	III	工业	有	重度	
13	玛多区灵纳格措国家重要湿地	综合补给	永久性	永久性积水	14	盐水	8	弱碱性	贫	II	旅游	无	轻度	在三江源国家公园内
14	黄河源区岗纳格玛措国家重要湿地	综合补给	永久性	永久性积水					贫	II	牧业	无	轻度	在三江源国家公园内
15	青海湖国家级自然保护区	综合补给	没有	永久性积水	14.77	盐水	9.2	碱性	贫	II	旅游	有	轻度	同国家重要湿地
16	隆宝国家级自然保护区	综合补给	永久性	永久性积水	0.9	淡水	8.3	弱碱性	中	II	牧业	无	安全	同国家重要湿地
17	青海可可西里国家级自然保护区	综合补给	永久性	永久性积水	13.41	盐水	8.8	碱性	贫	II	未利用	无	安全	扣除国家重要湿地
18	三江源国家级自然保护区	综合补给	永久性	永久性积水				碱性	贫	II	水源地	有	轻度	扣除国际、国家重要湿地
19	青海可鲁克湖-托素湖省级自然保护区	综合补给	永久性	永久性积水					中	II	旅游	无	轻度	由可鲁克湖、托素湖两重要湿地组成
20	青海大通北川河源区省级自然保护区	综合补给	地表经流	永久性积水	0.35	淡水	7.4	中性	中	II	水源地	无	安全	
21	祁连山省级自然保护区	综合补给	永久性	永久性积水		淡水			贫	I	水源地	无	轻度	采矿对湿地生态的影响大

续表 5.2

序号	重点调查湿地名称	水源补给状况	水源流出状况	积水状况	矿化度值	矿化度分级	pH值	pH分级	富营养	水质级别	利用情况	污染物	威胁程度	备注
22	贵德黄河清国家湿地公园	地表径流	永久性	永久性积水		淡水				中	II	旅游	有	安全	
23	青海湟源河源国家湿地公园	地表径流	永久性	永久性积水		淡水				贫	II	旅游	有	安全	
24	青海西宁湟水国家湿地公园	地表径流	永久性	永久性积水		淡水				贫	III	旅游	有	轻度	近十年的水治理成效显著
25	青海都兰阿拉克湖国家湿地公园	综合补给	永久性	永久性积水						贫	II	旅游	无	安全	
26	青海德令哈尕海国家湿地公园	综合补给	没有	永久性积水		咸水				贫	III	旅游	有	轻度	附近厂矿的排污得到治理
27	青海祁连黑河源国家湿地公园	地表径流	永久性	永久性积水		淡水				贫	II	水源地	有	轻度	
28	青海乌兰都兰湖国家湿地公园	综合补给	没有	永久性积水		淡水				贫	II	旅游	无	安全	
29	青海玉树巴塘国家湿地公园	地表径流	永久性	永久性积水		淡水				贫	II	旅游	无	安全	
30	青海天峻布哈河国家湿地公园	综合补给	永久性	永久性积水		淡水				贫	II	水源地	无	安全	
31	青海互助南门峡国家湿地公园	地表径流	永久性	永久性积水		淡水				贫	II	水源地	无	安全	
32	青海泽库泽曲国家湿地公园	地表径流	永久性	永久性积水		淡水				贫	II	水源地	无	安全	
33	青海班玛玛可河国家湿地公园	地表径流	永久性	永久性积水		淡水				贫	II	水源地	无	安全	
34	青海曲麻莱德曲源国家湿地公园	综合补给	永久性	永久性积水		淡水				贫	II	水源地	无	安全	
35	青海乐都大地湾国家湿地公园	综合补给	永久性	永久性积水		淡水				贫	II	旅游	无	安全	
36	青海刚察沙柳河国家湿地公园	地表径流	永久性	永久性积水		淡水				贫	III	旅游	无	安全	
37	青海贵南茫曲国家湿地公园	地表径流	永久性	永久性积水		淡水				贫	II	水源地	无	安全	
38	青海甘德班玛仁拓国家湿地公园	综合补给	永久性	永久性积水		淡水				贫	II	水源地	无	安全	
39	青海达日黄河国家湿地公园	地表径流	永久性	永久性积水		淡水				贫	II	水源地	无	安全	
40	龙羊峡	地表径流	永久性	永久性积水				8.3	弱碱性	贫	II	工业	无	安全	
41	拉西瓦水库	地表径流	永久性	永久性积水				8.2	弱碱性	贫	II	工业	无	安全	
42	李家峡水库	地表径流	永久性	永久性积水				7.1	中性	贫	II	工业	无	安全	
43	康杨水库	地表径流	永久性	永久性积水				7.1	中性	贫	II	工业	无	安全	
44	公伯峡水库	地表径流	永久性	永久性积水				8.4	弱碱性	中	II	工业	无	安全	
45	苏志水库	地表径流	永久性	永久性积水				7.1	中性	贫	II	工业	无	安全	
46	积石峡水库	地表径流	永久性	永久性积水				7.1	中性	中	II	工业	无	安全	
47	黑泉水库	地表径流	永久性	永久性积水	0.6	淡水		7.6	弱碱性	贫	II	水源地	无	安全	

河流水源的流出主要为流出型，河流水资源的化学成分、矿化度、总硬度等由东南向西北逐渐增加；河水矿化度有明显的季节变化，丰水期最低，枯水期最高，平水期介于两者之间；内陆盆地区随海拔降低明显呈高矿化；全省大部分地区水质状况良好，污染极少，适宜社会经济发展，但少数局部地区存在污染。长江流域、澜沧江流域、黄河干流及黑河流域等地下水质良好，呈弱碱性，pH 值为 7.0～8.5，矿化度为 0.2～0.5 mg/L，透明度为 15.0～25.0 m，总硬度小于 8.4 德国度，符合饮用或灌溉标准。而柴达木盆地西北部、西南部水质较差，多为盐湖、卤水，矿化度较高，总硬度为 17.0～25.0 德国度，透明度为 1.5～5.0 m，不能饮用或灌溉；山前戈壁带至细土带，水质良好，pH 值为 7.0～8.8，总硬度为 5.6～25.0 德国度，矿化度为 0.5～2.0 mg/L，适宜饮用或灌溉；工矿业集中的格尔木、茫崖、冷湖等地大量排放的废水使水资源遭受到不同程度的污染，水质不断趋于恶化，不能饮用或灌溉。青海湖湖滨平原地带受咸水湖影响，矿化度为 13.6～14.7 mg/L，水质差，为氧化物重碳酸钠型水；距湖越远水质越好，矿化度一般小于 0.5 g/L，属重碳酸盐型或碳酸盐型水。湟水流域大部分地区地下水质良好，矿化度小于 1.0 g/L，pH 值为 7.0～8.5，属重碳酸盐钙镁型水，可饮用或灌溉；以前湟水干流西宁段以下、北川河大通桥头镇以下等地大量工业和生活污水排入导致河水污染严重，水质急剧变差，为 V 类或劣 V 类，随着湟水河水污染治理工程的实施，湟水河水质变为Ⅲ类；湟水谷地部分浅山区地层由于多含石膏和芒硝等易溶性盐类物种，为高矿化度硫酸盐氧化物钠型水，不宜饮用。另外局部地区因受地层矿物质的影响，地下水中含有的某些化学元素，如汞、砷、铬、氟及氧化物的含量严重超标，不宜饮用。

水是整个自然生态系统中最重要的自然资源和环境因素，对区域生态环境的形成、发展与演化有着特殊的作用。人们不合理地开发利用水土及生物资源等，不仅使河流自然流量变化，并导致其补给量变化，而且影响和改变了水循环的条件和方式，导致水土流失严重、荒漠化扩大、草原退化加剧等，使水资源生存环境日趋恶化、湿地萎缩或逆向演替、湿地生态功能减弱或丧失。

二、湿地生态状况评价

湿地生态状况直接反映湿地生态系统的健康水平，也是评价湿地生态功能是否正常发挥和满足人类需要的重要依据。依据调查所得数据，综合利用反映青海省湿地生态状况的景观、生物多样性、水环境、社会及威胁等方面的指标，对青海省重点湿地生态状况进行综合分析评价。

评价指标体系构建是湿地生态评价的前提条件和理论基础，是湿地生态状况的具体尺度、衡量基准和功能参数，为了全面、系统地反映青海省湿地生态系统各个构成要素及各构成要素间的相互关系及其作用，筛选评估指标时应遵循科学性与系统性、独立性与可操作性、实用性与可比性、动态性及适应性等原则，建立一套科学合理的湿地生态状况评价指标体系，见表5.3；采用层次分析方法，确定评价指标权重，见表5.4。

表5.3　青海省湿地生态状况评价指标体系

一级	二级	三级	因子
自然指标	景观指标	自然湿地率	自然湿地面积/湿地总面积
		湿地密度	平均斑块面积/湿地总面积
		湿地斑块密度	湿地斑块数/湿地总面积
	生物多样性指标	单位面积物种多度	物种数量/湿地面积
		植被覆盖度	植被面积/湿地面积
		外来物种入侵	有、无
	水环境指标	污染物	有、无
		营养	贫、中、富
		水质级别	Ⅰ、Ⅱ、Ⅲ、Ⅳ、Ⅴ
人为指标	社会指标	人口密度	人口数量/重点调查面积
		利用情况	工业（旅游）、农业（种植、牧业、林业）、水源地、未利用
	威胁指标	威胁因子数量	数量
		威胁程度	安全、轻度、重度

表5.4　青海省湿地生态状况评价指标权重

一级		二级		三级	权重
自然指标	0.6	景观指标	0.10	自然湿地率	0.030
				湿地密度	0.012
				湿地斑块密度	0.018
		生物多样性指标	0.45	单位面积物种多度	0.108
				植被覆盖度	0.108
				外来物种人侵	0.054
		水环境指标	0.45	污染物	0.054
				营养	0.081
				水质级别	0.135
人为指标	0.4	社会指标	0.40	人口密度	0.064
				利用情况	0.096
		威胁指标	0.60	威胁因子数量	0.084
				威胁程度	0.156

采用层次分析方法和德尔菲法对评价指标进行分级、赋值，并计算全省每块重点湿地的生态状况综合得分。各评价指标标准值计算得分方法为：自然湿地率、湿地密度、湿地斑块密度、单位面积物种多度、植被覆盖度、人口密度 6 个指标分为 5 个等级，由低到高分别赋值 1、3、5、7、9，指标值越高反映其生态状况越好。同时，外来物种入侵和污染物 2 个指标分为"有、无"2 个等级，"有"赋值 2，"无"赋值 8；根据营养状况高低分为 3 个等级，贫、中、富营养，分别赋值 8、5、2；根据水质状况标准分为 5 个等级，由高到低分别赋值 9、7、5、3、1；利用情况分为 4 个等级，工业（旅游）赋值 3，农业（种植、牧业、林业）赋值 5，水源地赋值 7，未利用赋值 9，威胁因子数量分为 10 个等级，采用"10-数量"赋值；根据威胁程度分为 3 个等级，安全、轻度、重度，分别赋值 8、5、2；依据统计学累计求和公式（$\sum$指标值×指标权重），计算出每块湿地生态状况综合得分、评价，结果见表 5.5。

表 5.5 青海省重要湿地生态状况综合得分、评价表

序号	重要湿地名称	综合得分	评价
1	青海湖鸟岛国际重要湿地	5.59	优
2	扎陵湖国际重要湿地	5.65	优
3	鄂陵湖国际重要湿地	5.69	优
4	茶卡盐湖国家重要湿地	3.97	良
5	冬给措纳湖国家重要湿地	5.74	优
6	依然措国家重要湿地	6.34	优
7	多尔改措国家重要湿地	5.91	优
8	库赛湖国家重要湿地	5.82	优
9	卓乃湖国家重要湿地	5.82	优
10	哈拉湖国家重要湿地	6.18	优
11	柴达木盆地国家重要湿地	4.1	良
12	尕斯库勒湖国家重要湿地	4.32	良
13	玛多湖国家重要湿地	5.53	优
14	黄河源区岗纳格玛措国家重要湿地	5.61	优
15	青海湖国家级自然保护区	4.71	良
16	青海隆宝滩国家级自然保护区	5.53	优
17	青海可可西里国家级自然保护区	5.82	优
18	三江源国家级自然保护区	5.94	优
19	青海可鲁克湖-托素湖省级自然保护区	5.2	优
20	青海大通北川河源区省级自然保护区	5.93	优

续表 5.5

序号	重要湿地名称	综合得分	评价
21	祁连山省级自然保护区	6.58	优
22	贵德黄河清国家湿地公园	5.61	优
23	青海洮河源国家湿地公园	5.82	优
24	青海西宁湟水国家湿地公园	5.94	优
25	青海都兰阿拉克湖国家湿地公园	6.01	优
26	青海德令哈尕海国家湿地公园	4.81	良
27	青海祁连黑河源国家湿地公园	5.64	优
28	青海乌兰都兰湖国家湿地公园	6.32	优
29	青海玉树巴塘河国家湿地公园	6.34	优
30	青海天峻布哈河国家湿地公园	5.82	优
31	青海互助南门峡国家湿地公园	5.90	优
32	青海泽库泽曲国家湿地公园	5.71	优
33	青海班玛玛可河国家湿地公园	6.16	优
34	青海曲麻莱德曲源国家湿地公园	5.54	优
35	青海乐都大地湾国家湿地公园	5.31	优
36	青海刚察沙柳河国家湿地公园	5.85	优
37	青海贵南茫曲国家湿地公园	5.35	优
38	青海甘德班玛仁拓国家湿地公园	5.63	优
39	青海达日黄河国家湿地公园	5.75	优
40	龙羊峡库	6.16	优
41	拉西瓦水库	5.05	优
42	李家峡水库	5.69	优
43	康杨水库	5.71	优
44	公伯峡水库	5.71	优
45	苏志水库	5.71	优
46	积石峡水库	5.42	优
47	黑泉水库	5.71	优

由表 5.5 可见,目前青海省重要湿地生态状况比较好,绝大部分湿地的生态状况为优,这样的结果与近十年青海省实施一系列生态保护工程、环境治理工作密不可分,成效显著。

第六章 青海省重要的湿地资源

当前我国湿地的保护主要以建设湿地自然保护区为主要形式，加上我国政府积极履行《湿地公约》的相关义务，和国际接轨，我国湿地保护管理主要采用分级管理模式，主要有国际重要湿地、国家重要湿地、省级重要湿地，以及国家级、省级及省级以下湿地自然保护区，还有湿地保护小区等。

截至 2020 年，青海省已建立国际重要湿地 3 处，有国家重要湿地 16 块；已建立的湿地型或涉及湿地保护的自然保护区有 7 处、国家湿地公园有 19 处。由于国土三调湿地调查界线主要以行政区划为主，因此，对重要湿地资源范围的界定以及湿地类型的面积等，本书以湿地二调的数据和标准为主要依据，分析各重要湿地的湿地类型、面积、功能分区、主要的动植物资源以及利用情况。

第一节 国际重要湿地

截至 2020 年，青海省已建立 3 处国际重要湿地，分别为青海湖鸟岛、扎陵湖、鄂陵湖国际重要湿地。

一、青海湖鸟岛国际重要湿地

青海湖鸟岛于 1992 年经联合国教科文组织批准，被列入国际重要湿地名录。该湿地属于青海湖湿地区，位于青海湖国家级自然保护区范围内，总面积为 5.36 万 hm^2，海拔 3 185～3 250 m。主要由鸟岛、鸬鹚岛（图 6.1）、沙岛、海心山、三块石等岛屿，以及环湖沿岸的水域、湖岸、泥滩、沼泽草地、河口等组成。

鸟岛湿地资源面积为 4.05 万 hm^2，有湿地类 3 类（包括河流湿地、湖泊湿地和沼泽湿地）、湿地型 4 型（包括永久性河流、洪泛平原、永久性咸水湖和沼泽化草甸）。河流湿地资源面积为 476.84 hm^2，包括永久性河流面积 434.33 hm^2、洪泛平原面积 42.51 hm^2；湖泊湿地资源面积为 3.33 万 hm^2，全部为永久性咸水湖；沼泽湿地资源面积为 0.68 万 hm^2，全部为沼泽化草甸。

图 6.1　青海湖鸬鹚岛

　　鸟岛湿地是一些水禽鸟类春夏和秋冬季节迁徙的"中继站"，也是黑颈鹤、斑头雁、鱼鸥、棕头鸥、鸬鹚、大天鹅等鸟类的繁殖地和越冬地。在此迁徙途经或停歇的水鸟有近 30 种，种群数量超过 8 万只。据观测，在保护区内繁殖的斑头雁有 1.9 万只、棕头鸥有 0.9 万只、鱼鸥有 2.1 万只、（普通）鸬鹚有 0.9 万只，这 4 种水鸟资源量有 5.8 万只；国家Ⅰ级保护动物黑颈鹤在繁殖季节其种群数量达 50 余只；还有 1 500 只大天鹅在此越冬，形成了独特的鱼-鸟-湖的生态系统，成为青海湖自然保护区和国家级风景名胜区的重要组成部分，也是青海湖国家公园特许经营的重要节点。

二、鄂陵湖国际重要湿地

　　鄂陵湖、扎陵湖于 2005 年被联合国《湿地公约》秘书处正式批准为国际重要湿地。其中鄂陵湖湿地位于青海省果洛藏族自治州玛多县境内，地处巴颜喀拉山北麓，属于黄河上游湿地区，处于三江源扎陵湖-鄂陵湖保护分区的核心区，是三江源国家公园黄河园区的重要组成部分，湿地范围面积为 6.11 万 hm²，距玛多县城玛查理镇 50 多 km。

　　鄂陵湖是黄河源区的第一大淡水湖，属高原淡水湖泊湿地，湖长 32.3 km，最大宽 31.6 km，平均水深 17.6 m，水位海拔高 4 269 m；湖水补给主要依赖地表径流和湖面降水。入湖河流有黄河、勒那曲等，其中黄河干流由西南向东北穿湖而过，多年平均入湖径流量为 12.57 亿 m³，年出湖径流量为 6.36 亿 m³。湖滨土壤主要类型为寒漠土、草甸土、黑钙土、沼泽土、盐土和褐土等。

　　鄂陵湖湿地资源面积为 6.11 万 hm²，湿地类为湖泊湿地，湿地型为永久性淡水湖。

鄂陵湖区域内的物种丰富，是夏季水禽候鸟的主要栖息地，其分布的动物种类同扎陵湖的物种相同；鱼类较为富集。由于暖湿化气候的影响以及三江源生态保护工程的实施，近几年湖水变化较为明显，湖岸向外推进，部分湖岸的内陆滩涂明显增加。自三江源国家公园成立以来，采取以特许经营为主的开发利用方式，初显出好的生态、经济以及社会效益，为青海省国家公园示范省的建设探究出了可复制的经营管理模式。

三、扎陵湖国际重要湿地

扎陵湖湿地位于果洛藏族自治州玛多县、曲麻莱县境内，地处巴颜喀拉山北麓，属于黄河上游湿地区，处于三江源自然保护区的扎陵湖-鄂陵湖保护分区内，也是三江源国家公园黄河园区的重要组成部分，湿地范围面积为 5.26 万 hm²，距玛多县城玛查理镇 67 km。

扎陵湖湿地是黄河源区上游的一个更新世断陷盆地形成的构造湖。该湖呈不对称菱形，水位海拔高 4 292 m，其长 35 km，最大宽度 21.3 km，平均水深 8.9 m；蓄水量 46.7 亿 m³。入湖河流有黄河、卡日曲等，水系特点是支强干弱，右侧支流较多，且源远流长；左侧支流较少，水量不大，流于东南黄河宽谷，约经 30 km 曲折流程，途中汇纳多曲和勒那曲来水，下注鄂陵湖。

扎陵湖国际重要湿地是青藏高原生物多样性热点区之一，为多种鸟类提供了繁殖栖息地，包括赤麻鸭、棕头鸥、鱼鸥、（普通）鸬鹚、斑头雁、黑颈鹤等；环湖周围常见的哺乳动物有藏野驴、藏原羚、喜马拉雅旱獭、兔狲等，多为青藏高原特有或中亚特有种；湖中盛产鱼类，主要有花斑裸鲤、极边扁咽齿鱼、骨唇黄河鱼、厚唇裸重唇鱼等青藏高原高寒湖泊特有鱼类。

湖泊湿地资源面积为 5.26 万 hm²，湿地类为湖泊湿地，湿地型为永久性淡水湖。

第二节　国家重要湿地

青海省国家重要湿地有 16 处，涉及长江、黄河、澜沧江和黑河流域，也包括可可西里地区、柴达木盆地和青海湖盆地，同时涵盖已建立的国家级、省级自然保护区。这些重要湿地极具代表性和典型性，是青海省湿地资源分布的精华，探究其可持续发展的路径任重道远。在 16 处国家重要湿地中，青海湖鸟岛、鄂陵湖、扎陵湖已做介绍，青海湖湿地和隆宝滩自然保护区在涉及湿地的自然保护区部分介绍；冬给措纳湖湿地在国家湿地公园部分介绍。

一、玛多湖国家重要湿地

玛多湖国家重要湿地位于青海省果洛藏族自治州玛多县境内，距县城不到 30 km，黄河干流玛曲由此穿过，属于黄河上游湿地区，处于三江源自然保护区的星星海保护分区的核心区，在三江源国家公园黄河园区内，由星星海等众多湖泊组成，湿地范围面积为 7.97 万 hm²。

该湿地资源面积为 2.11 万 hm²，湿地类为 3 类，即河流湿地、湖泊湿地和沼泽湿地；湿地型 3 型，即永久性河流、永久性淡水湖和沼泽化草甸。河流湿地面积为 1.40 hm²，为永久性河流；湖泊湿地资源面积为 1.08 万 hm²，均为永久性淡水湖；沼泽湿地面积为 1.03 万 hm²，为沼泽化草甸。

玛多湖国家重要湿地地貌复杂多样，孕育了河流、湖泊、沼泽、荒漠、草地等高寒的自然环境，形成了独特的动物区系，野生动物资源丰富。鸟类分布有国家 I 级保护鸟类有黑颈鹤、玉带海雕和金雕；国家 II 级保护鸟类有大天鹅、秃鹫、红隼等；常见种有赤麻鸭、棕头鸥、鱼鸥、（普通）鸬鹚、绿翅鸭、赤嘴潜鸭、凤头潜鸭、灰雁、普通秋沙鸭等。湖中盛产鱼类，主要分布有花斑裸鲤、极边扁咽齿鱼、骨唇黄河鱼、厚唇裸重唇鱼和拟鲶高原鳅等。哺乳类分布有国家 I 级保护动物藏野驴、国家 II 级保护动物藏原羚，常见种有喜马拉雅旱獭、高原兔和高原鼠兔等。植物分布有 9 科 10 属 15 种，湿地植物群系 5 个，包括河柳群系、金露梅群系、西藏沙棘群系、西藏嵩草群系、西伯利亚蓼群系。湿地植物有洮河柳、金露梅、水毛茛、穗状狐尾藻、西藏沙棘、西藏嵩草、水嵩草、华扁穗草、海韭菜、青藏薹草、黑褐薹草和西伯利亚蓼等。

该国家重要湿地处在三江源国家公园黄河园区内，随着公园的建设以及特许经营制度的实施，其将成为玛查镇以及周边人民群众的主要游憩之地，也会成为自然教育和生态旅游的重要基地。

二、黄河源区岗纳格玛措国家重要湿地

该湿地位于青海省果洛藏族自治州玛多县境内，黄河干流从此穿过，属于黄河上游湿地区，处于三江源自然保护区的星星海保护分区的实验区，在三江源国家公园黄河园区内，是以保护湖泊、沼泽湿地为主体功能的湿地区，湿地范围面积为 2.54 万 hm²，平均海拔 4 440 m。

湿地资源面积为 1.50 万 hm²，湿地类 3 类：河流湿地、湖泊湿地和沼泽湿地；湿地型 4 型：永久性河流、洪泛平原、永久性淡水湖和沼泽化草甸。河流湿地面积为 0.22 万 hm²，其中永久性河流面积 0.09 万 hm²、洪泛平原面积 0.13 万 hm²；湖泊湿地面积为

0.56 万 hm^2，为永久性淡水湖；沼泽湿地面积为 0.72 万 hm^2，为沼泽化草甸。

区域内黄河受地列山和狼青卡欧山约束，河道突然变狭，河水下泄不畅，泛滥后在河漫滩低凹处积水成湖。滨湖西部黄河分汊河道入湖口，堆积了大量泥沙，形成三角洲泛滥平原，发育大片沼泽和河间积水凹地，并向湖体延伸。

分布的湿地鸟类有国家Ⅰ级保护鸟类黑颈鹤、玉带海雕和金雕；国家Ⅱ级保护鸟类大天鹅、纵纹腹小鸮、秃鹫、红隼等；常见种有赤麻鸭、棕头鸥、鱼鸥、（普通）鸬鹚、绿翅鸭、赤嘴潜鸭、灰雁和普通秋沙鸭等。鱼类主要分布有花斑裸鲤、极边扁咽齿鱼、骨唇黄河鱼、厚唇裸重唇鱼和拟鲶高原鳅等。哺乳类分布有国家Ⅰ级保护动物藏野驴和国家Ⅱ级保护动物藏原羚，常见种有喜马拉雅旱獭、高原兔和高原鼠兔等。植物分布有 9 科 10 属 15 种，主要湿地植物群系 5 个，包括河柳群系、金露梅群系、藏沙棘群系、西藏嵩草群系、西伯利亚蓼群系。湿地植物种类有西藏嵩草、洮河柳、金露梅、西藏沙棘、西伯利亚蓼、黑褐薹草、圆囊薹草、矮生嵩草、珠芽蓼、圆穗蓼、海韭菜、花葶驴蹄草和水葫芦苗等。

三、依然措国家重要湿地

依然措国家重要湿地位于青海省玉树藏族自治州杂多县西部，属于长江上游湿地区，处于三江源自然保护区当曲保护分区的核心区，在三江源国家公园长江园区内，湿地范围面积为 49.30 万 hm^2。主要地貌类型为冰川、山地、盆地和河谷，海拔 4 470～5 395 m。

湿地资源面积为 8.67 万 hm^2。湿地类 3 类：河流湿地、湖泊湿地和沼泽湿地；湿地型为 6 型：永久性河流、季节性河流、洪泛平原、永久性淡水湖、草本沼泽和沼泽化草甸。河流湿地面积为 1.83 万 hm^2，其中，永久性河流面积 1.23 万 hm^2、季节性河流面积 37.61 hm^2、洪泛平原面积 0.60 万 hm^2；湖泊湿地面积 0.10 万 hm^2，为永久性淡水湖；沼泽湿地面积为 6.73 万 hm^2，其中草本沼泽面积 41.38 hm^2、沼泽化草甸面积 6.73 万 hm^2。

该湿地内野生动物资源丰富。鸟类有国家Ⅰ级保护鸟类黑颈鹤、玉带海雕、金雕；国家Ⅱ级保护鸟类纵纹腹小鸮、秃鹫、红隼等；常见种有灰雁、赤麻鸭、棕头鸥、鱼鸥、（普通）鸬鹚、褐背拟地鸦、长嘴百灵、赤嘴潜鸭、凤头潜鸭、普通秋沙鸭等。哺乳类有国家Ⅰ级保护动物藏野驴、藏羚；国家Ⅱ级保护动物水獭、石貂、藏原羚、猞猁等；常见种有喜马拉雅旱獭、高原兔、高原鼠兔等。鱼类分布有巩乃斯高原鳅、长鳍高原鳅、细尾高原鳅、小眼高原鳅等。

湿地植物群系为西藏嵩草-薹草群系，湿地植物有西藏嵩草、青藏薹草、水毛茛、喜马拉雅嵩草、黑褐薹草、海韭菜、草地早熟禾、二裂委陵菜、西伯利亚蓼、矮生嵩草、甘肃薹草、鹅绒委陵菜、圆穗蓼、珠芽蓼和矮金莲花等。

四、多尔改措国家重要湿地

多尔改措国家重要湿地位于青藏高原西北部，地处唐古拉山和昆仑山之间，属于可可西里湿地区，在可可西里国家级自然保护区内，湿地范围面积为 7.84 万 hm^2。地貌类型主要为极高山、大中起伏高山、小起伏的高山、高海拔丘陵、台地和平原 6 种类型。

湿地资源总面积为 2.82 万 hm^2，湿地类为 3 类：河流湿地、湖泊湿地和沼泽湿地；湿地型为 4 型：永久性河流、永久性淡水湖、永久性咸水湖和沼泽化草甸。河流湿地面积为 0.31 万 hm^2，为永久性河流；湖泊湿地面积为 2.19 万 hm^2，其中永久性淡水湖面积为 0.04 万 hm^2、永久性咸水湖面积为 2.15 万 hm^2；沼泽湿地面积为 0.32 万 hm^2，全部为沼泽化草甸。

多尔改措国家重要湿地区域面积大，是青藏高原有蹄类动物的重点分布区域，也是高原精灵藏羚羊的栖息分布区。鸟类有 11 目 20 科 66 种，国家 I 级保护鸟类有黑颈鹤、金雕；国家 II 级保护鸟类有灰鹤、秃鹫、猎隼、燕隼等；常见种有赤麻鸭、凤头潜鸭、斑头雁、普通秋沙鸭、棕头鸥、长嘴百灵、小云雀、角百灵等。哺乳类分布有 5 目 10 科 29 种，其中国家 I 级保护动物有藏野驴、藏羚、野牦牛；国家 II 级保护动物有藏原羚、猞猁和石貂；常见种有香鼬、喜马拉雅旱獭、高原兔等。鱼类有 1 目 2 科 6 种，包括裸腹叶须鱼、小头裸裂尻鱼、细尾高原鳅、长鳍高原鳅、小眼高原鳅和唐古拉高原鳅。

由于受到地理位置、地势高低、地形坡向及地表组成物质等各种水热条件分异因素的影响，自然景观自东南向西北呈现高寒草甸—高寒草原—高寒荒漠更替，其中高寒草原是主要类型。高寒冰缘植被也有较大面积的分布，高寒荒漠草原、高寒垫状植被和高寒荒漠有少量分布。高寒草甸、高寒沼泽仅分布在极个别的地区。主要分布的湿地植物群系 1 个，即高山嵩草群系；湿地植物有高山嵩草、西藏嵩草、无味薹草、青藏薹草、早熟禾和赖草等。

五、库赛湖国家重要湿地

库赛湖国家重要湿地位于青藏高原西北部，地处唐古拉山和昆仑山之间，属于可可西里湿地区，在可可西里国家级自然保护区内，湿地范围面积为 12.50 万 hm^2。地貌类型主要为极高山、大中起伏高山、小起伏的高山、高海拔丘陵、台地和平原 6 种类型。

该湿地资源面积为 4.67 万 hm^2，湿地类 3 类：河流湿地、湖泊湿地和沼泽湿地；湿地型 5 型：永久性河流、洪泛平原、永久性淡水湖、永久性咸水湖和沼泽化草甸。河流湿地面积有 1.26 万 hm^2，其中永久性河流面积 0.13 万 hm^2、洪泛平原面积 1.13 万 hm^2；湖泊湿地面积 2.92 万 hm^2，其中永久性淡水湖面积 0.08 万 hm^2、永久性咸水湖面积 2.84

万 hm^2；沼泽湿地面积 0.49 万 hm^2，全部为沼泽化草甸。

受区域内的地质、土壤、气候等环境要素的影响，区域内各类水体环境质量状况差异较大，多数湖泊为半咸水湖，无饮用价值，地表水普遍偏碱性，pH 值大都在 8.0 以上；有些内流河（如还东河等）还是咸水，流量较大的一些河流，水中泥沙量、浊度较高。相比而言，区域内冰川融水及其所形成的外流水系地表水和地下水（泉水）的环境质量优于内流水系地表水和湖水。

区域内分布的鸟类有 11 目 20 科 66 种，国家Ⅰ级保护鸟类有黑颈鹤、金雕；国家Ⅱ级保护鸟类有灰鹤、秃鹫、猎隼、燕隼等；常见种有赤麻鸭、凤头潜鸭、斑头雁、普通秋沙鸭、棕头鸥、长嘴百灵、小云雀、角百灵等。分布的哺乳类有 5 目 10 科 29 种，国家Ⅰ级保护动物有藏野驴、藏羚、野牦牛；国家Ⅱ级保护动物有藏原羚、猞猁、石貂；常见种有香鼬、喜马拉雅旱獭、高原兔等。鱼类有 1 目 2 科 6 种，包括裸腹叶须鱼、小头裸裂尻鱼、细尾高原鳅、长鳍高原鳅、小眼高原鳅和唐古拉高原鳅。湿地植物群系 1 个，高山嵩草群系；湿地植物有高山嵩草、西藏嵩草、无味薹草、青藏薹草、早熟禾和赖草等。

六、卓乃湖国家重要湿地

卓乃湖国家重要湿地位于青藏高原西北部，地处唐古拉山和昆仑山之间，属于可可西里湿地区，在可可西里国家级自然保护区内，湿地范围面积为 11.70 万 hm^2。地貌类型主要为极高山、大中起伏高山、小起伏的高山、高海拔丘陵、台地和平原 6 种类型。

湿地资源面积为 3.74 万 hm^2，湿地类为 3 类：河流湿地、湖泊湿地和沼泽湿地；湿地型为 3 型：永久性河流、永久性咸水湖和沼泽化草甸。河流湿地面积为 0.2 万 hm^2，为永久性河流；湖泊湿地面积为 2.67 万 hm^2，为永久性淡水湖；沼泽湿地面积为 0.86 万 hm^2，全部为沼泽化草甸。

区域内分布的鸟类有 11 目 20 科 66 种，国家Ⅰ级保护鸟类有黑颈鹤和金雕；国家Ⅱ级保护物种有灰鹤、秃鹫、猎隼、燕隼等；常见种有赤麻鸭、凤头潜鸭、斑头雁、普通秋沙鸭、棕头鸥、长嘴百灵、小云雀和角百灵等。分布的哺乳类有 5 目 10 科 29 种，国家Ⅰ级保护动物有藏野驴、野牦牛、藏羚；国家Ⅱ级保护动物有藏原羚、猞猁和石貂；常见种有香鼬、喜马拉雅旱獭和高原兔等。鱼类有 1 目 2 科 6 种，分别为裸腹叶须鱼、小头裸裂尻鱼、细尾高原鳅、长鳍高原鳅、小眼高原鳅和唐古拉高原鳅。湿地植物群系 1 个，高山嵩草群系；湿地植物有高山嵩草、西藏嵩草、无味薹草、青藏薹草、早熟禾和赖草等。

七、哈拉湖国家重要湿地

哈拉湖国家重要湿地位于青海省海西蒙古族藏族自治州天峻县和德令哈市疏勒南山南麓，属于祁连山湿地区，湿地范围面积为 12.53 万 hm^2，距德令哈市区 134 km。

该湿地资源面积为 6.70 万 hm^2，湿地类为 3 类：河流湿地、湖泊湿地和沼泽湿地；湿地型为 4 型：永久性河流、季节性河流、永久性咸水湖和沼泽化草甸。河流湿地面积为 0.12 万 hm^2，其中永久性河流面积 0.09 万 hm^2、季节性河流湿地面积 0.03 万 hm^2；湖泊湿地面积 6.02 万 hm^2，为永久性咸水湖；沼泽湿地面积 0.56 万 hm^2，全部为沼泽化草甸。

湿地区域内分布的鸟类有金斑鸻、红脚鹬、鱼鸥、棕头鸥、灰雁、赤麻鸭、普通秋沙鸭等。哺乳类有国家 I 级保护动物藏野驴；国家 II 级保护动物藏原羚、鹅喉羚；常见种有喜马拉雅旱獭、高原鼢鼠和高原兔等。鱼类有花斑裸鲤。湿地植物群系有藏嵩草群系、藏嵩草-薹草群系；湿地植物有西伯利亚蓼、西藏嵩草、甘肃薹草、金露梅、四裂红景天、早熟禾、小薹草和三裂碱毛茛等。

八、柴达木盆地中的湿地

柴达木盆地中的湿地位于柴达木盆地南部，地跨格尔木市和都兰县，由察尔汗盐湖、达布逊湖、北霍布逊湖、南霍布逊湖、涩聂湖、东台吉乃尔湖、西台吉乃尔湖等常年性卤水湖和季节性卤水湖组成，属于柴达木盆地湿地区，湿地范围面积为 14.11 万 hm^2。

地貌类型主要为冲积-湖积平原，由盐沼、湖泊、河流、盐壳和盐漠等组成，海拔 2 680～2 730 m。土壤类型为盐化草甸土、沼泽盐土、草甸盐土和风沙土。

该湿地资源面积有 14.11 万 hm^2，湿地类型为 1 类 1 型：永久性咸水湖。湖泊湿地资源全部为永久性咸水湖。

湿地范围内分布的鸟类有国家 II 级保护动物燕隼、蓑羽鹤、灰鹤；常见种有灰雁、赤麻鸭、环颈雉、黄嘴朱顶雀、树麻雀和黄鹡鸰等。分布的哺乳类有国家 II 级保护动物鹅喉羚；常见种有根田鼠、长尾仓鼠和高原兔等。盐湖内无植被分布，盐湖周边分布少量芦苇，常呈纯群落分布，也有其他植物混生而以芦苇为建群种组成的不同结构的群落。芦苇沼泽中，常见的伴生种有水麦冬、海韭菜等；芦苇沼泽化草甸常见的伴生种有假苇拂子茅、赖草、海乳草、大叶白麻等。在河流的部分地段，因河水中含盐量减少，pH 值降低，发育了西藏嵩草沼泽，伴生植物有华扁穗草和海韭菜。

九、尕斯库勒湖国家重要湿地

尕斯库勒湖国家重要湿地位于海西蒙古族藏族自治州茫崖市花土沟镇，属于柴达木盆地湿地区，湿地范围面积为 13.73 万 hm^2，距花土沟镇 3 km。地貌类型主要为新生代构造坳陷盆地，平均海拔 2 853 m。土壤类型为风沙土、沼泽盐土、草甸盐土。

该湿地资源面积为 10.92 万 hm^2，湿地类为 4 类：河流湿地、湖泊湿地、沼泽湿地和人工湿地；湿地型为 4 型：季节性河流、永久性咸水湖、草本湿地和人工盐田。河流湿地面积为 11.77 hm^2，为季节性河流；湖泊湿地面积为 1.24 万 hm^2，为永久性咸水湖；沼泽湿地面积为 9.39 万 hm^2，为草本沼泽；人工湿地面积为 0.29 万 hm^2，全部为人工盐田。

该湿地内分布的鸟类有国家 II 级保护物种灰鹤；常见种有赤嘴潜鸭、棕头鸥、灰雁和赤麻鸭等；哺乳类有麝鼠和高原兔。主要湿地植物群系有 4 个：白刺群系、大叶白麻群系、冰草群系、芦苇群系；湿地植物有小果白刺、大白刺、芦苇、罗布麻、多枝柽柳、盐爪爪、盐角草、盐地碱蓬、大叶白麻、赖草和菖蒲等。

十、茶卡盐湖国家重要湿地

茶卡盐湖国家重要湿地位于青海省海西蒙古族藏族自治州乌兰县茶卡镇，属于柴达木盆地湿地区，湿地范围面积为 3.11 万 hm^2。该盐湖地貌类型为新生代断陷盆地，平均海拔 3 060 m。

茶卡盐湖的水源补给主要是地下水和地表径流，除东南部黑河附近有常年积水外，其他均是季节性有水。湖水位海拔高度 2 681 m，湖长 17.2 km，最大宽 9.6 km，平均宽度 6.75 km，面积 1.61 万 hm^2。

该湿地资源面积为 2.19 万 hm^2，湿地类为 4 类：河流湿地、湖泊湿地、沼泽湿地和人工湿地；湿地型为 6 型：季节性河流、永久性咸水湖、草本沼泽、内陆盐沼、人工库塘和人工盐田。河流湿地面积 7.89 万 hm^2，为季节性河流；湖泊湿地面积 1.06 万 hm^2，为永久性咸水湖；沼泽湿地面积 1.01 万 hm^2，其中草本沼泽面积 0.06 万 hm^2、内陆盐沼面积 0.95 万 hm^2；人工湿地面积 0.11 万 hm^2。

分布的鸟类有国家 II 级保护物种灰鹤；常见种有棕头鸥、斑头雁、赤麻鸭等；哺乳类有鹅喉羚、喜马拉雅旱獭、高原兔等；鱼类有短尾高原鳅。湿地植物群系主要分布有白刺群系、海韭菜群系、盐爪爪群系、猪毛菜群系；湿地植被有小果白刺、海韭菜等。

茶卡盐湖是当下我国比较热门的打卡景区之一，最旺季日均游客量在 5 万人左右，旅游的发展对湿地的影响较大。

第三节　国家湿地公园

一、青海西宁湟水国家湿地公园

青海西宁湟水国家湿地公园成立于 2013 年 12 月，是经原国家林业局和西宁市人民政府批准成立的国家级湿地公园（试点），2018 年 12 月，经国家林业和草原局试点验收，正式成为国家湿地公园。公园位于青海省西宁市湟水流域西宁城区段，即湟水河及其一级支流北川河，总面积 508.70 hm²，其中湿地面积 241.41 hm²，占湿地公园总面积的 47.5%。公园地处市区，交通便利，可充分发挥公园融湿地保育、环境教育、游憩、服务于一体的功能，既保护了高原原始自然生态景观，又丰富了城市生态文化的内涵（图 6.2）。现已建成海湖湿地、北川湿地和宁湖湿地三大核心区。

图 6.2　青海西宁湟水国家湿地公园

湿地公园内生物多样性丰富，分布有植物 33 科 82 属 103 种，主要有芦苇、香蒲、三春水柏枝、蔺草、两栖蓼、海乳草、灰绿藜、独行菜、苦苣菜、泽泻等；野生脊椎动物 145 种，隶属于 21 目 48 科，其中鱼类 1 目 2 科 10 种，两栖类 1 目 2 科 4 种，爬行类 1 目 2 科 2 种，鸟类 15 目 36 科 110 种，兽类 3 目 6 科 19 种。湿地鸟类高达 62 种，猛禽 9 种。属于国家 I 级保护的野生动物有黑鹳、金雕、白尾海雕 3 种；国家 II 级保护的野生动物有红隼等 7 种；省级保护动物的有灰雁、斑嘴鸭、渔鸥、环颈雉等 10 种。

青海西宁湟水国家湿地公园的湿地类型主要以河流湿地类型为主，湿地公园主要分为保育区、恢复重建区、合理利用区、宣教展示区、管理服务区 5 个区域。其中，保育区面积为 276.07 hm²，占湿地公园总面积的 54.27%；恢复重建区为 79.36 hm²，占湿地公园总面积的 15.60%；合理利用区面积为 126.19 hm²，占湿地总面积的 24.81%；宣教展示区和管理服务区的面积分别为 18.77 hm^2 和 8.31 hm^2，分别占湿地总面积的 3.69%、1.63%。青海西宁湟水国家湿地公园的建设，不但能更好地保护和恢复西宁市湟水河流域和北川河流域的湿地生态系统，而且湿地公园独特的生态景观和自然感受也将提升西宁作为西北高原旅游城市的环境品质，从而加快西宁成为青藏高原区域内投资环境优良的创业城市、生态良好的宜居城市的进程。

二、青海洮河源国家湿地公园

青海洮河源国家湿地公园位于青海省黄南藏族自治州河南蒙古族自治县赛尔龙乡，是青藏高原高寒湿地生态系统的典型代表，2013 年被原国家林业局批准为国家湿地公园试点，2018 年通过国家级专家验收组验收，正式成为国家湿地公园（图 6.3）。湿地公园规划总面积为 38 393 hm^2，湿地面积为 13 820 hm^2，湿地率为 36%。青海洮河源国家湿地公园可分为 2 类 6 型，即河流湿地和沼泽湿地。河流湿地类包括永久性河流湿地和季节性河流湿地；沼泽湿地类包括沼泽化草甸、藓类沼泽、草本沼泽、灌丛沼泽。其中，河流（水域）的面积为 1 500 hm^2，占湿地公园总面积的 3.91%，沼泽湿地面积为 12 320 hm^2，占湿地公园总面积的 32.09%。

湿地公园植被以高山草甸、沼泽植被为主，有高等植物 324 种，隶属 44 科 120 属。乔木树种有紫果云杉、青海云杉、祁连圆柏等。灌木树种有金露梅、沙棘、水柏枝、小檗等。药用植物有 133 余种，经济价值高的药用植物有冬虫夏草、党参、大黄、雪莲、贝母、羌活、秦艽、黄芪、柴胡等；食用植物有蕨麻等。有野生动物 191 种，隶属 21 目 43 科。国家 I 级保护野生动物有 11 种，如金雕、黑颈鹤等；国家 II 级保护野生动物有大天鹅、鸢、雀鹰等 19 种；省级重点保护野生动物有（普通）鸬鹚、灰雁等 25 种。

图 6.3　青海洮河源国家湿地公园

青海洮河源国家湿地公园的湿地类型主要以河流湿地和沼泽湿地类型为主，其中，沼泽湿地面积较大，成为湿地公园的主体景观。该湿地公园主要分为管理服务区、宣教展示区、合理利用区和保育区 4 个区域。青海洮河源国家湿地公园不仅在洮河流域生态系统的功能保持与恢复、涵养水源、调节气候等方面发挥着重要作用，而且对打造集科研监测、科普宣教和文化传承于一体的青藏高原湿地名片具有积极的推动作用。

三、青海都兰阿拉克湖国家湿地公园

青海都兰阿拉克湖国家湿地公园位于青海省都兰县，属于昆仑山系东部高原腹地，在布尔汗布达山南麓东西向延伸的河谷盆地内。2019 年，通过国家林业和草原局试点国家湿地公园验收，正式成为国家湿地公园。青海都兰阿拉克湖国家湿地公园总面积为 16 799.21 hm^2，其中包括湖泊、沼泽及河流 3 大类湿地，湿地总面积为 8 442.80 hm^2，公园湿地率为 50.26%。其中沼泽湿地面积为 4 320.78 hm^2，占总面积的 25.75%，占湿地面积的 51.18%，包括众多的地下涌泉泉眼；湖泊湿地为阿拉克湖及其湖滨带，面积为 3 600.58 hm^2，占总面积的 21.43%，占湿地面积的 42.65%；河流湿地面积为 521.44 hm^2，占总面积的 3.10%，占湿地面积的 6.18%。该湿地区域不仅集聚了山、水、草、滩等多样、壮美的自然风光，极具科研价值，而且具有极高的生态价值（图 6.4）。

图 6.4　青海都兰阿拉克湖国家湿地公园

湿地公园内有种子植物 25 科 62 属 126 种，其中双子叶植物 20 科 48 属 92 种，单子叶植物 5 科 14 属 34 种。有国家Ⅱ级保护植物羽叶点地梅，还有鸡爪大黄和达乌里秦艽两种省级重点保护植物。有脊椎动物 13 目 37 科 73 属 94 种，其中鱼类 1 目 2 科 2 属 5 种、鸟类 7 目 23 科 51 属 65 种、兽类 5 目 12 科 20 属 24 种。列入国家Ⅰ级保护的鸟类有 3 种，为黑颈鹤、金雕和胡兀鹫；列入国家Ⅱ级保护的鸟类有 14 种，分别为凤头鸊鷉、

疣鼻天鹅、灰鹤、黑鸢、雕鸮、大鵟、草原雕、纵纹腹小鸮、高山兀鹫、秃鹫、红隼、燕隼、猎隼和暗腹雪鸡；列入青海省重点保护野生鸟类的有 14 种，分别为灰雁、斑头雁、赤麻鸭、翘鼻麻鸭、渔鸥、棕头鸥、（普通）鸬鹚、苍鹭、西藏毛腿沙鸡、长嘴百灵、（蒙古）百灵、细嘴短趾百灵、小云雀和角百灵；受省和国家级保护的鸟类有 31 种之多，占园区所有鸟类的近 1/2。此外，有 17 种国家及省级重点保护动物兽类分布，如白唇鹿、野牦牛、藏野驴和雪豹等。

青海都兰阿拉克湖国家湿地公园的湿地类型主要以沼泽湿地和湖泊湿地类型为主，其中，沼泽湿地面积较大。该湿地公园主要分为生态保育区、恢复重建区、合理利用区、宣教展示区和管理服务区 5 个功能区。其中，生态保育区面积为 14 271.4 hm²，占湿地公园总面积的 84.95%；恢复重建区面积为 1 984.23 hm²，占湿地公园总面积的 11.81%；合理利用区面积为 329.94 hm²，占湿地公园总面积的 1.96%；宣教展示区和管理服务区的面积分别为 196.87 hm² 和 16.77 hm²，分别占湿地公园总面积的 1.17%、0.10%。该湿地公园自然生态系统结构完整，生态功能发挥良好，是一个原生态且较为稳定的自然系统。湿地公园的建设在增强人们的保护意识的同时，也有利于湿地功能的发挥，实现湿地保护与发挥的协调推进。

四、青海祁连黑河源国家湿地公园

青海祁连黑河源国家湿地公园位于青海省祁连县，属北祁连加里东褶皱带。2019 年，通过国家林业和草原局试点国家湿地公园验收，正式成为国家湿地公园（图 6.5）。公园面积为 63 935.62 hm²，湿地面积为 42 940.59 hm²，其中河流湿地 2 635.22 hm²，沼泽湿地 40 305.37 hm²。青海祁连黑河源国家湿地公园是祁连县及其中下游地区的重要水源地，湿地生态系统独特，野生动物栖息地优良，湿地生态文化特色明显，是以高寒湿地生态保护为主体，集科研监测、宣传教育等功能为一体的国家湿地公园。

图 6.5　青海祁连黑河源国家湿地公园

　　湿地公园内湿地类型比较丰富，湿地生态系统与其周边陆生生态系统之间物质与能量交换频繁，其中高寒湿地在青海省乃至全国范围内具有典型性。湿地公园内湿地水源充沛，水质为Ⅰ类。野生动植物资源丰富，有蕨类植物 3 科 5 种、种子植物 43 科 482 种；有野生动物 5 纲 19 目 41 科 113 种，其中鱼纲 1 目 2 科 7 种、两栖纲 1 目 2 科 2 种、爬行纲 1 目 1 科 1 种、鸟纲 11 目 24 科 75 种、哺乳纲 5 目 12 科 28 种。其中国家重点保护野生动物 14 种、省级保护野生动物 18 种、省级重点野生保护植物 2 种。湿地生态系统典型独特，生态系统状况良好。

　　青海祁连黑河源国家湿地公园主要以河流湿地、沼泽湿地为主体，该湿地公园主要分为湿地保育区、湿地恢复区、合理利用区和管理服务区 4 个功能区。其中，湿地保育区是湿地公园的主体区域，主要包括湿地公园西北及中部黑河干流、两岸河谷滩地及草本沼泽湿地，面积为 49 459.95 hm^2，占湿地公园总面积的 77.36%；湿地恢复区地势较保育区稍高，地形开阔，人员活动较为频繁，生态环境受到干扰，植被盖度较低，黑土滩鼠害严重，面积为 6 546.97 hm^2，占湿地公园总面积的 10.24%；合理利用区位于省道 S204 以南，沿省道从管理服务区一直到阳山双岔沟，生态景观独特，高寒草甸、草原与水景交相辉映，适宜开展湿地科普宣教、游憩体验活动，面积为 7 674.49 hm^2，占湿地公园总面积的 12.00%；管理服务区位于省道 S204 向西北进入湿地公园的入口区域，面积为 254.21 hm^2，占湿地公园总面积的 0.40%。青海祁连黑河源国家湿地公园建设不仅有效地保护了黑河源湿地生态系统，维护了黑河水源地安全，而且对于构建青海及其黑河流域湿地保护网络、充分发挥湿地公园功能具有重要作用。

五、青海玉树巴塘河国家湿地公园

　　青海玉树巴塘河国家湿地公园以玉树市为中心，以巴塘河、扎曲河及其支流为主线，西起菌日亚己，东至巴塘河与通天河交汇处，与三江源国家级自然保护区通天河保护分区相依。2019 年，通过国家林业和草原局验收，正式成为国家湿地公园（图 6.6）。湿地公园总面积为 12 346 hm^2，以河流湿地、沼泽湿地和人工湿地为主，湿地总面积为 8 047.12 hm^2，其中，沼泽湿地占总面积的 82.56%。湿地公园以保护青藏高原湿地资源为重点，以展示高原河流-高寒沼泽草甸-高寒草甸复合生态系统功能为宗旨，以体现藏族文化为特征，以亲身体验当地康巴风土人情为休闲亮点，是传承玉树千年藏族文化的载体以及市民休闲游憩的理想场所。

　　该湿地公园的生态系统在全国和全省范围内都具有独特性，现有针叶林、阔叶林、灌丛等多种植被类型，高等植物有西藏圆柏、筐柳、藏柳、绣线菊、沙棘等 23 科 42 属 187 种。野生动物有 15 目 33 科 65 种，包括鱼类、两栖类、爬行类、鸟类和哺乳类动物，其中鸟类居多，为 8 目 19 科 41 种。野生动物中国家级保护动物有 19 种，其中国家 Ⅰ 级保护动物 3 种、国家 Ⅱ 级保护动物 8 种、省级保护动物 4 种。

图 6.6　青海玉树巴塘河国家湿地公园

青海玉树巴塘河国家湿地公园主要以河流湿地、沼泽湿地为主体，分为保育区、恢复重建区、合理利用区、管理服务区和科普宣教区 5 个功能区。巴塘河国家湿地公园的建设不仅有利于维持区域内原有高原湿地的生态效益及自然风光、恢复草场退化区域，保护和恢复城区河道以及巴塘河下游流域内的河流湿地和生态系统，而且可以将休闲观光和科普宣教有效结合，实现人与自然和谐共生。

六、青海乌兰都兰湖国家湿地公园

青海乌兰都兰湖国家湿地公园始建于 2014 年 12 月，2019 年 12 月通过国家林业和草原局验收并正式挂牌。湿地公园位于青海省海西蒙古族藏族自治州乌兰县铜普镇和柯柯镇境内，总面积 6 693.25 hm²，湿地总面积为 5 844.81 hm²，占湿地公园总面积的 87.32%。其中湖泊湿地 4 533.88 hm²；河流湿地 155.84 hm²；沼泽湿地 1 155.09 hm²。该湿地公园区域属于高原大陆性气候带，但因四面环山，盆地气候效应明显，气候温凉，土层较为深厚，湿地公园内以芦苇为代表的水生植物和耐盐植物是柴达木盆地少有的湿地植被景观（图 6.7）。

图 6.7　青海乌兰都兰湖国家湿地公园

湿地公园内有都兰河、赛什克河两大河流，水源充足，牧草丰盛。该湿地公园平均海拔 2 973 m，海拔较低，是动植物的理想栖息地。该湿地公园的植物种类有 86 种，隶属 21 科 54 属。常见植物种类有长穗柽柳、多花柽柳、短穗柽柳、密花柽柳、大白刺、西伯利亚白刺、唐古特白刺、膜果麻黄、柴达木沙拐枣等。公园内有野生脊椎动物 98 种，其中兽类 23 种、鸟类 63 种、爬行类 1 种、两栖类 2 种、鱼类 9 种。鸟类中繁殖鸟 48 种、侯鸟 4 种、旅鸟 10 种，其中国家、省级保护动物共有 28 种，属国家 Ⅰ 级保护野生动物 3 种、国家 Ⅱ 级保护野生动物 11 种、省级保护动物 14 种。

该湿地公园的湿地类型主要以湖泊湿地和沼泽湿地类型为主，湖泊湿地面积较大，湖泊湿地景观成为湿地公园的主体景观。该湿地公园主要分为保育区、科普宣教区、管理服务区、合理利用区和生态恢复区 5 个功能区。其中，保育区面积为 6 366.22 hm^2，占湿地公园总面积的 95.11%；科普宣教区面积为 198.64 hm^2，占湿地公园总面积的 2.97%；管理服务区面积为 41.22 hm^2，占湿地总面积的 0.62%；合理利用区和生态恢复区的面积分别为 54.76 hm^2 和 32.41 hm^2，占湿地总面积的 0.82%、0.48%。该湿地公园的建设不仅有利于保护都兰河、赛什克河的水质，有效保护湿地的生态环境，还能通过适度开展的湿地生态旅游活动，实现湿地的科普宣传教育的功能。

七、青海天峻布哈河国家湿地公园

青海天峻布哈河国家湿地公园始建于 2014 年 12 月，位于青海省海北藏族自治州天峻县东南部布哈河河谷平原，总面积 7 133.97 hm^2，湿地面积 6 889.57 hm^2，占公园总面积的 96.57%（图 6.8）。其中河流湿地 4 745.71 hm^2，占公园总面积的 66.52%；沼泽湿地

2 143.86 hm²，占公园总面积的 30.05%。湿地公园资源丰富，类型较多。布哈河发源于疏勒南山的岗格尔雪合力冰峰，是青海湖盆地水系中最大的河流，河流两岸及河心岛形成众多河道、沼泽化草甸、季节性河道、滩涂等湿地类型，并分布有大面积的灌木林，形成了典型的高原河流湿地，主要自然景观有布哈河风光、青海湖裸鲤洄游、翔鸥落雁、沙棘林海等。人文景观有藏族风情、远古岩画、青藏铁路、石经院等。

图 6.8　青海天峻布哈河国家湿地公园

湿地公园内共有植物 41 科 110 属 185 种，灌木有沙棘、沙柳、高山柳等。草本有草地早熟禾、紫羊茅等。布哈河流域共有动物 20 目 40 科 163 种，其中国家 I 级保护动物 8 种、国家 II 级保护动物 16 种、省级保护动物 6 种。

青海天峻布哈河国家湿地公园主要以河流湿地和沼泽湿地为主体，该湿地公园主要分为保育区、宣教展示区、恢复重建区、合理利用区和管理服务区 5 个功能区。青海天峻布哈河国家湿地公园的建设不仅有利于维持区域内原有高原河流湿地的生态效益及自然风光，而且可以将休闲观光和科普宣教有效结合，实现人与自然和谐共生。

八、青海互助南门峡国家湿地公园

青海互助南门峡国家湿地公园位于青海省互助县，湿地公园规划总面积为 1 217.31 hm²，湿地率为 81.57%。2019 年 12 月 25 日，通过国家林业和草原局 2019 年试点国家湿地公园验收，正式成为国家湿地公园（图 6.9）。青海互助南门峡国家湿地公园以南门峡水库和南门峡河为主体，与水系周边林地和起伏的群山相连，以雪山、沼泽、河流、湖泊、森林等自然生态景观为主要特色。湿地公园内湿地类型包括河流湿地、人工湿地和沼泽湿地。湿地总面积为 992.94 hm²，其中河流湿地 786.76 hm²、沼泽湿地 87.68 hm²、人工湿地 118.50 hm²。

图 6.9　青海互助南门峡国家湿地公园

　　湿地公园内有森林植被、灌丛草甸植被和干旱草原植被 3 种类型的植物，共 48 科 170 种，其中，维管束植物 43 科 165 种（蕨类植物 2 科 3 种、裸子植物 3 科 6 种、被子植物 38 科 156 种）、藻类植物 2 科 2 种、菌类 3 科 3 种。其中，国家Ⅱ级重点保护植物有短芒披碱草、冬虫夏草、羽叶点地梅、桃儿七 4 种。最大的科为菊科、禾本科、蔷薇科、毛茛科、豆科。主要乔木树种有祁连圆柏、青海云杉、青杆、冬瓜杨、油松、白桦、红桦、小叶杨等。植被主要受海拔高度和坡向等因子的影响，呈现垂直分布。该湿地公园是我国迁徙鸟类西线通道上的重要停息地和夏栖地，湿地鸟类占绝对优势，鱼类、两栖动物、爬行动物、哺乳动物等动物资源亦丰富多样。湿地公园动物共有 22 目 46 科 162 种，其中有鸟类 125 种、鱼类 2 目 3 科 9 种、两栖动物 1 目 2 科 3 种、爬行动物 1 目 2 科 2 种、哺乳动物 4 目 10 科 23 种。列入国家Ⅰ级保护的动物有雪豹、黑鹳、金雕、白肩雕、胡兀鹫、斑尾榛鸡、雉鹑；列入国家Ⅱ级保护的动物有豺、棕熊、石貂、荒漠猫、水獭、猞猁、兔狲、豹猫、马鹿、马麝、林麝、岩羊等 28 种。

　　青海互助南门峡国家湿地公园的湿地类型主要以河流湿地和人工湿地类型为主，依据地形地貌和整体景观布局，可将湿地公园划分为生态保育区、合理利用区、科普宣教区、管理服务区、生态恢复区。其中，生态保育区的面积为 859.82 hm²，占公园总面积的 70.64%；合理利用区的面积为 132.88 hm²，占公园总面积的 10.91%；科普宣教、管理服务区和生态恢复区的面积分别为 117.52 hm²、2.2 hm² 和 104.91 hm²，占公园总面积的

9.65%、0.18%和 8.62%。青海互助南门峡国家湿地公园的建设不仅有利于保护湿地公园生态系统的完整性和水资源质量，而且可以最大限度地发挥其各种生态功能，使区域内国家湿地公园环境逐步得到改善，自然资源、文化资源和生态系统得到有效保护，使原始自然生态景观、历史文化以及科学研究和风景审美价值得到真实、完整的体现。

九、青海泽库泽曲国家湿地公园

青海泽库泽曲国家湿地公园始建于 2015 年 12 月，位于青海省东南部泽库县，总面积为 72 303.44 hm²，湿地面积为 41 548.05 hm²，湿地率为 57.46%。湿地类型包括永久性河流、草本沼泽和沼泽化草甸。湿地公园环境安静，花草茂盛，广阔的沼泽草场为食草水鸟提供了丰富的食物资源，因此珍稀动植物资源非常丰富（图 6.10）。

图 6.10　青海泽库泽曲国家湿地公园

湿地公园地域辽阔，自然条件多样，生态环境复杂，植被分异强烈，植物大部分是青藏高原隆起后遗留物种。有高等植物 118 种，隶属 28 科 59 属。其中，含种量多的大科主要有菊科、毛茛科、豆科、藜科、龙胆科、玄参科、莎草科和百合科等。园区有湿地野生动物 18 目 42 科 96 种，其中哺乳类 13 种，隶属 4 目 9 科；鸟类 68 种，隶属 11 目 26 科；爬行类 1 种；两栖类 6 种，隶属 1 目 3 科；鱼类 8 种，隶属 1 目 3 科。国家 I 级保护野生动物 5 种；国家 II 级保护野生动物 17 种；省级重点保护野生动物 10 种。

青海泽库泽曲国家湿地公园以河流湿地和沼泽湿地为主，湿地公园可划分为生态保育区、科普宣教区、恢复重建区、合理利用区和管理服务区 5 个功能区。其中，生态保育区面积为 66 076.57 hm²，占公园总面积的 91.36%；科普宣教区面积为 571.17 hm²，占公园总面积的 0.79%；恢复重建区、合理利用区和管理服务区的面积分别为 4 912.21 hm²、663.30 hm² 和 80.51 hm²，分别占公园总面积的 6.79%、0.92% 和 0.11%。青海泽库泽曲国家湿地公园位于青藏高原东缘，东、西与三江源国家级自然保护区相邻，在全国生态功能区划中，属于三江源水源涵养重要区中的海东-甘南高寒草甸草原水源涵养三级功能区，具有重要的水源涵养功能。

十、青海班玛玛可河国家湿地公园

青海班玛玛可河国家湿地公园位于班玛县东部，是以大渡河源头河流玛可河为主的生物多样性丰富、水资源充沛、生态环境优良的高原河流湿地。湿地公园北起班玛县与达日县县界，南至班玛县境内的三江源自然保护区边界。湿地公园于 2015 年 12 月被批准建立，总面积 1 610.74 hm²，湿地面积约 1 083.85 hm²，占总面积的 64.60%。湿地公园主要以水域和洪泛平原湿地为主，其中水域面积约 887.43 hm²，占总面积的 52.89%。公园自然、人文景观丰富且完整，既有高原河流和高寒草原等自然景观，也有碉楼、藏传佛教寺院等人文景观，极具旅游潜力（图 6.11）。

图 6.11　青海班玛玛可河国家湿地公园

湿地公园内良好的水热光照条件，为丰富的生物资源创造了繁衍生息的优越条件。公园所在区域属于东亚青藏高原植物亚区唐古特地区，植物具有显著的耐寒性和耐旱性的特征。湿地公园中植物种类众多，有种子植物 54 科 225 属 602 种，以松科、杨柳科、蓼科及禾本科植物为优势种。野生动物有 33 科 64 属 84 种，其中鱼纲 4 科 5 属 8 种、哺乳纲 7 科 17 属 15 种、鸟纲 19 科 39 属 55 种、两栖纲 3 科 3 属 6 种。稀有动物和国家级保护动物有林麝、棕熊、猞猁、马鹿、水獭、野猪、雪鸡、蓝马鸡、白马鸡、灰雁、草原雕和川陕哲罗鲑，形成了具有较高生物价值的物种库和基因库。

青海班玛玛可河国家湿地公园主要以河流湿地、沼泽湿地两大湿地类型为主，湿地公园划分为湿地保育区、恢复重建区、宣教展示区、合理利用区和管理服务区 5 个功能区。该湿地公园的建设不仅有利于保护湿地公园生态系统的完整性和水资源质量，而且可以最大限度地发挥其水源涵养、调节气候、水土保持等各种生态功能，在促进国家发展中发挥着重大的生态安全屏障作用。

十一、青海曲麻莱德曲源国家湿地公园

青海曲麻莱德曲源国家湿地公园始建于 2015 年 12 月，位于曲麻莱县境内东北部巴干乡麻秀村北部的河谷盆地内，海拔 4 400～4 600 m（图 6.12）。公园总面积为 18 647.83 hm²，湿地面积为 12 353.55 hm²，湿地率为 66.24%。其中河流湿地面积 233.03 hm²，占湿地公园总面积的 1.25%；沼泽湿地面积 12 052.99 hm²，占湿地公园总面积的 64.63%；湖泊湿地面积 67.53 hm²，占湿地公园总面积的 0.36%。

图 6.12　青海曲麻莱德曲源国家湿地公园

湿地公园内有种子植物 37 科 145 属 350 种。分布的主要植物有菊科、禾本科、豆科、报春花科、虎耳草科、龙胆科和玄参科，其中青海省重点保护野生植物 2 种。公园内有野生脊椎动物共计 62 种，隶属于 3 纲 16 目 27 科，其中鱼类 1 目 1 科 4 种；鸟类 35 种，隶属 9 目 12 科；哺乳类 23 种，隶属 6 目 14 科。国家重点保护野生动物共 22 种，其中

兽类 9 种、鸟类 12 种。园区内分布有国家 I 级重点保护野生动物 5 种、国家 II 级重点保护野生动物 17 种。

青海曲麻莱德曲源国家湿地公园主要以河流、沼泽和湖泊湿地 3 大湿地类型为主，湿地公园划分为保育区、恢复重建区、科普宣教区、合理利用区和管理服务区 5 个功能区域。青海曲麻莱德曲源国家湿地公园，属长江一级支流，是曲麻莱县乃至青海省的重要生态屏障，战略地位十分重要。德曲源是青海省重点水源涵养区，对德曲下游地区的水源安全和生态安全具有重要的战略意义。

十二、青海乐都大地湾国家湿地公园

青海乐都大地湾国家湿地公园始建于 2015 年 12 月，地处青海省海东市规划新址乐都区境内的注水河河谷地区，公园主体为乐都区湟水河，包含沿河两侧部分林地、季节性河流与滩涂，公园总面积为 609.9 hm²，其中湿地面积 527.73 hm²，湿地率为 86.53%（图 6.13）。湿地分为河流湿地、人工湿地两个大类；永久性河流湿地、洪泛平原湿地和库塘三种湿地型。其中，河流湿地所占比重最大，占湿地总面积的 65.07%。湿地公园处于自由开放状态，游客多为公园附近居民和外来游客，旅游爱好者和摄影爱好者可在不同的季节进入湿地公园观赏湿地景观，体验荷塘风情，在鸟类迁徙季节到湿地观鸟、拍摄。

图 6.13 青海乐都大地湾国家湿地公园

该湿地公园湿地植物种类繁多，为候鸟的迁徙以及鸟类栖息提供了良好的生息繁殖地，对于保护区内湿地自然生境、提供鸟类的栖息场所、实现生物多样性，具有重要的实践意义。湿地公园的野生动植物中已发现的鸟类共有 34 种，以灰雁、斑头雁、赤麻鸭、绿头鸭、斑嘴鸭、白骨顶、白鹇鸽等野生水禽为主；野生植物有大面积或连片的狭叶香蒲、芦苇等多种湿地植被群落。

青海乐都大地湾国家湿地公园以河流湿地为主，公园划分为湿地保育区、恢复重建区、宣教展示区、合理利用区与管理服务区 5 个功能区。该湿地公园的建设不仅有利于湟水河湿地的保护与恢复，维护区域生态稳定，而且有助于促进城市整体风貌的提升。

十三、青海贵南茫曲国家湿地公园

青海贵南茫曲国家湿地公园始建于 2016 年 12 月，位于贵南县南部茫拉河中上游段。茫拉河是黄河在青海东部的一级支流，上游段称茫曲，下游经拉干峡汇入黄河。湿地公园包括茫拉河源头至都兰、达布江水库下游河道（图 6.14）。公园距西宁 255 km，总面积为 4 825.31 hm²，湿地面积为 3 031.73 hm²，湿地率为 62.83%。公园所在的贵南县雪山巍峨、草原广袤，佛教文化源远流长，塔秀寺、鲁仓寺金瓦碧檐、晨钟暮鼓。卡约文化、齐家文化、拉乙亥遗址更是引人入胜。

湿地公园内有维管束植物 32 科 71 属 135 种，其中蕨类植物 1 科 1 属 1 种、裸子植物 2 科 4 属 4 种、被子植物 29 科 66 属 130 种。有脊椎动物 36 科 83 种，其中鱼类 1 目 3 科 7 种、两栖类 1 目 3 科 5 种、爬行类 1 目 1 科 1 种、鸟类 10 目 22 科 58 种、哺乳类 3 目 7 科 12 种。

图 6.14　青海贵南茫曲国家湿地公园

青海贵南茫曲国家湿地公园以河流湿地和沼泽湿地为主，公园内划分为湿地保育区、合理利用区、恢复重建区、宣教展示区和管理服务区 5 个功能区。其中湿地保育区湿地面积为 3 015.71 hm²，占湿地面积的 99.47%，包括永久性河流、洪泛平原湿地和沼泽化草甸；恢复重建区湿地面积为 12.62 hm²，占湿地面积的 0.42%，包括永久性河流；宣教展示区湿地面积为 3.4 hm²，占湿地面积的 0.11%，包括永久性河流。

十四、青海甘德班玛仁拓国家湿地公园

青海甘德班玛仁拓国家湿地公园始建于 2016 年 12 月，位于果洛藏族自治州甘德县东南部，规划总面积为 4 431.27 hm²，湿地面积为 1 604.23 hm²，湿地率为 36.20%（图 6.15）。其中，河流湿地 488.00 hm²，占湿地面积的 30.42%；湖泊湿地 25.08 hm²，占湿地面积的 1.56%；沼泽湿地 1 091.15 hm²，占湿地面积的 68.02%。青海甘德班玛仁拓国家湿地公园作为三江源地区黄河上游的重要水源地，在保护黄河上游水源地的生态安全等方面发挥着重要的作用。

湿地公园内有野生种子植物 48 科 209 属 554 种，植被类型主要包括以嵩属植物为建群种的高寒草甸和由金露梅、绣线菊等分别为建群种的高寒灌丛，伴生种多为禾本科、莎草科等禾草类植物，以及具有明显耐寒特征的绿绒蒿属和毛茛科银莲花属等地区特色明显的物种。湿地公园内有鱼类 2 目 3 科 7 种、两栖纲 2 目 2 科 5 种、爬行纲 1 目 1 科 1 种、鸟类 14 目 32 科 80 种、哺乳类 4 目 13 科 23 种。其中，有国家 I 级保护鸟类 5 种、国家 II 级保护鸟类 18 种；国家 I 级重点保护哺乳动物 3 种、国家 II 级重点保护哺乳动物 11 种。

图 6.15　青海甘德班玛仁拓国家湿地公园

青海甘德班玛仁拓国家湿地公园主要包含河流湿地、湖泊湿地、沼泽湿地 3 个湿地类，细分为 6 个湿地型：以龙木且河与达贡玛河为主的永久性河流；以大气降水、冰雪融水形成的季节性或间歇性河流；以河道两侧为主的洪泛平原湿地；以扎龙温措圣湖为主的永久性淡水湖；以龙木且河和达贡玛河河道两侧为主的沼泽化草甸；以河流沟谷内泉眼为主的淡水泉。湿地公园内划分为生态保育区、恢复重建区、宣教展示区、合理利用区和管理服务区 5 个功能区。其中，生态保育区面积为 3 077.65 hm^2，占湿地公园总面积的 98.13%，湿地面积为 977.02 hm^2，湿地率为 31.75%。该区域包括全部水系及大部分沼泽湿地，是湿地公园高原高寒湿地生态系统的核心资源。恢复重建区面积为 31.21 hm^2，占湿地公园总面积的 1%。湿地面积为 31.12 hm^2，湿地率为 100%；宣教展示区面积为 13.63 hm^2，占湿地公园总面积的 0.43%。合理利用区面积为 7.19 hm^2，占湿地公园总面积的 0.23%。管理服务区面积为 6.47 hm^2，占湿地公园总面积的 0.21%。青海甘德班玛仁拓国家湿地公园的建设不仅有利于发挥其保护黄河源头水源地生态安全的核心功能，保护青海省高原高寒生物多样性及其栖息地，也有助于完善三江源地区湿地生态保护网络。

十五、青海达日黄河国家湿地公园

青海达日黄河国家湿地公园始建于 2015 年 12 月，地处青藏高原东南部，距省会西宁 577 km，距州府 138 km（图 6.16）。湿地公园内黄河流域长约 20.1 km，达日河长约 82 km。公园总面积为 935.49 hm^2，湿地面积为 491.09 hm^2，湿地率为 52.49%，河流湿地为永久性河流湿地与洪泛平原湿地，面积为 469.0 hm^2，占湿地面积的 95.50%，其中洪泛平原湿地为 200.19 hm^2，占湿地总面积的 40.76%；湖泊湿地为永久性淡水湖，共 22.09 hm^2，占湿地总面积的 4.50%。达日县依托当地独特的风土人情、人文景观与格萨尔文化、宗教文化紧密相连的特点，以格萨尔文化发祥地、玛央秀姆草原、玛域明珠•达日为生态文化旅游的定位。

湿地公园内有高等野生植物 317 种，隶属 44 科 117 属。分布的野生植物有小嵩草、矮嵩草、线叶嵩草、委陵菜、藏嵩草、矮嵩草、苔草、发草、甘肃棘豆、虎耳草、灯芯草、酸模、星状凤毛菊、高山柳、金露梅、葶苈、水母雪莲和唐古特红景天等。分布的野生动物有 191 种，隶属 21 目 43 科。其中，兽类有 17 种，隶属 4 目 8 科；鸟类有 125 种，隶属 15 目 29 科；两栖类有 6 种，隶属 1 目 3 科；鱼类有 43 种，包括花斑裸鲤、重唇鱼等，隶属 1 目 3 科。

图 6.16　青海达日黄河国家湿地公园

青海达日黄河国家湿地公园以河流湿地和沼泽湿地为主，湿地公园可划分为保育区、宣教展示区、恢复重建区、合理利用区和管理服务区 5 个功能区。其中，保育区面积为 7 993.02 hm²，占公园总面积的 92.17%；宣教展示区面积为 39.52 hm²，占公园总面积的 0.24%；恢复重建区、合理利用区和管理服务区的面积分别为 616.53 hm²、20.80 hm² 和 2.08 hm²，分别占公园总面积的 7.11%、0.46%和 0.02%。青海达日黄河国家湿地公园的建设将对现有湿地生态系统进行合理修复，使周边区域植被得到良好保护，湿地生态保护与水域、草地、灌区、淡水泉融为一体，将对保护区域生态环境、保护黄河水系生态安全、维护生物多样性发挥巨大的作用。

十六、贵德黄河清国家湿地公园

贵德黄河清国家湿地公园位于青海省贵德县境内，地处黄河上游龙羊峡水电站和李家峡水电站之间，其范围东起尕让乡阿什贡村，西至拉西瓦水电站，南到西久公路，北至宁果公路，公园面积有 5 672 hm²，距离省会西宁 114 km（图 6.17）。

2007 年 11 月，以河流湿地为主要湿地类型的贵德黄河清国家湿地公园建立，公园内湿地资源面积为 0.26 万 hm²，其中河流湿地面积 0.19 万 hm²，为永久性河流和洪泛平原；沼泽面积约为 595 hm²；湖泊湿地面积约为 160 hm²。湿地公园内动植物资源富集，分布的鸟类有国家Ⅱ级保护动物大天鹅、灰鹤、鸢，常见种有赤麻鸭、白鹭、野鸳鸯、鸬鹚等；兽类有国家Ⅱ级保护动物水獭、猞猁，常见种有高原兔、沙狐、赤狐、黄鼠狼、旱獭、酚鼠等；鱼类主要有鲤鱼、鲫鱼、绵鱼、裸鲤、白鱼、鲇鱼等，包括养殖区的鱼蟹等；两栖类包括中国林蛙和花背蟾蜍；爬行类主要有蛇、蜥蜴等。分布的湿地植物群系有柽柳群系、怪柳-水柏枝群系、大叶蒲群系、青杨群系等；湿地植物有青杨、沙棘、柽柳、水柏枝、柠条、枸杞、小檗、蒲茸草等，其中水生植物主要以大面积的芦苇和香蒲为主。

图 6.17 贵德黄河清国家湿地公园

贵德黄河清国家湿地公园依据突出主题、协调功能、方便管理等原则，统筹布局，将公园内划分为功能区和风景区，随着景观空间的打造和辅助设施的完善，逐步形成了"一点、一线、两带、三区、五主题"的旅游格局（表 6.1）。

表 6.1 贵德黄河清国家湿地公园部分旅游格局

旅游格局	说 明	内 容
一点	一个形象展示点	树立"天下黄河贵德清"宣传口碑，塑造黄河清湿地公园旅游形象
一线	黄河古道碧水丹霞旅游航运线	以黄河古道为中心，通过水上旅游路线将黄河两岸丹霞地貌和坎布拉森林公园等景点连接起来
两带	黄河南、北两个开发带	公园南岸旅游开发已初具规模；公园北岸有待开发，开发方向主要依据贵德县旅游业总体规划，黄河北区将建成省级旅游度假区
五主题	千姿湖湿地生态展示区	以湖泊沼泽和河流湿地景观为主，是公园湿地生态系统的核心区域，主要以科普宣传和教育为主要功能
	黑峡口休闲体验区	包括沙洲露营区、露天沙滩浴场和高水准垂钓基地，主要以开展时尚旅游项目和休闲运动项目为主要功能
	虎头崖农业观光区	将农业种植和观光旅游相结合
	河滨森林景观游憩区	开展游憩休闲、生态度假、登高望远等活动
	黄河清生态植物园区	以格尔加村经下排村至山坪公路为主线，沿线进行节点式开发，注重保护及科普宣教

其中，"三区"即"三个重点功能区"，一是生态保育区，包括红柳滩生态保育区和山坪植物保护繁育区，以生态保护为主；二是宣传服务区，主要分为湿地宣传区和旅游服务区；三是观光休闲体验区，主要依托清清黄河以及各种优势旅游资源开展水上娱乐、休闲旅游和科普教育等，发展垂钓、漂流、农家乐、森林游憩，以及拓展训练、探险等参与性体验项目。

贵德黄河清国家湿地公园内以黄河干道为主体的河流湿地系统保存良好，在我国黄河上游具有典型性与代表性，具有重要的保护与科学价值。贵德黄河清国家湿地公园的建立不仅对地区湿地保护起到积极的促进作用，更有利于向人们展示湿地生态系统的生态过程和湿地的形成、发展、演替过程，让人们了解湿地、认识湿地，激发其保护湿地的意识。

十七、青海玛多冬格措纳湖国家湿地公园

青海玛多冬格措纳湖国家湿地公园始建于 2014 年 12 月，2019 年 12 月通过国家林业和草原局验收并正式挂牌（图 6.18）。湿地公园位于青海省果洛藏族自治州玛多县花石峡镇西北侧，毗邻三江源国家级自然保护区，总面积为 48 226.8 hm²。其中湿地总面积为 34 038.7 hm²，占建设总面积的 70.58%。河流湿地面积为 886.2 hm²，占湿地总面积的 2.61%；湖泊湿地面积为 22 993.9 hm²，占湿地总面积的 67.55%；沼泽湿地面积为 10 158.6 hm²，占湿地总面积的 29.84%。湿地公园呈东西走向，主要包括冬格措纳湖、湖周边第一道山脊线及其范围内的灌木林地、草地、草甸、沼泽和河流。

图 6.18　青海玛多冬格措纳湖国家湿地公园

湿地公园内有野生种子植物 40 科、154 属、473 种。有野生脊椎动物 74 种，隶属于 17 目 29 科，其中鱼类有 1 目 1 科 4 种、鸟类有 9 目 14 科 43 种、哺乳动物有 6 目 13 科 27 种。有国家Ⅰ级重点保护野生动物 6 种、国家Ⅱ级重点保护野生动物 17 种、省重点保护动物 15 种。湿地公园海拔为 4 117 m，属于典型的高寒草原气候，气温寒冷，气候变化显著。公园周围被雪山包围，四季变化较小，这展现了高原独特的自然风光。湖泊多为深蓝色，蓄水量多且水质优良，湖中心有一座鸟岛，为许多珍稀候鸟栖息地。

青海玛多冬格措纳湖国家湿地公园拥有丰富的自然资源、湿地资源以及极具特色的人文资源。该湿地公园主要以保护湿地生态系统为核心，以传承湿地文化和藏族文化为内容，从而更好地展示独特的高原内陆湖的自然风光和景观，是集高原湖泊、高寒草原、高寒草甸和沼泽、天然石林、雪山等自然景观与游牧民族定居点、莫格德哇古墓群遗址等人文景观为一体的国家湿地公园。

根据景观风貌和利用现状，湿地公园从整体布局、保护生物多样性、维持湿地生态系统的平衡、适度开展生态旅游等方面出发，充分发挥了湿地公园的生态、经济以及社会价值。依据湿地公园周围环境的具体情况，青海玛多冬格措纳湖国家湿地公园分为保育区、恢复重建区、宣教展示区、合理利用区，以及管理服务区 5 个功能区。其中保育区面积为 41 527 hm²，占湿地公园总面积的 86.11%；恢复重建区面积为 3 400.9 hm²，占湿地公园总面积的 7.07%；宣教展示区、合理利用区以及管理服务区面积分别为 261.6 hm²、2 884.0 hm² 以及 153.3 hm²，分别占湿地公园总面积的 0.54%、5.98%和 0.32%。

保育区：主要包括冬格措纳湖以及与湖泊相连接的河流。该区域是湿地公园生态系统保护的核心区域，在维持地区生态系统的平衡、保证生态系统的安全、维系湿地的生物多样性的基础之上，开展湿地生态系统保护、保育工作，以及一定的科学研究活动。

恢复重建区：主要在冬格措纳湖东南沿岸的泉眼湖地区、沼泽湿地，以及西北部的湿地、草原等。该区域主要在科学恢复受损湿地生态系统、扩大湿地面积的基础之上，开展退化湿地及草地的重新建设和修复工作。

宣教展示区：主要位于湿地公园东北部拟规划湿地公园入口的地区。该区主要依托于宣教设施，开展科教宣传。

合理利用区：主要位于连接村镇的砂石路两旁的部分空旷区域。该区主要在维持地区生态系统平衡、保护自然环境的基础之上，合理、有序地开展生态旅游。

管理服务区：主要位于湿地公园东北部湖泊和湿地交界处的上半部分的地势平坦区域，与宣教展示区相邻，主要开展管理服务、游览接待、动物救护等活动。

青海玛多冬格措纳湖国家湿地公园在规划设计时，充分认识到湿地公园建设需要以保护湿地资源与生态系统平衡为首要目标，其次才是科学研究、宣传教育，以及湿地的开发和利用等。与此同时，湿地公园的建设也意识到了高原湿地所具有的脆弱性及植被类型不够丰富等问题，力图通过科学划分功能区，减少人类活动对动植物及其生境的影响，在资源保护的基础之上实现合理利用，不仅有利于发挥湿地公园的各项功能，还有利于湿地知识的科普宣传和旅游开发。2020 年，云享自由企业申请获得特许经营权，充分吸纳当地社区居民，以冬格措纳湖等为载体，开展自然体验活动，已取得较好的生态效益、社会效益和经济效益。

十八、青海德令哈尕海国家湿地公园

青海德令哈尕海国家湿地公园始建于 2014 年 12 月，2019 年 12 月通过国家林业和草原局验收并正式挂牌（图 6.19）。湿地公园位于青海省海西蒙古族藏族自治州德令哈市内，湿地公园内湿地面积为 7 112.9 hm²，湿地率为 63.3%。其中，湖泊湿地 2 746.0 hm²，占湿地面积的 38.6%；河流湿地 106.7 hm²，占湿地面积的 1.5%；沼泽湿地 4 260.2 hm²，占湿地面积的 59.9%。青海德令哈尕海国家湿地公园是德令哈市的生态地标，是城市建设与生态环境协调发展的典范，园区内的巴音河及其支流和尕海为大天鹅等野生鸟类提供了优良的栖息地，形成了自然生态旅游景区。

图 6.19 青海德令哈尕海国家湿地公园

湿地公园所在地德令哈市地形复杂，形成了山、川、盆、湖兼有的地貌特征，独特的地形环境和生态环境使得湿地公园成为多种类型动植物的栖息地。湿地公园内有野生维管束植物 86 种，分属 24 科 54 属。其中，具有代表性的湿地植物有芦苇、狭叶香蒲、蔗草、水葱、扁杆蔗草、黑褐苔草、碱蓬、黑海盐爪爪、细枝盐爪爪等；还有柽柳科、藜科、毛茛科、蒿草科、狸藻科、鸢尾科等种类较少的植物群落。湿地公园内有野生脊椎动物 105 种，其中，鱼类 1 目 2 科 11 种；两栖类 5 种，隶属于 1 目 3 科；爬行类 4 种，隶属于 3 目 3 科；鸟类 63 种，隶属于 13 目 25 科；兽类 6 目 10 科 22 种。国家、省级保护野生动物共有 26 种，其中，国家 I 级保护野生动物 1 种，为黑颈鹤；国家 II 级保护野生动物 11 种，为大天鹅、疣鼻天鹅、灰鹤、蓑羽鹤、草原雕、燕隼、鹅喉羚、荒漠猫、兔狲、猞猁、石貂；省级保护野生动物 14 种，为灰雁、斑头雁、赤麻鸭、翘鼻麻鸭、戴胜、环颈雉、短趾沙百灵、小云雀、毛腿沙鸡、赤狐、沙狐、香鼬、艾虎、麝鼠。

青海德令哈尕海国家湿地公园的湿地类型主要以沼泽湿地为主，依据地形地貌和整体景观布局，可将湿地公园划分为保育区、恢复重建区、宣教展示区、合理利用区以及管理服务区。其中，保育区的面积为 10 509.0 hm²，占公园总面积的 93.6%；恢复重建区的面积为 232 hm²，占公园总面积的 2.1%；宣教展示区、合理利用区和管理服务区的面积分别为 175.2 hm²、181.2 hm² 和 132.0 hm²，占公园总面积的 1.5%、1.6% 和 1.2%。青海德令哈尕海国家湿地公园的建设有效保护了德令哈湿地，改善了德令哈的生态环境，恢复了湿地景观及其生态服务功能，从而进一步促进了我国西部高原地区生态建设。

十九、青海刚察沙柳河国家湿地公园

2016 年 12 月，沙柳河湿地被原国家林业局批准为国家湿地公园试点。青海刚察沙柳河国家湿地公园地处青海省刚察县境内，与青海湖自然保护区和祁连山自然保护区相邻，湿地公园规划建设主体为青海湖第二大入湖河流沙柳河，湿地公园总面积为 2 281.61 hm²，湿地面积为 1 914.33 hm²，湿地率为 83.9%（图 6.20）。其中，河流湿地面积为 1 789.58 hm²，占湿地总面积的 93.48%；沼泽湿地面积为 117.69 hm²，占湿地总面积的 6.15%；人工湿地面积为 7.06 hm²，占湿地总面积的 0.37%。

根据保持生态系统完整性和资源的可持续利用等原则，在分析湿地公园自然资源和建设条件的基础上，湿地公园各组成部分按不同功能要求、不同发展时序有机组合，合理布局各项资源，划分为生态保育区、恢复重建区、宣教展示区、合理利用区和管理服务区 5 个功能区。

图 6.20　青海刚察沙柳河国家湿地公园

生态保育区：包括湿地公园绝大部分永久性河流、洪泛湿地和沼泽化草甸。该区域是湿地公园的生态基质，是受严格保护的区域，原则上不得进行任何与湿地生态系统保护和监测无关的活动。主要在对沙柳河湿地湟鱼、黑颈鹤等动植物种群分布及生境特点、种群生存繁衍现状等进行深入分析的基础上，确定重点保护物种及其生境保护范围，开展生物多样性和栖息生境的监测活动。

恢复重建区：包括湿地公园下游红山村河岸带；刚北干渠引水枢纽和永丰渠引水枢纽。主要是在全面调查分析受损湿地现状的基础上，采取适宜措施开展湿地恢复和修复活动，在永丰渠引水枢纽和刚北干渠引水枢纽修建生态鱼道，恢复湟鱼洄游通道，保障湟鱼顺利洄游产卵。

宣教展示区：主要位于沙柳河城区段，包括现有的湟鱼家园景区大部分区域，紧邻城区，与管理服务区相依。该区域主要开展湟鱼观赏、科普教育等活动。

合理利用区：包括湟鱼家园沙柳河西侧区域、城北沙柳河东侧悬崖和沙柳河红山村段沿河小山丘地区。该区域是开展湿地休闲旅游项目、湿地观光项目、文化体验项目的理想场所，也是湿地公园内生态旅游和湿地公园外乡村旅游的重要结合点。

管理服务区：位于湟鱼家园东侧，与城市主干道南大街相通，紧邻宣教展示区和中部的合理利用区。该区域主要修建了湿地保护管理处用房、停车场，配置有保护、管理和服务设施设备，是为游客提供服务的区域。

青海刚察沙柳河国家湿地公园的建设有效保护了沙柳河湿地，充分发挥了湿地的多重生态功能，改善了湿地公园的生态环境，恢复了湿地景观及其生态服务功能，从而进一步促进了青海湖流域的生态建设。

第四节　涉及湿地的自然保护区

青海省已建的自然保护区涉及湿地型或湿地的有三江源、可可西里、青海湖、隆宝湖、可鲁克湖-托素湖、大通北川河源区和祁连山 7 处保护区，湿地资源面积达 342.96 万 hm²。三江源、可可西里、青海湖和祁连山保护区内的湿地资源面积较大，共占 84.72%。2020 年成立的三江源国家公园，其范围均在三江源国家级自然保护区内，故不再另述。

一、三江源国家级自然保护区

三江源国家级自然保护区位于青海省南部的青南高原，是长江、黄河和澜沧江的源头汇水区。该自然保护区始建于 2000 年 5 月，2003 年 1 月晋升为国家级自然保护区，其辖区面积约有 15.23 万 km²。由 8 个高原湿地型、7 个森林灌丛植被型与 3 个野生动物型共 18 个保护分区组成（表 6.2）。

表 6.2　三江源国家级自然保护区 18 个保护分区主要保护的对象

保护区名称	面积/km²	保护类型	主要保护对象	保护区类型
格拉丹东	10 376.83	湿地	冰川、雪山和珍稀动植物	冰川类型
索加-曲麻河	41 631.56	高寒草原、湿地	高寒植被生态系统、野生动物	草地类型
果宗木查	11 192.76	湿地	沼泽湿地以及栖息的珍稀动物	湿地类型
当曲	16 423.38	湿地	沼泽湿地以及栖息的珍稀动物	湿地类型
约古宗列	4 063.06	湿地	高寒湿地生态系统及其栖息的动物	湿地类型
扎陵湖-鄂陵湖	15 507.21	湿地与动物	湖泊湿地水禽、涉禽以及其他珍稀动物	湿地类型
星星海	6 906.43	湿地与动物	珍稀水禽及其栖息环境	湿地类型
阿尼玛卿	4 280.09	湿地与动物	雪山、高原珍稀动物	冰川类型
中铁-军功	7 865.31	森林、动物	针阔叶林与森林动物	森林类型
年保玉则	3 469.29	湿地	冰川、湖泊、野生动植物及其栖息地	湿地类型
玛可河	1 971.27	森林、动物	暗针叶林、高山灌丛及珍稀动物	森林类型
多可河	578.76	森林、动物	暗针叶林、高山灌丛及珍稀动物	森林类型
麦秀	2 684.38	森林、动物	暗针叶林、珍稀动物	森林类型
昂赛	1 511.64	森林灌丛	暗针叶林、高山灌丛及珍稀动物	森林类型
白扎	8 935.27	森林、动物	暗针叶林、森林动物	森林类型
江西	2 424.73	森林、动物	暗针叶林、森林动物	森林类型
东仲	2 925.55	森林草原动物	暗针叶林、森林动物、高山草甸草原	森林类型
通天河沿	9 594.48	峡谷灌丛草地	高原峡谷灌丛草地	草地类型
合计	152 342.00	湿地类型 6 个；森林类型 8 个；草地类型 2 个；冰川类型 2 个		

注：上述内容引自国务院《青海三江源自然保护区生态保护和建设总体规划》。

其中：核心区面积 312.18 万 hm²；缓冲区面积 392.42 万 hm²；实验区面积 818.82 万 hm²。行政区域涉及玉树、果洛、海南、黄南 4 个藏族自治州的 16 个县和格尔木市的唐古拉乡，距省会西宁 150～1 200 km。

区域内湿地资源丰富，面积有 216.67 万 hm²。湿地类 4 类：河流湿地、湖泊湿地、沼泽湿地和人工湿地；湿地型 10 型：永久性河流、季节性河流、洪泛平原、永久性淡水湖、永久性咸水湖、季节性淡水湖、草本沼泽、灌丛沼泽、沼泽化草甸和人工库塘。河流湿地面积为 27.87 万 hm²，其中永久性河流面积 22.17 万 hm²、季节性河流面积 0.49 万 hm²、洪泛平原面积 5.21 万 hm²；湖泊湿地面积为 23.73 万 hm²，其中永久性淡水湖面积 19.1 万 hm²、永久性咸水湖面积 4.54 万 hm²、洪泛平原面积 0.09 万 hm²；沼泽湿地面积为 164.90 万 hm²，其中草本沼泽面积 45.32 hm²、灌丛沼泽面积 22.69 hm²、沼泽化草甸面积 164.89 万 hm²；人工湿地面积为 0.16 万 hm²。

长江上游湿地区湿地资源面积为 132.51 万 hm²，湿地类 3 类：河流湿地、湖泊湿地和沼泽湿地；湿地型 8 型：永久性河流、季节性河流、洪泛平原、永久性淡水湖、永久性咸水湖、季节性淡水湖、草本沼泽和沼泽化草甸。河流湿地面积为 20.79 万 hm²，其中永久性河流面积 16.65 万 hm²、季节性河流面积 0.46 万 hm²、洪泛平原面积 3.68 万 hm²；湖泊湿地面积为 8.45 万 hm²，其中永久性淡水湖面积 3.90 万 hm²、永久性咸水湖面积 4.46 万 hm²、季节性淡水湖面积 0.08 万 hm²；沼泽湿地面积约为 103.27 万 hm²，其中草本沼泽面积 45.32 hm²、沼泽化草甸面积 103.26 万 hm²。

黄河上游湿地区湿地资源面积为 73.64 万 hm²，湿地类 4 类：河流湿地、湖泊湿地、沼泽湿地和人工湿地；湿地型 9 型：永久性河流、季节性河流、洪泛平原、永久性淡水湖、永久性咸水湖、季节性淡水湖、灌丛沼泽、沼泽化草甸和人工库塘。河流湿地面积为 4.86 万 hm²，其中永久性河流面积 3.35 万 hm²、季节性河流面积 24.98 hm²、洪泛平原面积 1.51 万 hm²；湖泊湿地面积为 15.22 万 hm²，其中永久性淡水湖面积 15.14 万 hm²、永久性咸水湖面积 0.08 万 hm²、季节性淡水湖面积 6 472 hm²；沼泽湿地面积为 53.39 万 hm²，其中灌丛沼泽面积 22.69 hm²、沼泽化草甸面积 53.39 万 hm²；人工湿地面积为 0.16 万 hm²。

澜沧江上游湿地区湿地资源面积为 10.20 万 hm²，湿地类 3 类：河流湿地、湖泊湿地和沼泽湿地；湿地型 5 型：永久性河流、季节性河流、洪泛平原、永久性淡水湖和沼泽化草甸。河流湿地面积为 2.19 万 hm²，其中永久性河流面积 2.16 万 hm²、季节性河流面积 66.30 hm²、洪泛平原面积 0.03 万 hm²；湖泊湿地面积为 79.77 hm²，均为永久性淡水湖；沼泽湿地面积为 8.00 万 hm²，全部为沼泽化草甸。

　　唐古拉地区湿地资源面积为 0.32 万 hm²，湿地类 3 类：河流湿地、湖泊湿地和沼泽湿地；湿地型 4 型：包括永久性河流、季节性河流、永久性淡水湖和沼泽化草甸。河流湿地面积为 262.84 hm²，其中永久性河流面积 70.24 hm²、季节性河流面积 192.6 hm²；湖泊湿地面积为 0.05 万 hm²，均为永久性淡水湖；沼泽湿地面积为 0.24 万 hm²，全部为沼泽化草甸。

　　随着暖湿化气候的变化，加之生态保护工程的实施，三江源自然保护区的湿地面积有所扩大。

二、青海湖国家级自然保护区

　　青海湖国家级自然保护区位于青海湖盆地腹部，三面环山一面河谷地，东与东北部为日月山和团宝山，北连大通山，南傍青海南山，西接布哈河谷地，湖水面海拔高度为 3 193 m，流域面积为 2.96 万 km²（图 6.21）。行政区域地跨海北藏族自治州的刚察、海晏县，海南藏族自治州的共和县，距省会西宁市 150～260 km。该自然保护区始建于 1975 年，1997 年 12 月晋升为国家级自然保护区，是以青海湖水体湿地，水禽、候鸟及其栖息地，湖岸湿地为主要保护对象的保护区域，面积为 57.51 万 hm²。

图 6.21　青海湖国家级自然保护区

　　青海湖国家级自然保护区内的湿地资源面积为 45.62 万 hm²，湿地类 4 类：河流湿地、湖泊湿地、沼泽湿地和人工湿地；湿地型 6 型：永久性河流、洪泛平原、永久性淡水湖、永久性咸水湖、沼泽化草甸和输水河。河流湿地面积为 0.17 万 hm²，其中永久性河流面积 0.15 万 hm²、洪泛平原面积 18 200 hm²；湖泊湿地面积为 43.51 万 hm²，其中永久性淡水湖 753.24 hm²、永久性咸水湖 43.43 万 hm²；沼泽湿地面积为 1.94 万 hm²，全部为沼泽化草甸；人工湿地面积为 92.52 hm^2，均为输水河。

三、隆宝国家级自然保护区

隆宝国家级自然保护区位于青海省玉树藏族自治州玉树市的西北部，由高原盆地的河流、湖泊和沼泽湿地构成，面积为 1 万 hm^2，核心区面积为 0.76 万 hm^2，是一个以隆宝湖为中心的高山草甸沼泽区（图 6.22）。行政区域涉及玉树市隆宝镇的湿地盆地区域，海拔 4 100～4 300 m，是长江源头一级支流结曲河的发源地，距玉树藏族自治州州府所在地结古镇 65 km，距省会西宁市 890 km。该保护区是我国在 20 世纪 80 年代建立的第一个以珍禽黑颈鹤及其栖息地为主要保护对象的国家级自然保护区，1984 年建立，1986 年晋升为国家级自然保护区。

保护区湿地资源面积为 0.34 万 hm^2，湿地类 3 类：河流湿地、湖泊湿地和沼泽湿地，湿地型 3 型：永久性河流、永久性淡水湖和沼泽化草甸。河流湿地面积为 0.02 万 hm^2，均为永久性河流；湖泊湿地面积为 0.15 万 hm^2，均为永久性淡水湖；沼泽湿地面积为 0.17 万 hm^2，全部为沼泽化草甸。

图 6.22　隆宝国家级自然保护区

四、青海可可西里国家级自然保护区

青海可可西里国家级自然保护区位于青藏高原腹地的可可西里地区，辖区范围为昆仑山以南，唐古拉山以北，东至青藏公路 109 线，西至西藏自治区和青海省界，其面积为 4.5 万 km^2（图 6.23）。行政区域涉及玉树藏族自治州治多县，海拔平均高度在 4 500 m 以上，距格尔木市 160 km；距省会西宁市 940 km。该保护区始建于 1995 年，1997 年晋

升为国家级自然保护区，是一个以高原精灵——藏羚及其栖息地为主要保护对象的保护区。

图 6.23　青海可可西里国家级自然保护区

可可西里地区的湿地资源富集，国家重要湿地卓乃湖湿地、库赛湖湿地和多尔改措湿地等均位于保护区内。区域内湿地资源面积为 60.51 万 hm^2，湿地类 3 类：河流湿地、湖泊湿地和沼泽湿地；湿地型 6 型：永久性河流、季节性河流、洪泛平原、永久性淡水湖、永久性咸水湖、沼泽化草甸。河流湿地面积为 9.89 万 hm^2，其中永久性河流面积 5.65 万 hm^2、季节性河流面积 0.66 万 hm^2、洪泛平原面积 3.58 万 hm^2；湖泊湿地面积为 30.40 万 hm^2，其中永久性淡水湖面积 4.13 万 hm^2、永久性咸水湖面积 26.27 万 hm^2；沼泽湿地面积为 20.22 万 hm^2，均为沼泽化草甸。

五、青海大通北川河源区国家级自然保护区

青海大通北川河源区国家级自然保护区位于西宁市大通县北部湟水河一级支流——北川河的源头，其辖区范围北接祁连与门源县，西和海晏县毗邻，东与互助县为邻，南与本县的青山、新庄、东峡等乡镇接壤，面积为 10.79 万 hm^2，核心区面积为 3.87 万 hm^2，距省会西宁市 60 km。始建于 2005 年，2013 年 12 月晋升为国家级自然保护区，以森林草地生态系统、野生动物及其栖息地和水源涵养功能为保护对象（图 6.24）。

区内湿地资源面积为 0.15 万 hm^2，湿地类 2 类：河流湿地和沼泽湿地；湿地型 3 型：永久性河流、洪泛平原和沼泽化草甸。河流湿地面积为 0.14 万 hm^2，其中永久性河流面积 0.13 万 hm^2、洪泛平原面积 0.01 万 hm^2；沼泽湿地面积为 0.01 万 hm^2，全部为沼泽化草甸。

图 6.24　青海大通北川河源区国家级自然保护区

六、可鲁克湖-托素湖省级自然保护区

可鲁克湖-托素湖省级自然保护区位于青海省柴达木盆地东北部，辖区范围东界至一棵树，西界至托素湖西部，南界至托素湖南部，北界至 315 国道，其保护区面积为 11.50 万 hm^2，核心区面积为 3.39 万 hm^2（图 6.25、图 6.26）。行政区域涉及德令哈市，平均海拔 2 850 m，距德令哈市 42 km，距省会西宁市 530 km。始建于 2000 年 5 月，是柴达木盆地建立的第一个湿地类型的保护区，以湿地鸟类及其栖息地和特有鱼类资源为保护对象。

图 6.25　可鲁克湖湿地

图 6.26　托素湖湿地

该自然保护区地貌景观为戈壁荒漠、湖泊和沼泽湿地，是柴达木盆地的最低点，由托素湖、可鲁克湖和巴音河、巴勒更河组成。托素湖水域面积为 1.67 万 hm²，为咸水湖；可鲁克湖水域面积为 5 860 hm²，为盆地中最大的淡水湖。

湿地资源面积为 6.29 万 hm²，湿地类 3 类：河流湿地、湖泊湿地和沼泽湿地；湿地型 7 型：永久性河流、季节性河流、永久性淡水湖、永久性咸水湖、草本沼泽、内陆盐沼和沼泽化草甸。河流湿地面积为 697.01 hm²，其中永久性河流面积 667.74 hm²、季节性河流面积 29.27 hm²；湖泊湿地面积为 1.99 万 hm²，其中永久性淡水湖面积 0.56 万 hm²、永久性咸水湖面积 1.43 万 hm²；沼泽湿地面积为 4.23 万 hm²，其中草本沼泽面积 1.54 万 hm²、内陆盐沼面积 2.66 万 hm²、沼泽化草甸面积 209.09 hm²。

七、祁连山省级自然保护区

祁连山省级自然保护区位于青海省的东北部、青藏高原边缘。辖区范围为祁连山脉的南麓，东北部与甘肃省的酒泉、张掖、武威相邻，南部与海北藏族自治州的海晏、刚察县为邻，东部和西宁市的大通县和海东市的互助县接壤（图 6.27）。行政区域涉及海北藏族自治州的门源县、祁连县，海西蒙古族藏族自治州的德令哈市和天峻县，距省会西宁市 140 km。始建于 2005 年 12 月，以区域内的黑河、大通河、疏勒河、托莱河、党河和石羊河的源头区冰川、湿地生态系统与森林、野生动植物及其栖息地为保护对象，由 8 个保护分区组成，面积为 79.44 万 hm²，核心区面积为 43.13 万 hm²。

湿地资源面积为 13.37 万 hm^2，湿地类 3 类：河流湿地、湖泊湿地和沼泽湿地；湿地型 5 型：永久性河流、季节性河流、洪泛平原、永久性淡水湖和沼泽化草甸。河流湿地面积为 1.80 万 hm^2，其中永久性河流面积 1.21 万 hm^2、季节性河流面积 0.47 万 hm^2、洪泛平原面积 0.12 万 hm^2；湖泊湿地面积为 0.13 万 hm^2，均为永久性淡水湖；沼泽湿地面积为 11.44 万 hm^2，均为沼泽化草甸。

图 6.27　祁连山省级自然保护区

第七章　青海省湿地资源保护与管理

　　湿地是一个多功能、多效益的特殊生态系统和土地类型，按其固有的生态条件与外部干扰因素，利用各种手段进行调控，从而达到系统整体最佳效果，是湿地保护与管理的主要职能。保护和管理的手段有行政、技术、法治、经济、教育等，皆用于限制损害湿地原生态的活动，达到既能基本满足人类经济发展对湿地资源的需要，又能维护自然生态系统的平衡发展，使湿地生态系统和生物多样性得到有效保护和可持续发展，同时发挥最佳的生态功能和经济效益。青海省是我国湿地大省，在不同的历史阶段其保护与管理呈现出独特的地域特征。在新形势下，如何进一步保护、管理湿地，使湿地功能得以有效地发挥，这是必须面对和解决的问题。

第一节　湿地资源保护与管理的历程与现状

一、湿地资源保护与管理的历程

　　青海省湿地资源的保护、管理事业，从 20 世纪 70 年代中期建立青海湖鸟岛自然保护区开始起步，21 世纪初得到了国家和各级政府的高度重视与社会的极大关注。青海省湿地资源的保护和管理，经历了与省域经济社会同步发展的多个历史阶段，并呈现逐步发展的态势。回顾其 40 多年的发展，其经历了初期建设、强化管理、快速发展和品质提升 4 个阶段，同国家湿地管理的发展步调相一致。截至 2020 年，全省已建国际重要湿地 3 处、国家湿地公园 19 处、含湿地资源的自然保护区 7 处、国家重要湿地 16 处，建设面积占全省国土面积的 1/3。

1. 初期建设阶段（1975—1995）

　　1975 年 8 月青海湖鸟岛自然保护区建立，这是青海省第一个有关湿地资源保护的区域。这个保护区以湿地夏候鸟栖息地、冬候鸟的越冬地及繁殖鸟、越冬鸟种群为主要保护对象，开展了候鸟繁殖生物学研究、人为活动对鸟类生存的影响的研究、青海湖及环湖地区陆生野生动物资源调查研究，加大了保护区基础设施建设。1986 年 7 月，建立了以黑颈鹤及其栖息地为保护对象的隆宝国家级自然保护区，这是我国建立的第一个以珍禽物种为保护对象的国家级自然保护区。当时，黑颈鹤物种资源极少，全球只有数百只，且是世界鹤类中唯一在青藏高原繁殖的大型鸟类，也是中国的特有物种。1992 年 1 月，青海湖鸟岛自然保护区经联合国教科文组织批准，加入《湿地公约》，成为中国第一批加入该公约组织的 6 个保护区之一，青海湖的知名度进一步提升，湿地资源保护的理念开始得以推广。1995 年 10 月，在可可西里地区建立了以有蹄类动物藏羚羊及其栖息地为保护对象的可可西里省级自然保护区，其面积为 4.5 万 km^2，对珍稀动物藏羚羊、野牦牛、藏野驴和藏原羚等动物和大面积的高原内陆湖泊依法保护。可可西里地区高原内陆湖泊分布丰富，主要有乌兰乌拉湖、卓乃湖、库赛湖、海丁诺尔湖、可可西里湖、饮马湖、西金乌兰湖、多尔改措、勒斜武旦湖、可考湖等，面积达 38.22 万 hm^2。

关于湿地资源保护、管理工作，20 世纪末人们对其认识还较为局限，停留在对珍稀物种的保护层面，而对湿地资源的整体认知缺乏系统考量和研究，保护工作多侧重于湿地物种保护的巡护、宣传和执法。在这一阶段 20 年的发展中，湿地资源保护处于起步、认知与建设的过程，其同国家经济改革、社会发展与生态建设的要求仍有较大差距；与国家自然保护区建设的思路、理念和规划相同步，但湿地保护建设相对滞后；湿地保护得到了国家层面的重视，开始同国际社会接轨，并注重国际事务的参与，加大了我国湿地资源管理的力度。青海省对湿地资源的管理通过鸟岛、隆宝等自然保护区的建设开展了相关的工作。

由此可见，初期建设阶段对湿地鸟类开始保护与研究，并随着社会的发展越来越重视；湿地资源保护的相关概念逐步被人们了解与熟悉，开展了一些相关工作；湿地保护事业发展、科学研究较为薄弱和滞后。

2. 强化管理阶段（1996—2005）

20 世纪 90 年代中期，随着国家各项保护政策的制定与实施，青海省注重自然保护区的建设，截至 2019 年，全省新建各类型自然保护区 7 处，如三江源、可鲁克湖-托素湖、大通北川河源区和祁连山等保护区。尤其是三江源自然保护区内湿地类保护分区有 8 个，分别是格拉丹东冰川湿地、阿尼玛卿山冰川湿地、星星海湖泊湿地、当曲河流湿地、约古宗列沼泽湿地、果宗木查沼泽湿地、扎陵湖-鄂陵湖湿地和年宝玉则湖泊湿地，分区面积为 723.12 万 hm^2；祁连山保护区有湿地类型保护分区 5 个，分别是团结峰冰川湿地、党河源湿地、黑河湿地、三河源湿地和石羊河湿地，面积为 67.84 万 hm^2。2005 年 8 月，青海省的扎陵湖、鄂陵湖经国际湿地公约组织批准加入了《湿地公约》。

2005 年 5 月,青海湖湿地发生了野生鸟类高致病禽流感突发事件。如何应对突发的疫情,对当时的湿地保护与管理而言是极具挑战性的。疫情产生的严重性和带来的后果给人类社会的发展再一次敲响警钟,也对保护、管理事业的建设提出了更高、更严的要求。野生鸟类对于社会、生态的价值是不可替代的,如果不善待自然、不善待生灵,受损失的仍是人类自己。因此,湿地资源保护应是全面的、系统的和全方位的。但总体来讲,这一阶段的建设力度是空前的,所做的努力是巨大的,对湿地资源保护的重要性、紧迫性和时代性认识是到位的。

湿地资源保护在这十几年的发展中成效突出,主要体现在生态保护工程的实施。三江源国家级自然保护区生态保护和建设工程湿地恢复项目,投资 1.1 亿元,治理面积达 10.67 万 hm^2,覆盖沼泽、湖泊、河流等湿地;实施的青海湖、可鲁克湖-托素湖、可可西里和隆宝等自然保护区建设工程,用于湿地资源保护建设的资金有 3 800 多万元。多年来,注重宣传执法、科普教育和水禽鸟类的科学研究,为今后进一步实施青海省范围内更大规模的湿地保护行动奠定了一定基础,积累了经验,值得肯定。

强化管理阶段青海省湿地资源保护得到加强,并得到了全社会的认可;湿地保护事业迎来了发展机遇,实施了多项生态保护工程,湿地资源的区位和战略地位得到各级政府高度重视;围绕湿地保护与发展的科学研究课题得以拓展,投入的资金大幅度增加,人们的认知度提高。

3. 快速发展阶段（2006—2014）

进入 21 世纪,青海省湿地资源保护事业迎来了新的发展机遇与挑战,国家对湿地资源保护的政策与投资进一步强化,国家湿地公园建设在青海省得到拓展。2007 年 11 月,贵德黄河清国家湿地公园经原国家林业局批准建立,这是青海省境内黄河干流与周边河流湿地网构成的湿地公园,有河流、湖泊、湿地沼泽及人工景观等,以清清黄河多姿多彩的湿地生态景观为主体,与以磅礴大气、丹峰霞彩的地文景观为辅的自然美融为一体,极具高原特色。2013 年 12 月,原国家林业局又批准青海省建立了河南洮河源湿地公园,面积为 3.83 万 hm^2;西宁湟水湿地公园,面积为 508 hm^2。同时,规划了 11 处国家重点湿地,涉及长江、黄河、澜沧江和黑河流域,也包括可可西里地区、柴达木盆地和青海湖盆地的内陆河流和湖泊湿地,其面积达 173.65 万 hm^2。

2010 年 8 月,青海省湿地资源保护立法工作启动,开展调研、考察、讨论、征求意见、履行人大立法程序等前期工作。2013 年 5 月 30 日,青海省第十二届人民代表大会常务委员会第四次会议审议通过《青海省湿地保护条例》(以下简称《条例》)(附录),自当年 9 月 1 日起实施。该《条例》的颁布施行，将青海省湿地保护事业推向了法治化、规范化管理轨道。

2011 年 3 月，青海省第二次湿地资源调查启动，经过两年多的内外业调查与研究分析，对全省湿地资源分布现状、资源量状况和利用情况，以及存在的问题等有所掌握。青海省湿地资源丰富，资源面积居全国第一位，其生态功能极其重要。

快速发展阶段青海省湿地保护事业迎来了新的发展机遇与挑战，重点湿地和湿地公园建设成为主题；完成了湿地立法，保护与建设步入依法管理时代；国家湿地建设政策调整有力地促进了高原湿地事业发展，投入逐年增加；青海省第二次湿地资源调查完成，资源家底和现状摸清，为全面建设规划的制订和事业的发展奠定了基础。

4. 品质提升阶段（2015 年以来）

在湿地二调的基础上，2015 年出版了《中国湿地资源•青海卷》专著。这是一本集大成的著作，系统地梳理了青海省湿地的特征、利用、保护与管理，为进一步开发利用湿地以及保护与管理湿地，提供了扎实的基础资料依据。

2015 年 12 月 9 日，中央全面深化改革领导小组第十九次会议审议通过了《三江源国家公园体制试点方案》，明确在黄河、长江、澜沧江三大源头选择典型代表区域开展国家公园体制试点。2016 年初，在参加十二届全国人大四次会议青海代表团审议时，习近平总书记专门询问了青海省保护生态环境及推进三江源国家公园体制试点情况，特别做出了扎扎实实推进生态环境保护，推动形成绿色发展方式和生活方式，保护好三江源，保护好"中华水塔"指示。

2016 年仲夏，习近平总书记专程赴青海省考察，再次就生态环境保护及生态文明建设进行强调，青海最大的价值在生态、最大的责任在生态、最大的潜力也在生态，必须把生态文明建设放在突出位置来抓，尊重自然、顺应自然、保护自然，筑牢国家生态安全屏障，实现经济效益、社会效益、生态效益相统一。指出："青海独特的生态环境造就了世界上高海拔地区独一无二的大面积湿地生态系统，是世界上高海拔地区生物多样性、物种多样性、基因多样性、遗传多样性最集中的地区，是高寒生物自然物种资源库，承担着维护国家乃至北半球生态安全的崇高使命。"2016 年，中办、国办印发了《三江源国家公园体制试点方案》，试点公园包含长江源（可可西里）、黄河源、澜沧江源在内的"一园三区"，总面积为 12.31 万 km²，包括可可西里保护区、三江源国家级自然保护区、扎陵湖-鄂陵湖、星星海、索加-曲麻河、果宗木查和昂赛等分区，行政区划涉及果洛藏族自治州玛多县，玉树藏族自治州杂多县、曲麻莱县、治多县和可可西里自然保护区管理局辖区。

湿地是实施自然生态空间用途管制的重要空间，2017年10月，国务院全面开展第三次全国国土调查，发布的《土地利用现状分类》（GB/T 21010—2017）在顶层设计上与《湿地分类》（GB/T 24708—2009）进行了衔接，将森林沼泽等湿地类型在土地利用分类中显化，将水田、红树林地等14个土地利用二级类归并为湿地，将湿地作为一级类进行调查，准确查清了湿地资源土地利用现状，全面掌握了现有湿地资源的保护利用情况，开展了湿地资源调查监测与分析。青海省是我国湿地大省，湿地面积居全国第一，开展湿地资源调查，摸清湿地资源家底，把握湿地资源动态，是实施自然生态空间用途管制的基础，也是履行《湿地公约》各项工作的根基，更是以国家公园为主体的自然地保护体系示范省建设的基本要求。2018年，青海省成立林业与草原管理局，履行其相关职责。

由此可见，随着生态文明建设的深入和以国家公园为主的自然地保护体系的建立，以及政府机构改革，青海省湿地资源的保护与管理进入了新的发展时期，这一阶段以国家湿地公园的建设为主要内容，对湿地的宣传、科研向纵深发展，尤其是以国家湿地公园为研究对象，注重湿地公园环境、生态环境承载力监测以及宣传教育，国家湿地公园建设投资力度加大，青海省绝大部分国家湿地建设于此阶段，成效显著，国家湿地公园成为人民共享的绿色空间和特许经营的重要场地。

综上，青海省湿地资源保护事业，经过4个阶段40多年的建设与发展，现已成为省域内生态保护建设的重要组成部分，发挥着应有的功能与作用。自20世纪90年代初开始注重湿地资源保护，尤其是1992年青海湖鸟岛加入国际重要湿地，青海省湿地保护事业有了长足的发展，主要表现为以下4点。①采取建立国家级、省级自然保护区的形式，强化湿地自然资源保护。至今已建立涉及湿地型或湿地资源的保护区7处，湿地保护面积达340多万 hm^2，其中三江源、可可西里、青海湖和祁连山保护区受保护的湿地资源面积占80%以上。②青海省湿地资源将全部纳入保护体系建设，通过生态保护与建设工程强化对自然资源的保育，并对湿地资源进行全面的、综合性的保护。③青海省湿地资源保护已立法，湿地保护事业将依法科学地建设和管理。当前，纳入湿地保护体系的有国际重要湿地、自然保护区、国家湿地公园和大面积的沼泽化湿地、盐沼和重要库塘。宏观层面已建立相应的管理机构，开展了中长期规划和工程建设；微观层面不断加大执法宣传，开展社区共管、科学研究和监测，实施湿地生态效益补偿试点工作，注重综合保护和治理。④湿地作为一级类土地类型，其保护与管理又将进入新的历史阶段。

二、湿地资源保护与管理的现状

1. 依法保护，实施有效管理

20 世纪 80 年代以来，在各级政府和有关部门共同努力下，湿地保护事业得到了快速发展，取得了明显的进步，湿地保护工作逐步纳入依法管理轨道。1985 年 5 月，青海省人民政府颁布《关于加强青海湖自然保护区鸟岛管护工作的布告》，这是青海省出台最早的有关湿地和湿地鸟类保护的法规性文件；1992 年，青海湖纳入国际重要湿地后，保护区管理部门制定并实施了《青海湖（鸟岛）自然保护区管理办法》，强化了保护管理。1995 年 10 月，建立了以藏羚羊等有蹄类及其栖息地为主要保护对象的可可西里省级自然保护区，1997 年 12 月晋升为国家级。1998 年，青海省人民政府对保护区建设的管护队伍、执法巡护和基础设施建设各方面给予了极大的支持和关注，保护区管理局开展了富有成效的工作，每年都加大巡护、执法力度，破坏野生动物与湿地环境的违法行为得到了有效制止。2000 年 10 月，针对"上万民工涌入可可西里捕捞卤虫"的情况，省政府及时做出部署，依法采取措施，发布《关于加强可可西里国家级自然保护区自然资源和环境管理的通告》，开展"冬季整治"专项行动，清理非法捕捞人员，有效保护了湿地资源，这是青海省开展较早的依法保护湿地资源的专项行动。

进入 21 世纪，为进一步强化可可西里地区藏羚羊等资源的保护，2001 年组建了保护区森林公安队伍，对违法犯罪行为开展了多次专项打击行动。为加强青海湖及环湖地区的生态环境保护，2003 年，青海省人大颁布实施《青海湖流域生态环境保护条例》（2003 年 5 月 30 日青海省人民代表大会常务委员会公告第 1 号公布）。

2005 年以来，青海省林业、农牧、水利、环保等部门依据国家颁布实施的相关法律法规和条例，先后制定了地方配套法规，开展了一些有效措施。林业部门通过停止天然林采伐，实施封山育林、退耕还林、国家重点公益林生态效益补偿制度，建设自然保护区，加大绿化与生态建设；农牧部门开展退牧还草、黑土滩治理和科学养畜工作，减缓草地压力，构建新型的生态畜牧业；水利部门进行小流域治理、河道绿化与综合治理，确保流域的生态安全；环保部门注重水和环境污染的综合治理。各有关部门在生态保护与建设的进程中都取得了明显的成效。2005 年 6 月，青海省第十届人民代表大会常务委员会第十五次会议通过《青海省湟水流域水污染防治条例》；2005 年 7 月，青海省政府办公厅发布《关于加强湿地保护管理的通知》（青政办〔2005〕111 号），要求各级政府认真贯彻《国务院办公厅关于加强湿地保护管理的通知》精神，建立湿地保护长效管理机制，加强对湿地保护管理工作的组织领导。为此，省林业主管部门组织技术力量，于 2006 年和 2010 年分别编制完成《青海省湿地保护工程规划（2005—2010 年）》和《青海省湿地保护工程规划（2010—2015 年）》，对青海省湿地资源保护提出了"重点湿地保护、湿地恢复、可持续利用示范区、社区共建和能力建设"五大优先工程建设意见。2006 年，青海省政府明确提出"生态立省"战略，把加强湿地保护、恢复湿地功能、改善生态状况，作为生态省建设的重要内容，予以高度重视；省政府成立了省湿地保护管理工作领导小组，全省的湿地资源保护与管理有了专门的协调机构。

2008 年开始，省林业部门一直将湿地立法工作列入重要议事日程，积极争取得到省政府的支持，并配合省人大农牧委员会和法制工作委员会开展了多次省内、省外调研学习，在广泛征求意见的基础上不断修改完善，形成了《青海省湿地保护条例（草案）》。

2012 年，青海省省委书记、省长在两会期间，对实施"生态立省"，保护三江清流做了明确要求，尤其是针对西宁地区的湟水河保护提出："力争用 3 年时间在湟水流域推进污染物'全测控、全收集、全处理'，从根本上改变水质，早日还青海人民一条清澈的母亲河。"这是省委、省政府对全省湿地资源保护做出的庄重承诺，并在政策上给予了极大支持。

2012 年初，《青海省湿地保护条例》列入省人民政府和省人大常委会立法工作计划，并由省政府法制委员会办公室负责。同年 6 月，省政府法制办在省林业厅等的配合支持下，组成调研组专程前往原国家林业局湿地保护管理中心和湿地保护立法工作做得较早的黑龙江、吉林、四川三省进行了实地考察学习；同时，对青海省湿地立法的目的、保护对象、要求和有关责任、处罚标准等开展调研，明确和完善了相关内容。

2013 年 5 月 30 日，青海省第十二届人民代表大会常务委员会第四次会议审议通过《青海省湿地保护条例》，自 2013 年 9 月 1 日起施行。

2015 年以来，以生态文明建设为中心，生态保护的立法力度进一步得到加强，以各自然要素为立法对象的保护条例陆续出台，使湿地等资源的保护与管理更为有序。

2. 体制建设，保障规范运行

2000 年以前，青海省湿地资源保护主要依靠自然保护区建设来实施管理；2000 年以来，不断强化湿地保护，体现为三江源国家级自然保护区的建设。2000 年 5 月，省政府批准建立的三江源省级自然保护区，区划管辖的区域内就涵盖了湿地资源类型保护分区，其湿地类型面积有 723 万 hm^2，约占总面积的 47%。2003 年 1 月，国务院批准青海三江源自然保护区晋升为国家级（国办发〔2003〕5 号）；2005 年 1 月，国务院又批准实施《青海三江源自然保护区生态保护和建设总体规划》。从此，青海省湿地资源保护工作受到了进一步重视与支持。

青海湖、可可西里、可鲁克湖-托素湖、大通北川河源区、祁连山和隆宝湖等湿地类型保护区，其体制机构建设也相继得到加强。各自然保护区根据其管理的区域、保护的对象、需开展的工作以及发展的需要，确定了机构管理级别、编制和内设处室的架构，并加强了社区共管与社会力量的参与。2006年以后，青海省政府取消对三江源地区的GDP考核，将生态保护和建设纳入考核内容。三江源地区草地退化趋势初步得到遏制，草畜矛盾趋缓，湿地生态功能逐步提高，湖泊水域面积扩大，流域供水能力明显增强，重点治理区生态好转。

2016年中办、国办印发了《三江源国家公园体制试点方案》，省委成立三江源国家公园管理局筹备小组，按照"整合优化、统一规范，不作行政区划调整、不新增行政事业编制"的原则，从省州县相关部门划转编制354名，组建了管理部门。

省级层面：依托三江源国家级自然保护区管理局，从林业、财政、国土、环保、住建、水利、农牧、扶贫8个部门划转部分编制和职能，组建三江源国家公园管理局。

州县层面：组建成立长江源、黄河源、澜沧江源3个园区管委会和长江源园区治多、曲麻莱、可可西里3个管理处，实行集中统一生态保护、管理和执法，协调解决了政出多门、职能交叉、职责分割不清的问题。同时，将杂多、治多、曲麻莱、玛多县政府有关部门的机构职责和部分人员划转到管委会，公园内各类保护地管理职责并入管委会，划分管委会与州县政府的管理职责。对国家公园所涉4县政府进行大部门制改革，分别整合公园范围内森林公安、国土执法、环境执法、草原监理、渔政执法机构，设立了资源环境执法局。

乡镇层面：国家公园范围内的12个乡镇政府挂保护管理站牌子，增设国家公园相关管理职责。对园区内行政村开展牧户基本情况、建档立卡贫困户、原有生态公益管护岗位设置等的调查，制订园区生态管护公益岗位实施方案，开展园区生态公益岗位设置工作。按照山水林草湖一体化管护的要求，落实生态管护责任，建立定期管护巡查制度。园区内乡镇生态保护管理站与村级生态管护队、管护队与管护员、管护员与牧民签订了管护责任书，突出管护重点，明确管护责任。

2017年10月，国务院全面开展第三次全国国土调查，湿地作为一级土地类型进行调查，这是继湿地二调以来，又一次对湿地全面的调查。2018年，青海省成立林业与草原管理局，设湿地保护中心，标志着青海省湿地资源保护进入了一个新的发展阶段。

3. 项目实施，促进湿地发展

20 世纪 90 年代以来，青海省相继实施了可可西里、隆宝湖、青海湖和三江源等自然保护区基础设施一、二期建设工程及三江源国家公园试点建设，还有可鲁克湖-托素湖与大通宝库河流域的湿地保护与恢复项目。在湿地生态效益补偿试点方面，建立了青海湖、扎陵湖、鄂陵湖 3 处国际重要湿地生态保护补偿试点，同时在可可西里和可鲁克湖-托素湖自然保护区开展了湿地保护补助项目建设。这些项目的实施达到了预期成效。

（1）自然保护区湿地建设工程。

随着国家对湿地类型自然保护区建设的资金的投入加大，全省各湿地类型的自然保护区管护基础设施得到逐步改善，如下述工程。

1997 年，青海湖自然保护区晋升为国家级自然保护区后，原国家林业局投资 1 199 万元实施了保护区一期工程建设项目，在强化保护站点和科研宣传设施建设，改善保护区道路、办公基地、围栏等设施设备的同时，在保护区的核心区蛋岛建立了野生鸟类种群监测中心，配备了较为先进的鸟类监测视频设备，可对每年集中繁殖的候鸟进行科学监测。

1998 年，在可可西里国家级自然保护区投资 1 120 万元，实施了一期工程建设项目，完善了保护区管理局、各保护站点管护用房建设。

2006 年，隆宝国家级自然保护区总体规划和二期建设可行性研究报告经国家批准实施，国家投资 1 450 万元。

2007—2008 年，省林业厅根据原国家林业局启动实施的《全国湿地保护工程实施规划（2005—2010 年）》，相应编制完成《青海湖国家级自然保护区湿地保护建设工程可行性研究报告》《可鲁克湖-托素湖自然保护区湿地保护建设工程可行性研究报告》，通过审查报批，争取投资 2 652 万元。主要建设内容包括：救护中心与科研监测站、生态和水文监测站、管护站点和湿地植被恢复等项目。

（2）湿地资源保护与恢复工程。

湿地资源保护与恢复工程较早的有青海湖国家级自然保护区湿地保护建设工程、可鲁克湖-托素湖自然保护区湿地保护建设工程和大通宝库河流域湿地保护建设工程，总投资 3 269.99 万元。最为突出的要数三江源自然保护区一、二期工程。近几年围绕国家湿地公园的建设，通过不同渠道筹措资金进行保护与恢复。通过湿地资源保护与恢复工程的实施，加强青海湿地资源监测、宣教培训、科学研究、管理体系等方面的能力建设，进一步完善保护区管护基础设施，保护和恢复湿地生态系统，使青海省湿地保护和合理利用步入良性循环，最大限度地发挥其湿地生态系统的各种功能，提高湿地生态环境质量，为区域生态安全和经济社会可持续发展发挥积极作用。例如，三江源国家级自然保护区一、二期工程。

2005 年，国务院批准实施《青海三江源自然保护区生态保护和建设总体规划》，总投资 75.07 亿元，其建设项目分为 3 大类 22 项子项目。历时近 10 年，其保护及恢复成效显著（表 7.1）。三江源生态环境保护二期工程（2013—2020 年），项目包括生态保护和建设、支撑配套 2 大类 24 项工程，工程范围从 15.2 万 km^2 扩展到 39.5 万 km^2，总投资近 160.6 亿元，中央预算内投资 80.83 亿元，财政资金 79.74 亿元。到 2020 年，林草植被得到有效保护，森林覆盖率由 4.8% 提高到 5.5%，草地植被覆盖度平均提高 25 至 30 个百分点，土地沙化趋势有效遏制，可治理沙化土地治理率达 50%，沙化土地治理区内植被覆盖率达 30%～50%。水土保持能力、水源涵养能力和江河径流量稳定性增强，湿地生态系统状况和野生动植物栖息地环境明显改善，农牧民生产生活水平稳步提高，生态补偿机制进一步完善，生态系统步入良性循环。

表7.1　三江源一期工程治理效果

治理效果	具体体现
增水效果明显	2005—2012年，平均地表水资源量为514.7亿m^3，与多年平均地表水资源量相比，整个三江源地区地表水增加84.9亿m^3；主要湖泊净增加760 km^2，黄河源头"千湖"湿地整体恢复
增草效果凸显	2002—2012年，三江源地区中等覆盖度草地面积持续呈稳定趋势。黑土滩治理区植被覆盖度由20%增加到80%。草地平均产草量（干重）每亩45 kg，比1988—2004年的平均产量增加了9.5 kg
生态功能恢复	同2005年相比，森林面积净增加150 km^2，8年间森林郁闭度平均增长0.006 8，乔木标准木蓄积量增长0.012 m^3，工程站点灌木林盖度年平均增长1.8%，高度年平均增长2.48 cm
荒漠化面积减少	目前各河流控制站年均含沙量每立方米在0.046～4.3 kg之间，与多年平均值相比，直门达站、新寨站、同仁站分别减少了11.4%、60.3%、16.3%。荒漠面积净减95 km^2，项目区沙化防治点植被覆盖度由治理前的不到15%增加到了38.2%
生物多样性恢复	据监测，三江源水域生态环境总体状况良好，水生生物资源保存相对完整。野生动物种群明显增多，栖息活动范围呈扩大趋势，植物种群得到有效保护
增收渠道不断拓宽	共增加灌溉饲草料基地5万亩、建设养畜户3.04万户，建立生态移民社区86个，省财政共投入6亿元改善三江源区23个小城镇的基础设施条件，出资3 000万元建立了生态移民创业扶持基金。2004—2012年农牧民纯收入年均增长10%左右
生态保护意识增强	牧民群众从传统的游牧方式开始向定居或半定居转变，由单一的靠天养畜向建设养畜转变，由粗放畜牧业生产向生态畜牧业转变，"在保护中发展、在发展中保护"的理念开始深入人心

（3）湿地保护补助投资项目。

2009 年以来，按照《全国湿地保护工程实施规划》优先工程项目建设要求，青海省相继争取和启动实施了青海湖、扎陵湖、鄂陵湖、可可西里和可鲁克湖 5 个湿地保护补助资金项目，这是国家对国际重要湿地和国家重点湿地保护采取的一项有效工作措施。对湿地周边牧草地的封育、禁牧轮牧和协议保护，一方面加强生态环境与生态系统的保护，促进社区群众参与；另一方面给参与试点保护的牧民一定补偿，弥补保护湿地造成的损失，达到双赢的目的。为确保项目工程的顺利开展和取得实效，省林业厅积极行动，通过开展调研、制订工作方案，指导各地按方案认真开展湿地保护项目。下面以青海湖湿地保护补助项目为例，说明湿地保护补助投资项目及其实施成效。

2010 年，青海省财政厅下达原国家林业局湿地保护补助资金 550 万元，用于沼泽湿地封育恢复 0.8 万 hm^2、沼泽湿地治理建设 666.7 hm^2，以及给牧民群众补助和开展湿地效益监测；2011 年，省财政厅又下达国家湿地保护补助资金 300 万元，用于沼泽湿地封育 0.8 万 hm^2、沼泽湿地治理建设 800 hm^2，聘用管护人员；2012 年，省财政厅下达国家湿地保护补助资金 300 万元，实施沼泽湿地封育恢复 0.8 万 hm^2，购置湿地生态监测站野外监控设备，聘用管护人员；2013 年，省财政厅下达国家湿地补助资金 200 万元，用于沼泽湿地封育 6 666.67 hm^2，野外视频监控设备更新、湿地管理监测修复技术等方面的培训，聘用管护人员。国家连续 4 年下达湿地保护补助资金 1 350 万元，就是为了通过对国际重要湿地生态保护的投入，探索有效的保护模式。该项目涉及共和、天峻、刚察、海晏 4 县的 5 个乡镇 11 个村委会 123 户农牧民。

青海省人民政府高度重视，为了贯彻落实中央和原国家林业局、财政部关于做好湿地保护补助资金使用的要求，切实管好、用好湿地保护补助资金，批准了 2010 年由省林业厅制定的《青海湖湿地保护补助资金示范项目实施办法》；要求各级主管部门认真对待，编制湿地保护补助资金示范项目实施细则。同时，召开专题会议对涉及湿地保护补助项目实施的县乡等有关部门做具体安排部署，在充分尊重牧民意愿的前提下，合理禁牧和轮牧，采取以牧民为主体、家庭为单位的湿地保护补助方式；实施地点涉及海晏、刚察、天峻和共和 4 县的湿地草场。

在青海湖湿地保护补助项目实施的 4 年中，始终注重建设的有效性、整体性和连续性。首先，对项目实施进行有效的监督、检查和验收。各项目实施工作小组，按照《青海湖湿地保护补助资金示范项目实施细则》的规定，对项目实施的情况进行分季节核查，开展湿地监测，及时指导和督促。其次，对项目的资金运行，严格报账管理。按照《中央财政湿地保护补助资金管理暂行办法》的要求，明确补助资金的使用范围，实行专款专用，绝不允许挤占挪用、截留拖欠或改变资金投向；同时，对各县实施区的项目开展情况及时进行指导、核查。再次，加强项目档案管理，做到对项目的合同清单、单价、工程量、工程进展及物资材料等信息的全方位管理。最后，充分尊重牧民意愿，合理休牧、轮牧和禁牧。实行以牧民为主体、家庭为单位的湿地保护补助方式，补助资金标准为：禁牧每亩25元/年、休牧每亩10元/年、轮牧每亩6元/年。分3种方式开展保护补助：①县林业部门负责实施。由县林业部门按照实施细则落实补助地块，与牧户签订封育合同，开展封育的各项工作。②乡人民政府具体实施。由乡人民政府按照实施细则落实补助地块，与牧户签订封育合同，开展封育的各项工作。③保护区管理局实施。通过村委召开牧民大会，了解牧民意愿，对退化较重的草场，聘用牧户为管护员，签订管护合同，进行草场休牧、轮牧或禁牧；对开展封育的地块，签订草地封育合同进行封育。保护区管理局按户支付补助资金，项目补助资金发放由负责实施的单位分两次以"一卡通"形式拨付给牧户。

项目实施4年的成效：一是湿地面积有所增加。对2010—2012年间的湿地监测数据比较分析发现，项目区的湿地面积呈增长、扩大趋势，其中湿地面积2011年较2010年增加了56.58 hm^2，2012年较2011年增加了84.53 hm^2，2010—2013年间湿地面积累计增加141.10 hm^2。青海湖面积由2004年的4 190 hm^2增加到2013的4 402.55 hm^2。二是湿地物种日渐丰富。青海湖地区的鸟类种类由1984年统计的164种增加到2013年的221种，4种主要夏候鸟斑头雁、棕头鸥、（普通）鸬鹚、鱼鸥的种群数量虽有波动，但变化不大。三是项目实施区的牧户收入增加，每户3年累计增加收入8.9万元，生活水平有所改善。四是完善了监测设施。建立了野外视频监控系统，监测手段更加科学，监测能力不断提高。五是注重湿地保护宣传。通过项目宣传，牧民的湿地保护意识得到提高，生产生活出现了有利于湿地保护的转变。补助政策受到广泛欢迎，现已具备长期开展湿地保护的社会基础和可行的实施方式。

4. 科学研究，提升湿地保护与管理的水准

青海省湿地资源保护的科学研究，早期是在湿地保护类型或有湿地保护性质的自然保护区内开展的。2005年以来，随着国家的重视和社会的关注，湿地资源保护研究得到了加强。例如在三江源湿地保护与恢复项目的实施中，开展的生态因子监测、项目实施成效监测和物种恢复与动态变化监测等研究，从宏观到微观对整个区域内的生态与环境状况进行了多个方面的研究，并逐步建立了综合性的监测体系，包括初步构建源区生态监测系统；建立源区生态监测技术保障体系；搭建源区生态监测综合数据平台；建立源区生态环境状况分析和生态系统综合评价体系，从而探索和建立高原生态和环境监测的模式与体系。这项科学监测研究通过8年的实践已取得实质性进展，达到了预期目标。

国家湿地公园是指以保护湿地生态系统、合理利用湿地资源、开展湿地宣传教育和科学研究为目的，经国家林业和草原局批准设立，按照有关规定给予保护和管理的特定区域。湿地公园建设过程中，为确保湿地资源品质，提高湿地保护与利用水平，2017 年国家林业和草原局下发《关于印发〈国家湿地公园管理办法〉的通知》（林湿发〔2017〕150 号），明确提出国家湿地公园管理机构应当定期组织开展湿地资源调查和动态监测，建立档案，并根据监测情况采取相应的保护管理措施。

例如，青海刚察沙柳河国家湿地公园位于青海湖盆地北部沙柳河镇，属典型高原城市湿地公园类型。为合理评价自然因素和人类活动对园区湿地土壤环境的影响，2018 年刚察县自然资源局委托第三方机构，严格按照《青海省湿地监测技术规程》（DB63/T 1359—2015）规定的取样、分析方法，结合相关分级标准，开展了园区湿地土壤环境状况调查（图 7.1）。调查采用统一的方法、标准，基本掌握了青海刚察沙柳河国家湿地公园土壤环境的总体状况，见表 7.2。

图 7.1　第三方机构对青海刚察沙柳河国家湿地公园的土壤进行调查

表7.2 青海刚察沙柳河国家湿地公园土壤环境的总体状况

序号	调查因子		单位	变化范围	背景值
1	土壤含水量		%	22.233～27.988	25.217±1.664
2	土壤容重		g·cm⁻³	0.920～1.052	0.985±0.038
3	土壤质地	砂粒	%	717.625～745.750	731.458±8.122
		粉粒	%	183.500～247.500	312.952±18.540
		粘粒	%	34.875～70.750	54.589±10.508
4	pH 值			6.670～8.253	7.480±0.457
5	含盐量		%	0.099～0.147	0.130±0.016
6	有机质含量		%	3.268～12.123	7.351±2.579
7	全氮		g·kg⁻¹	1.321～3.550	2.351±0.649
8	全磷		g·kg⁻¹	0.038～0.054	0.048±0.005
9	全钾		g·kg⁻¹	35.526～38.056	37.160±0.819
10	重金属含量	镉	mg·kg⁻¹	0.076～0.088	0.0813±0.006
		铅	mg·kg⁻¹	5.888～9.029	7.717±0.634
		砷	mg·kg⁻¹	1.801～2.849	2.307±0.284
		总铬	mg·kg⁻¹	36.913～48.557	43.748±2.522

调查结果显示：影响湿地公园湿地植被生长的关键生态因子（土壤含水量、有机质含量、氮、磷、钾）数值良好。土壤总含盐量约为 0.130±0.016%，重金属元素总铬、铅、砷和镉的含量分别为 43.748±2.522 mg·kg⁻¹、7.717±0.634 mg·kg⁻¹、2.307±0.284 mg·kg⁻¹ 和 0.0813±0.006 mg·kg⁻¹。

根据土壤盐渍化分级标准，园区无盐渍化现象，土壤含盐量对植被生长不构成威胁。重金属元素总铬、铅、砷和镉的含量均低于《中华人民共和国土壤环境质量标准》（GB 15618—1995）规定的自然环境背景值国家一级标准，表明湿地公园土壤未受重金属元素污染。定期对湿地公园环境要素进行监测、评价，使保护与管理更为精准。

5. 宣传培训，强化责任意识

多年来，全省各级林业部门围绕湿地资源保护与管理，开展了多种形式的普法教育和科普知识宣传，从不同侧面和角度大力宣传湿地的保护意义及价值。林业行业作为湿地资源保护的牵头主管部门，为营造全民参与保护的社会氛围，充分利用"世界湿地日""爱鸟周"和"野生动物保护宣传月"等活动为载体，积极组织社会各界持续开展多样的宣传教育和科普活动，传播湿地生态文明。在宣传中，注重强调湿地自身的生态功能与价值；注重讲解高原湿地资源对社会的作用和贡献；注重提高公众对湿地资源保护的认知。当前，青海高原湿地特殊的生态功能、作用和价值被越来越多的社会公众关注。

近年来，青海省人大、政协代表和委员相继提出"关于切实加强青海省湿地保护的建议""关于开展湿地生态补偿的建议""关于大力推广人工湿地技术，处理农村生活污水的议案"和关于湟水流域水污染治理的议案、提案，要求各级人民政府和社会给予重视。青海湖湿地保护、湟水流域治理与全省湿地资源保护，在代表、委员的积极关注和呼吁下不断得到省委、省政府的高度重视，相继出台了有关地方法规和规章，如《青海湖流域生态环境保护条例》《青海省湟水流域水污染防治条例》《青海省湿地保护条例》和有关治理规划，有力地推动了青海省区域内的湿地资源保护与管理。

青海省林业主管部门每年都组织不同专业的业务知识、有关法律法规培训，如关于野生动物疫源疫病防控、湿地资源生态保护、湿地公园建设、自然保护区管理、森林资源保育、有害生物防治等的知识，目的是更新知识，适应林业事业发展的需要，从而不断提高管理人员的业务能力和管理水平，增强其应有的责任意识、法律意识与服务意识。同时，借助林业开展的一些社会公益性活动，强化对社会公众的宣传，提升公众的生态保护意识、参与共管意识和监督担当意识，促进共同营造、建设大美青海，惠及全社会发展。

综上，青海省通过依法保护，对湿地实施有效管理；通过体制建设，保障湿地保护与管理的规范运行；通过项目实施，促进湿地有序发展；通过开展科学研究，提升湿地保护与管理的水准。通过近50年的保护与建设，青海湿地取得了显著成效。但是，仍然存在着一些不可忽视的问题，尤其是制约性的瓶颈问题应引起高度重视。如全省湿地保护的体制机制问题、管护队伍的建设问题、科学规划的制订问题，尤其是不合理的开发利用，对湿地生态系统造成不可逆的影响。这些问题的存在与产生有主观因素，也有客观因素。鉴于青海省湿地资源的独特性，其在经济社会可持续发展中的重要作用和应有的生态功能有待进一步优化。

第二节　优化湿地保护与管理

依据国家实施的《中国湿地保护行动计划》，创新发展思路，认真对待存在的制约性问题，思考如何拓展高原湿地保护事业，体现青海省湿地资源保护的价值。目前，随着国家对湿地资源保护的日益重视，湿地资源管理将由传统的为畜牧业生产、水利建设和盐化工业发展服务为主逐步向以高原生态环境保护与治理为主转变，由被动保护逐步向主动拓展保护与建设转变，由单一的宣传保护向生态工程建设和生态补偿转变，这是保护理念顺应时代发展和生态文明建设的要求做出的改变。随着国家公园示范省的建设，青海省创新湿地资源保护的体制机制，使湿地这一土地资源发挥了应有的效能。

一、提高认识，正确处理资源与发展的关系

湿地是重要的自然资源，不仅具有强大的经济功能，而且具有涵养水源、净化水质、蓄洪防旱、调节气候和维护生物多样性的重要生态功能，在生态安全和经济社会可持续发展中发挥着不可替代的作用。保护湿地，对于维护生态平衡，改善青海省乃至黄河、长江、澜沧江中下游地区的生态状况，实现人与自然和谐共处，促进青海省经济社会可持续发展和全面建成小康社会都具有十分重要的意义。

青海省湿地保护应从全省经济社会发展大局和湿地生态系统整体功能的发挥出发，正视存在的制约性问题，采取有力的措施，降低不合理的人为活动对湿地资源的影响。①将湿地资源保护与合理利用纳入全省社会经济发展规划，与土地利用、生态治理、生态恢复等同等对待；国土三调把湿地作为一级土地类型，更有利于湿地资源的保护与利用。②加大退牧还草、荒漠化治理、天然林和公益林保护等工程的建设，增强高原湿地生态功能。③科学防治鼠虫害，避免因防治不当给草地、湿地等生态系统带来新的威胁与破坏。④建立湿地资源信息管理系统和监测体系，掌握其动态变化规律。⑤研究湿地资源利用的对策与退化的成因，为高原湿地资源保护和利用提供科学依据。

注重解决区域发展与湿地保护间的矛盾。行政区域是社会管理的地理区域划分的一种形式，而生态系统内部或之间的物质能量流动和信息交流是没有区域限制的。湿地生态系统通过水系生态廊道或生物间交流而彼此相互影响，青海省域内的长江、黄河、澜沧江、青海湖和柴达木盆地等跨区域的湿地生态系统尤其突出；湿地资源保护，要突破行政区域的限制，加强区域间的合作和交流，建立协调沟通机制，统筹规划资源保护。

注重湿地资源的保护、管理和利用。加强对高原湿地利用的统一规划管理，实施环境影响评价制度，严格湿地开发利用审批程序，严禁盲目开发和破坏湿地的行为发生，调整与改变湿地资源粗放型开发模式，注重扭转只重视湿地生产功能而忽视其生态功能的倾向；同时，充分发挥媒体和公众的监督作用，保证全省湿地建设健康有序地发展，实现湿地资源的永续利用。

二、强化职能，注重建立保护和协调机制

在1998年的机构改革中，国务院将全国的湿地资源管理赋予原国家林业局负责组织、协调和国际公约有关的履约工作。2000年，原国家林业局会同17个部（委、局）制定了《中国湿地保护行动计划》，明确提出地方各级人民政府具有管理本行政区域内湿地保护

与合理利用的职责，在中央各主管部门的业务指导下负责本地区的湿地管理。2003 年 8 月，原国家林业局负责编制了《全国湿地保护工程规划（2004—2010 年）》；2004 年 6 月，国务院发出《关于加强湿地保护管理的通知》（国发办〔2004〕50 号），对湿地管理提出了具体要求。国务院于 2005 年 9 月批准实施《全国湿地保护工程规划（2005—2030 年）》，投资 1 300 多亿元人民币。2006 年，国家发改委和原国家林业局将湿地保护列入"十一五"期间的建设重点，并启动了湿地保护工程建设。2007 年 2 月，原国家林业局成立了国家林业局湿地保护管理中心（中华人民共和国国家湿地公约履约办公室），主要组织起草湿地保护的法律法规，研究拟订湿地保护的有关技术标准、规范和全国性、区域性湿地保护规划并组织实施；组织全国湿地资源调查、动态监测和统计；组织实施建立湿地保护小区、湿地公园等保护管理工作；对外代表中国开展国际湿地公约的履约工作；开展有关湿地保护的国际合作等工作。鉴于土地、水、野生动植物等自然资源复合存在于湿地生态系统中，在湿地保护管理实践中，一块湿地往往有多个不同部门同时管理，湿地保护管理还涉及自然资源、农业农村、水利、住房和城乡建设、生态环境等部门。2008 年 9 月，原国家林业局颁布《国家湿地公园建设规范》和《国家湿地公园评估标准》。2013 年 5 月，原国家林业局实施《湿地保护管理规定》。

2018 年 4 月，为加大生态系统保护力度，统筹森林、草原、湿地监督管理工作，加快建立以国家公园为主体的自然保护地体系，保障国家生态安全，国务院机构改革方案提出，将原国家林业局的职责、农业部的草原监督管理职责，以及国土资源部、住房和城乡建设部、水利部、农业部、国家海洋局等部门的自然保护区、风景名胜区、自然遗产、地质公园等的管理职责整合，组建国家林业和草原局，由自然资源部管理。国家林业和草原局内设湿地管理司，主要指导湿地保护工作，组织实施湿地生态修复、生态补偿工作，管理国家重要湿地，监督管理湿地的开发、利用，承担国际湿地公约履约等工作。

随着国家大部制的改革，全国湿地保护事业迎来了大发展时代，湿地的管理结束了"九龙治水"的局面。青海省积极行动，成立青海林业与草原局，并在该局设有湿地中心，市州级地方人民政府在林草处建立湿地资源保护机构，完善管理的机制与体制。同时，充分鼓励社会力量参与，形成有利于保护的新机制。同时，针对湿地类型或以湿地保护为主的自然保护区、保护分区，以及湿地公园建立专门的管理机构，强化科学规范的管理，并加强专业化队伍建设。

三、依法管理，完善地方性湿地法制体系

完善的法制体系是有效保护湿地资源、实现可持续利用的关键和保障。经过多年努力，青海省湿地保护立法取得了明显的成效。2013 年，颁布实施了《青海省湿地保护条例》（以下简称《条例》），为青海省湿地资源保护管理提供了有力的法律依据。该《条例》对各级地方政府和各有关部门的职责做出明确要求，需履行的责任均已确定，法律责任也已制定，为青海省湿地保护事业的发展奠定了法律基础，标志着全省湿地保护管理工作走上规范化、法制化的道路。2015 年，发布了《青海省重要湿地监测技术规程》（DB63/T 1359—2015），为对重要湿地进行精准保护与管理提供了技术依据。①各市州要制定贯彻《条例》的实施细则，探索建立重要湿地保护名录，科学划定湿地资源保护红线，进一步提升林业在湿地保护中的作用。②发布《青海省重要湿地标示规范》等管理规定，制定《青海省重要湿地名录》，强化保护，营造科学规范的管理体系和社会氛围。③制定并出台高原湿地保护与利用的政策措施，尽早建立湿地生态效益补偿机制，改善农牧民生存环境和生活水平。④制定天然湿地开发的经济限制政策，提高利用天然湿地的成本；同时，建立鼓励社会团体、个人参与保护、利用湿地的激励机制，将青海省高原湿地资源利用提高到一个较高层面。

四、科学管理，强化资源综合保护和治理

要充分利用国土三调湿地资源调查研究成果，谋划发展，从宏观层面上确定青海省湿地资源保护的目标与任务，编制工作实施方案，做好与相关规划的统筹、衔接工作，尤其要从土地管理的视角，谋划湿地利用、保护与管理；进一步细化湿地确认、划定和评价指标体系，科学合理地列出具有国际、国家和地方重要意义的湿地名录；统筹考虑全省湿地自然保护区、国家湿地公园和国际重要湿地的保护建设。①依据《全国湿地保护工程规划 （2005—2030 年）》的框架要求，建议修编《青海省湿地保护与发展规划》，重新界定建设目标、任务以及建设项目的时空安排，将确定的建设目标、任务落实到各地、各有关部门，落实到具体湿地区域。②坚持"全面保护、生态优先、突出重点、合理配置、持续发展、永续利用"的方针，将青海省天然湿地资源保护好、治理和恢复好；加大湿地恢复工程的建设力度，增加湿地监测、科研、宣传、培训投入，确保各项工作开展到位、有成效。③注重抢救性保护，尤其是格里木地区湿地恢复建设，将提到更高的层面，做好善后修复，同时，做好新建湿地自然保护区的科考、规划等基础性工作，使全省湿地自然保护区总数达到 8～10 处；对拟建国家级湿地公园和申报国际重要湿地的项目，要做好指导。④依据《青海省重要湿地监测技术规程》（DB63/T 1359—2015），

加强湿地资源监测，建立科学、规范和完善的监测体系，实现对湿地资源系统、全面、动态的监测，监测重点为湿地野生动植物种群及其栖息地、人为活动的影响等；有针对性地采取措施，对受到严重破坏的湿地动植物资源，通过人工保育的方式促进其恢复。

五、科学发展，注重湿地保护国际化建设

青海省湿地保护事业要时刻注重科学与发展的统一性，这是高原湿地建设的根本，也是发展的要求所在。湿地与森林、海洋并称为地球三大生态系统，其功能强于其他系统，是人类生存的重要资源。青海省的湿地资源关系着我国众多地区的经济社会发展，实施科学管理，有利于对其保护，更有利于全省生态保护事业的健康发展。①遵循《湿地公约》之规定，将青海湖、扎陵湖和鄂陵湖3块国际重要湿地的保护工作做好。同时，开展广泛的国际合作与研究工作，对于已经列入潜在国际重要湿地的地块，要积极争取早日加入《湿地公约》；根据湿地生态系统的特性和功能，考虑其原始性、独有性和物种丰富性特点，对需要保护的湿地资源要采取相应的保护、拯救措施，依法进行管理。②青海省是水资源基地、高原物种基因库、全球气候变化的指示区，其湿地功能强大，在全国强化湿地生态系统建设的总体布局中，青海省要有大局意识、高原意识和特色意识，将高原湿地建设融入世界发展之中，注重发展理念的调整，尤其是管理者要提升认识，将高原湿地独有的特点、条件和资源利用好、建设好。③利用科研、教学单位的优势，制订可行的研究方案，加大科研投入，集中力量，重点攻关，开展全省湿地地理与地质环境、类型特征、功能价值、合理利用模式，以及动态变化和恢复修复技术等研究，为湿地的保护、管理提供科学依据。④利用全国湿地保护网络建设，下大力气推荐和宣传青海省高原湿地资源，以新的理念强化社会宣传教育，使人们深入了解湿地的功能和作用；同时积极发挥社会团体组织的作用，营造重视湿地保护、参与湿地保护的良好社会局面。⑤将湿地保护经费列入各级政府财政预算，逐年增加经费投入，积极争取中央财政湿地保护补助资金的投入；运用市场机制，开辟社会集资渠道，鼓励和吸引社会各方投资与捐赠，争取国际组织、民间团体对青海省高原湿地保护的资助，确保全省湿地保护工作在"十四五"期间取得大的发展和新的建设成效。

青海省高原湿地保护任重而道远，其不仅是政府职能部门的责任，也是一项群众参与性很强的工作。各级人民政府和行业管理部门要认真对待，提高认识、采取措施，履行时代发展赋予的职责，将青海省高原湿地保护事业建设得有特色、有开拓和有创新。

六、特许经营，创新湿地资源的利用方式

青海省国家公园示范省的建设，打算将全省面积的70%建成国家公园。基于青海省

重要的生态地位，通过国家公园的建设，将保护与发展更有效地结合，促进青海省社会经济的发展。在此背景下，探索青海省湿地资源可持续利用的模式迫在眉睫。三江源国家级自然保护区的建设为国家公园示范省的建设提供了可复制的制度体系和实践经验，尤其是特许经营制度的实施，已显现出很好的经济、社会与生态效益。

我国湿地保护、管理主要采用分级管理模式，主要有国际重要湿地、国家重要湿地、省级重要湿地、国家湿地公园和国家级、省级及省级以下湿地自然保护区、湿地保护小区等。除传统的湿地资源利用方式外，许多湿地成为区域人民共享的绿色空间和体验自然、旅游的重要载体。新的形势下，如何可持续利用湿地资源是必须面对和解决的问题。实践证明，特许经营是兼顾保护与发展的有效举措。

第八章 基于特许经营的湿地资源保护与利用

如何把湿地的合理利用和保护有机统一是湿地保护组织、业界以及学术界共同关注的问题。湿地具有生态价值、社会价值和经济价值。从湿地的生态价值看,湿地属于公共所有,全社会每个人都享有使用的机会;而从湿地的社会价值和经济价值的体现来看,湿地的使用具有一定的排他性,即使用者需要支付一定的费用才能享用。单一的湿地管理者不能很好地同时提供这后两类服务,在湿地利用中通过特许经营引入私人资本,成为保护湿地与利用湿地资源获得最大化利益,从而实现更广泛的保护目标的重要举措。

第一节 特许经营概况

一、特许经营

1. 什么是特许经营

（1）特许经营。

特许经营起源于 19 世纪 40 年代,最开始是以政府的特别许可授予私人或商人使用的某些专属权力,后来随着该模式的不断发展变化,逐渐成为市场的一种管理模式,即特许人将自己的商标、技术等权力以合同的形式转让给他人,并从中获取一定的费用,便形成了商业特许经营模式。

由此可见,特许经营包括商业特许经营和政府特许经营两种,分别对应英文单词franchise 和 concession,两种特许经营的主体不同,含义具有明显差异。在我国《商业特许经营管理条例》中,商业特许经营的特许人为拥有注册商标、企业标志、专利等经营资源的企业,特许人以合同的形式将其所拥有的经营许可转让给其他经营人（又称为被特许人）,接受转让的经营人需严格按照合约的内容开展经营活动,并向特许人支付特许经营费用。

政府特许经营是指政府作为特许人,将国家的公共资源、公共物品的经营权依法授权给企业法人或其他组织,并通过协议明确双方的权利、义务以及双方需要共同承担的风险，约定在一定期限范围内投资建设基础设施和公用事业并获得收益。政府特许经营的本质是政府为了充分发挥公共部门和私人部门的优势，借助于竞争机制和市场来宏观调控公共服务的供给，促使双方之间密切合作，从而为社会大众提供优质、多样的公共产品和服务。以各类遗产资源保护区的特许经营为例，政府特许经营是通过市场竞争机制选择某项公共产品或服务的投资人或经营人，并通过协议确定在一定期限范围内提供公共产品或服务。由于管理客体的差异，遗产资源保护区的特许经营与市政公用事业的特许经营管理不能一概而论。本书说的湿地特许经营与各类遗产资源保护区的特许经营具有一致性，都是以政府为主体，将公共事业的特许经营权授予给法人或组织，从而实现公私合营，以保证公众利益和公共工程的安全。

商业特许经营和政府特许经营的对比见表 8.1。

表 8.1　商业特许经营和政府特许经营的对比

	商业特许经营	政府特许经营
特许人	企业	政府
授权形式	合同	特许经营权协议
属性	完全私法性	公法性兼具私法性
类型	商品商标特许经营 生产特许经营 特许加盟连锁	市政公用事业特许经营 自然资源特许经营 风景名胜区特许经营

（2）特许经营权。

以湿地公园为例，特许经营权指"湿地公园管理机构以外的任何一方在湿地公园内开展经营活动所需要的租约、执照、地役权或许可"。特许经营权的授予形式多样，主要包括拍卖、意向书、招标、直接授予或者经营许可，以及其他的形式。湿地公园的特许经营活动主要包括访客服务以及其他的内容，如湿地公园内的科普宣传活动、各种游览辅助设施设备等。

（3）特许经营系统。

特许经营是一个复杂的系统，主要由 4 个基础条件以及 9 个构成要素组成。4 个基础条件主要有组织管理、信息透明、决策公平以及持续改进。9 个构成要素为法律政策；数据库；信息申请人以及公众；环评、监控；员工；标准合同；规划；程序及规程；费用、成本、回报以及激励。此外，想要建立有效且功能强大的特许经营系统，稳定的政治环境、公众的支持以及精心起草的与湿地公园管理监督相关的各项法律和政策这些外部因素也必不可少。

2. 特许经营的目标及作用

湿地公园特许经营的建立可以实现多个目标，主要有获得经济收入、促进地区经济和社会发展，有助于保护湿地生物多样性、改善地区访客服务水平、降低湿地资源的不当利用产生的消极影响、增加地区贫困群体的生计多样性等。根据目标的优先顺序的不同，湿地公园特许经营的制度也会存在差异。因此，湿地公园管理者需要将目标进行合理排序，确定所要实现的首要目标，并围绕首要目标制定有针对性的特许经营管理制度。通过合理、高效的特许经营管理制度的建立，提高湿地公园的资源保护与利用的效率，增强湿地公园的经济和社会效益，实现湿地公园的可持续发展，增加地区的就业机会，促进贫困群体脱贫致富。

3. 特许经营的操作方法

以特许经营的目标为导向，以良好的法律政策为基础，以稳定的政治环境为依托，从而实现特许经营的高效运转。对于湿地公园的管理机构而言，特许经营的工作涉及特许经营的规划、环境影响评价、特许经营权的分配授予、特许经营的费用及合同、特许经营的监控以及业务管理 6 个部分，其中，特许经营的规划、特许经营权的分配授予与特许经营的监控为主要构成部分。

4. 特许经营的关键主体

特许经营是平衡湿地资源保护与利用，以及兼顾效率和公平的重要方法，实现特许经营系统良好运行的关键主体主要有员工、访客体验以及特许经营商。其中，员工能力的建设是特许经营系统运行的关键点，因为再好的制度和方法都需要有能力的员工去实施，强有力的员工组织和建设能力还能够弥补制度的不足，推动各项制度的修订与完善；访客体验是引起访客与环境产生共鸣，建立强烈的情感联系，从而获得最真切的感受，达到生态教育功能的重要手段；特许经营商与湿地公园的管理机构在湿地资源保护等方面具有共同的利益关系，特许经营者要认识到责任所在，积极推动地方社区参加，注重本地采购，形成地区供应链条，从而带动本地区经济发展。

二、湿地管理机构实施特许经营的原因

1. 特许经营商的优势

特许经营作为私营部门在开展经营活动的过程中具有一定的灵活性，并且特许经营商之间的良性竞争更加有利于促进技术、管理和产品的创新。因此，相比较于公共部门来说，特许经营商具有以下优势：

（1）特许经营商更了解湿地的价值链，而且具有较为完善的市场营销和分销渠道，有利于吸引更多的访客。

（2）特许经营商具有较强的市场敏感性，能够及时了解市场需求，适应市场变化，并依据市场趋势创新产品和服务。

（3）特许经营商在劳动合同的签署上具有一定的灵活性。

（4）特许经营商往往具有较为多样的融资渠道，可以较为容易地筹集到所需资本和运营资金，在财务收支方面具有较大的灵活性。

（5）在特许经营活动的价格设置上具有较大的自由权。

（6）受政府的政策影响相对较小，有利于经营项目的创新和经营业务的延续。

2. 特许经营的优势

相对于政府等公共部门直接在湿地内开展经营活动，运营良好的特许经营可以为湿地建设和发展带来诸多好处。

（1）保障湿地开发与湿地保护事业具有一致的核心目标。

（2）提供湿地管理机构未能或不能提供的额外服务。

（3）扩展湿地的访客范围。

（4）为湿地管理机构提供收入，从而更好地为湿地保护事业或访客服务项目提供资金。

（5）通过解说与体验等方式，帮助访客了解湿地建设及保护工作的开展，从而获得更加广泛的人群对湿地保护管理计划的支持。

（6）有利于将湿地作为旅游目的地进行营销和推广。

（7）可以增强对湿地生物保护的监管力度，有助于减少对野生动植物的非法捕捞等活动，提高湿地生物的安全性。

（8）为湿地内及周边社区居民提供就业机会，提高其技术与能力水平，有利于拓展居民生计方式，改善困难群体的经济条件，促进地区可持续发展。

（9）特许经营建立稳固的公私合作关系，使得湿地资源开发和保护可以协同共进。

湿地资源实施特许经营的好处是显而易见的，值得注意的是，虽然通过特许经营促使特许经营商与湿地管理者签订协议具有多方面的益处，但是也有缺陷。因为并不是所有的特许经营商都对湿地保护事业感兴趣，有些特许经营商只希望通过与管理机构建立合作关系而更好地实现其经济利益。所以，在实施特许经营时，湿地管理机构需要培养并引入有能力的员工来进行湿地规划，授予其管理特许经营合同，消除特许经营对环境、社会和文化等方面造成的消极影响，并做好监督与管理工作，避免湿地资源特许经营活动过于商业化和提供低效的访客服务。湿地管理者需要明确可以提供的访客服务以及需要授权的服务类型，并以此实现特许经营效益最大化，从而产生更为巨大的乘数效应，使收益远超出支付的成本。

第二节　特许经营的意义、经济效益与鼓励措施

一、特许经营的意义

随着市场作用的不断凸显，个别公共事业实现私人经营，并通过有效的监督和管理机构实施监控，不仅可以使消费者和政府都能从中受益，还可以促进企业在竞争中积极改进技术与管理结构。湿地作为准公共产品，其产品受投资回报周期和投资额的影响长期由政府提供。让私营企业参与湿地的产品供给，实现特许经营，不但对于政府财政压力具有积极的缓解作用，而且对于湿地产品供给效率和质量的提高具有关键作用。下面以国家湿地公园为例进行说明。

1. 缓解地方财政压力，促进政府职能转变

受我国管理体制的影响，公共物品的供给对政府过于依赖，导致湿地建设事业也存在政府既是产品提供者也是管理者，既是经营者也是所有者的问题。即使某些湿地由企业经营，但也是政府成立或干预的企业。在传统的国家湿地公园旅游产品的供给过程中，政府部门主要负责公园内基础设施的投资、建设、运营、维护等。随着社会经济的快速发展，人们对旅游产品和服务的需求量越来越大，使得政府在有限的财政支出下，所承受的压力日益增大，承担的责任日渐增多，从而造成提供的产品和服务的效率低下。政府不可能参与所有公共物品的提供。对于国家湿地公园来说，政府不可能也不需要承担湿地公园内所有旅游产品的生产与供给任务，因此，在国家湿地公园的建设过程中，政府应该在合理范围内发挥自身职能作用，在超出范围的领域应该转让权力以保证产品和服务的供给效率和公共利益。政府可以将湿地公园内旅游产品的供给以及旅游辅助设施的建设通过公开招标、管理合同、租赁协议等方式授权或转让给合适的私营企业。这样的做法不仅有利于促进政府从直接参与湿地公园旅游产品的生产和经营活动转向发挥政府优势，实现规范化管理和有效监督的职能转变，而且可以通过特许经营制定积极灵活的产业引入制度，促进经营商之间的良性竞争，从而更好地发挥市场的作用，提高经营效率，增加经营收益，减轻政府的财政负担。

2. 借助竞争机制，提高产品的供给效率

长期以来政府垄断经营的管理体制，造成了旅游产品的投资和回报效率低下、服务质量不高以及资源浪费现象严重。这些问题的产生主要是由于缺乏竞争机制、行业垄断、官僚主义以及缺乏有效的监督评价机制。通过允许私营企业参与到公园内产品和服务的供给，打破了原有的湿地公园旅游开发为政府所有、垄断的局面，利用市场来决定经营商的收益和所占有的市场份额。

借助于市场的调节作用，将国家湿地公园内的旅游产品逐渐向私营企业和市场开放，并且不同经营者之间的竞争，不仅有助于各级政府监督管理能力的提高，也有助于湿地公园调整自身的经营活动，改善产品和服务的质量，从而实现资源的优化利用，提高投资回报率。

3. 推动经营管理方式升级，提高访客的体验质量

传统的湿地公园的管理一直由政府部门制定并发布政策和管理办法进行行政管理，有时不能依据市场及时有效地做出调整，也不能完全适应于各个湿地公园，导致各级政府之间管理方式不统一、管理效率低下等问题。通过将特许经营引入湿地公园旅游开发过程中，建立现代企业管理制度，依托市场规律开展生产经营活动，能够有效地克服政府行政管理无法解决或忽视的问题。与此同时，营利是私营企业的主要目的，在其授权经营的范围之内，湿地公园经营者必然会为了获得较大的经营收入而采用各种管理方法来提高产品和服务的竞争力，从而对于湿地公园内高质量旅游产品和服务的提供具有重要的促进作用。但是，政府在授予湿地公园特许经营商经营权利的同时，也要对其经营权限做出明确规定，并实时监督经营商的活动，避免经营商因过分追求经济利益而做出与湿地公园保护事业背道而驰的行为。在国家湿地公园实行特许经营活动，有利于打破湿地公园传统的经营管理制度和方法，引入先进的管理理念和技术，从而更好地改进旅游产品和服务，提高访客的体验质量。

4. 扩大经营影响，促进公园保护事业的发展

保护是湿地公园开发和建设的首要目标，平衡好保护和开发之间的关系是湿地公园管理者亟须解决的问题，而特许经营是平衡保护、游憩和旅游3者之间关系的重要措施，对于促进湿地公园保护事业的可持续发展具有重大意义。

特许经营商通过超额支付特许经营费用，最小化其经营对公园产生的影响，并认真遵守特许经营协议条款，有利于湿地公园的保护事业可持续发展。因此，政府应该积极支持湿地公园开展特许经营活动，鼓励特许经营商积极参与公园保护，并通过特许经营的最小化影响在湿地公园保护事业等多个方面做出贡献，扩大特许经营的影响范围。例如，特许经营商通过独立的非政府组织筹集资金来资助国家湿地公园保护项目；开展和协助湿地保护研究；为人们提供游览湿地公园、了解湿地资源并获得自然教育的机会；为湿地公园管理机构及工作人员提供一定的后勤支持；对湿地公园进一步宣传，呼吁人们对湿地自然资源与景观进行保护等。

二、特许经营的经济效益

在国家湿地公园开展特许经营活动，不仅会直接产生大量的经济活动，而且还会对周边地区产生积极影响。以阿贝尔·塔斯曼国家公园为例，Wouters（2010）发现 2005年该国家公园内有 38 家特许经营商，这些经营商在湿地公园内开展的活动大约占湿地公园游访的 5%，经营业务的直接营业额为 460 万新西兰元，雇佣了 53 名全职员工，该营业额和雇员在地区产生了更多的经济活动，称为乘数效应。由于特许经营业务的开展，阿贝尔·塔斯曼国家公园产生的每一元钱又会产生 60 分的经济收入，每一个特许经营的工作岗位会在地区产生另外 0.4 个其他工作岗位，该国家公园内特许经营营业额的直接经济产出则从原来的 460 万变成 750 万新西兰元的直接影响，而就业岗位也从 53 个变成了73 个。与此同时，该公园特许经营项目的开展延长了访客的逗留时间，从而增加了公园内的住宿、餐饮以及娱乐的收入。阿贝尔·塔斯曼国家公园的例子很好地说明了，虽然地方的特许经营业务本身具有一定的局限性，但是其产生的经济效应是显著增加的，而且特许经营业务的效益与湿地公园内的项目、设施的大小并没有直接的联系，反而有时候公园内的大型基础设施或项目的建设会对公园自然环境造成破坏，从而降低访客的体验质量。

由于各个区域和业务之间存在旅游乘数的差异，因此，特许经营业务对地方经济的影响程度也不尽相同。国家湿地公园管理者若想其特许经营业务对当地经济产生最大化的经济影响，则应雇佣当地员工且尽可能与本地商品和服务的供应商达成合作协议，积极购买本地产品和服务，从而减少在湿地公园或地区以外的漏损资金，增加特许经营活动对本地产生的经济效益。

总而言之，湿地公园内特许经营活动可以成为当地的经济驱动力，成功的特许经营可以为湿地公园带来巨大的经济溢出效益，不仅会影响湿地公园及其附近区域，甚至会延伸到国家经济领域。国家湿地公园的管理机构需要认识到特许经营的经济价值，可以通过成功经营者的案例或从特许经营商处收集有价值的信息，如营业额、员工数、访客逗留时间等来宣传国家湿地公园保护事业以及特许经营活动的经济效益，从而促使当地居民以及邻近社区和相关决策者了解湿地公园建设的意义与投资价值。

三、湿地公园管理者可采取的鼓励措施

国家湿地公园管理者在湿地特许经营活动开展过程中，要积极鼓励并支持想要为湿地公园保护事业做出更多工作的特许经营商，并在相互尊重的基础之上，积极与特许经营商建立合作关系。国家湿地公园管理者可以通过以下措施鼓励特许经营商参与湿地公园的保护事业。

1. 设立"保护事业"工作奖项

国家湿地公园可以设立"保护事业"工作奖项，通过奖项的设立突出国家湿地公园管理机构对于青海省湿地保护事业的重视，明确对湿地保护和开发有利的旅游产品类型，并通过以特许经营商对湿地公园的保护表现作为奖励依据，从而鼓励特许经营商更多地参与到保护事业当中。这一奖项的设置，不仅促使湿地公园的特许经营商为湿地公园管理机构提供了重要的宣传机会，而且湿地公园管理机构的参与也会对特许经营商提高访客的体验质量产生帮助。除此之外，还有助于平衡湿地公园发展与湿地公园建设之间的关系，使经营者意识到国家湿地公园管理机构对湿地公园旅游业的支持，为吸引潜在投资者打下重要基础。

2. 建立稳固的合作关系

国家湿地公园管理机构应该在保障湿地公园未来可持续发展的前提下，积极与特许经营商合作，通过沟通和交流，了解双方的需求与面临的困境，建立起一种稳固的合作关系，这将有效提高湿地公园的保护成效。虽然行业认证也是鼓励特许经营商参与湿地公园保护事业的常用措施，但是实践经验告诉我们，行业认证也有其明显的缺陷，即认证并不能总是与湿地公园的保护目标和经营者的目标保持一致。因此，国家湿地公园管理者在考虑特许经营采用第三方认证时，需要做好统筹规划和思考，避免因为复杂的认证项目和耗时耗力的认证过程降低特许经营商参与保护事业的积极性和效率。

3. 实施竞争授权机制

在市场经济背景下，竞争一方面具有适应和协调功能，即经营商适应价格变化调整自身的生产经营活动，另一方面可以刺激经营商为占有更多的市场份额，在获得更多利益的压力下，提高效率，推动技术创新。因此，国家湿地公园在授予特许经营权时可以将"对湿地保护的贡献"作为选择的标准之一，并采取具有竞争性的项目授权方式，如招标、拍卖等形式。一方面可以鼓励当地社区中为保护事业做出重要贡献的经营商参与到湿地公园特许经营活动中来；另一方面，也可以激励特许经营商积极参与湿地公园的保护事业。

国家湿地公园特许经营的开展，有利于促进湿地公园的发展和提高管理旅游业的能力，从而达到保护湿地环境的目标，有益于湿地公园的保护事业；有利于湿地公园获得更广泛的政治和群众支持，为湿地公园内及周边地区提供商业项目，促进当地经济社会的发展。

国家湿地公园管理者若希望通过开展特许经营而增加公园收益，并提高湿地公园保护事业的效率，需要认识到自身所具有的优势和劣势，以及需要改进和加强的地方。只有通过积极反思和实践，才能更好地促进湿地公园保护事业的发展，增加湿地公园内部以及周边地区的收益。

附录 《青海省湿地保护条例》

（2013年5月30日青海省第十二届人民代表大会常务委员会第四次会议通过　根据2018年9月18日青海省第十三届人民代表大会常务委员会第六次会议《关于修改〈青海省矿产资源管理条例〉等三部地方性法规的决定》修正）。

目　　录

第一章　总　　则

第一条　为了加强湿地保护，维护湿地生态功能和生物多样性，促进湿地资源可持续利用，推进生态文明建设，根据有关法律、行政法规的规定，结合本省实际，制定本条例。

第二条　本省行政区域内湿地的保护、利用和管理等活动，适用本条例。

第三条　本条例所称湿地，是指天然或者人工形成、常年或者季节性积水、适宜野生生物生存、具有较强生态功能并依法认定的潮湿地域，主要包括盐沼地、泥炭地、沼泽化草甸等沼泽湿地和湖泊湿地、河流湿地、库塘湿地。

第四条　湿地保护遵循科学规划、保护优先、合理利用和可持续发展的原则。

第五条　县级以上人民政府应当将湿地保护纳入国民经济和社会发展规划，加大湿地保护投入，将湿地保护管理经费纳入本级财政预算。

第六条　湿地保护工作实行目标考核制度。县级以上人民政府应当将湿地保护工作作为对下一级人民政府及其负责人生态保护年度目标责任考核的内容。

第七条　湿地保护工作实行综合协调、分部门实施的管理体制。县级以上人民政府应当加强对湿地保护工作的领导，建立湿地保护工作综合协调机制。

县级以上人民政府林业主管部门负责本行政区域内湿地保护的组织、协调、指导和监督管理工作。省人民政府林业主管部门所属的湿地管理机构负责全省湿地保护、协调、指导和监督管理的具体工作。

县级以上人民政府发展改革、财政、国土资源、环境保护、住房和城乡建设、农牧、水利、旅游、交通等部门，在各自职责范围内做好湿地保护工作。

乡（镇）人民政府应当做好湿地保护的相关工作。

村（牧）民委员会应当配合有关主管部门做好湿地保护工作。

第八条　县级以上人民政府林业主管部门应当组织、支持开展湿地保护的科学研究，应用推广湿地保护研究成果。

鼓励、支持单位和个人以志愿服务、捐赠等形式参与湿地保护活动。

第九条　各级人民政府及其有关部门、新闻媒体应当组织和开展湿地保护宣传教育，提高公民湿地保护意识。

任何单位和个人都有保护湿地资源的义务，并有权对破坏、侵占湿地资源的行为进行检举、控告。

第十条　县级以上人民政府及其有关部门对在湿地保护工作中做出显著成绩的单位和个人，给予表彰奖励。

第二章　规划与名录

第十一条　省人民政府林业主管部门应当会同发展改革、财政、国土资源、环境保护、住房和城乡建设、农牧、水利、旅游、交通等部门编制全省湿地保护规划，报省人民政府批准后组织实施。

州、县级人民政府林业主管部门应当会同有关部门根据上一级湿地保护规划，组织编制本行政区域湿地保护规划，报本级人民政府批准后组织实施。

第十二条　湿地保护规划应当明确本行政区域湿地保护的总体目标、阶段任务、实施方案以及具体措施等，并与土地利用总体规划、城乡规划、水资源规划、环境保护规划、草原保护建设利用规划、旅游规划等相衔接。

经批准的湿地保护规划需要调整或者修改的，应当按照规划批准程序重新办理。

第十三条　县级以上人民政府林业主管部门编制或者调整湿地保护规划，应当通过座谈会、论证会、公示等形式，征求有关单位、专家和公众的意见。

经批准的湿地保护规划，应当向社会公布。

第十四条 湿地实行分级保护制度。根据生态区位、生态系统功能和生物多样性，将湿地划分为国家重要湿地、地方重要湿地和一般湿地，列入不同级别湿地名录，定期更新。

第十五条 省重要湿地名录和保护范围，由省人民政府林业主管部门会同有关部门提出，报省人民政府批准公布。

一般湿地的名录和保护范围，由所在地县级人民政府林业主管部门会同有关部门提出，经州（市）人民政府林业主管部门审核后，报州（市）人民政府批准公布。

湿地申报列入国际重要湿地、国家重要湿地名录的，按照国家有关规定执行。

第十六条 县级以上人民政府林业主管部门编制或者调整湿地保护名录，应当与相关权利人协商，并征求所在地村（牧）民委员会的意见。

第十七条 县级以上人民政府林业主管部门组织开展湿地及保护范围认定、编制湿地保护规划、湿地资源监测结果评估以及湿地资源保护与利用等工作，应当组织林业、国土资源、环境保护、住房和城乡建设、农牧、水利、交通、气象等方面专家和工程技术人员进行评审。评审意见作为决定湿地保护重要事项的依据。

第三章 湿地保护

第十八条 对国家和地方重要湿地，通过设立国家公园、湿地自然保护区、湿地公园、水产种质资源保护区、湿地保护小区等方式，建立健全湿地保护体系，加强湿地保护。

自然保护区范围内湿地的保护和管理，依照《中华人民共和国自然保护区条例》。

第十九条 以保护湿地生态系统、合理利用湿地、开展湿地宣传教育和科学研究为目的，开展生态旅游等活动的湿地，可以建立湿地公园。

湿地公园分为国家湿地公园和地方湿地公园。

第二十条 未设立国家公园、湿地自然保护区、湿地公园、水产种质资源保护区、湿地保护小区的湿地，县级以上人民政府应当根据湿地实际情况，采取必要的政策、管理和技术措施，保持湿地的自然特性和生态特征，防止湿地生态功能退化。

第二十一条 县级以上人民政府应当按照湿地保护规划对退化的湿地进行恢复。

因缺水导致湿地功能退化的，应当建立湿地补水机制，定期或者根据恢复湿地功能需要有计划地补水；因过度放牧导致湿地功能退化的，应当实施轮牧、限牧，退化严重的实行禁牧；因开垦导致湿地功能退化的，应当实施退耕措施恢复湿地。

第二十二条 向湿地引进动植物物种或者施放防疫药物的，应当按照有关规定办理审批手续，并按照有关技术规范进行试验。

第二十三条 县级以上人民政府林业主管部门应当在列入湿地保护名录的湿地周边设立保护标志，标明湿地类型、保护级别和保护范围。

任何单位和个人不得擅自移动或者破坏湿地保护标志。

第二十四条 湿地内禁止下列行为：

（一）擅自开（围）垦、填埋、占用湿地或者改变湿地用途；

（二）擅自排放湿地蓄水或者修建阻水、排水设施，截断湿地与外围的水系联系；

（三）擅自采砂、采石、取土、采集泥炭、揭取草皮；

（四）擅自猎捕、采集国家和省重点保护的野生动植物，捡拾或者破坏鸟卵；

（五）擅自新建建筑物和构筑物；

（六）向湿地投放有毒有害物质、倾倒固体废弃物、排放污水；

（七）破坏野生动物重要繁殖区及栖息地，破坏鱼类等水生生物洄游通道，采用灭绝性方式捕捞鱼类及其他水生生物；

（八）破坏湿地保护设施设备；

（九）其他破坏湿地及其生态功能的行为。

第二十五条 湿地保护和开发利用，应当保护所在地居民合法权益，鼓励和支持湿地所在地居民以劳务或者入股等方式参与湿地保护和开发利用活动。

第二十六条 县级以上人民政府应当逐步建立健全湿地生态效益补偿制度。

对依法占用湿地和利用湿地资源的，按照谁利用谁保护、谁受益谁补偿的原则，建立补偿机制。

因保护湿地给湿地所有者或者经营者合法权益造成损失的，应当按照有关规定予以补偿。

第四章 监督管理

第二十七条 县级以上人民政府应当定期对湿地保护规划的实施情况进行监督检查，指导相关部门做好湿地保护工作。

第二十八条 县级以上人民政府林业主管部门应当定期组织有关部门开展湿地资源调查，并将调查结果报本级人民政府和上一级林业主管部门。

省人民政府林业主管部门应当会同有关部门建立湿地资源监测网络，组织开展湿地资源状况的监测、评价工作，定期发布湿地资源状况公报。

省人民政府林业主管部门按照职责分工对湿地利用进行监督，建立湿地利用预警机制，防止破坏湿地生态的行为，约谈湿地破坏严重的地区或者有关部门。

第二十九条 县级以上人民政府林业主管部门应当定期汇总本地区湿地保护工作中形成的数据资料，建立湿地资源档案，实行信息共享。湿地资源档案应当向社会开放，供单位和个人免费查阅。

第三十条 县级以上人民政府及其林业主管部门应当组织、协调有关部门，建立湿地执法协作机制，依法查处破坏、侵占湿地的违法行为。

县级以上人民政府林业主管部门应当设立公开举报电话，接受单位和个人对破坏、侵占湿地行为的检举。

第三十一条 县级以上人民政府应当确保生态保护红线范围内湿地性质不改变、湿地面积不减少、生态功能不降低。

建设项目应当不占或者少占湿地，经批准确需征收、占用湿地并转为其他用途的，用地单位应当按照先补后占、占补平衡的要求，办理相关手续。有关部门在编制建设项目规划时，应当征求林业主管部门的意见。

先补后占、占补平衡的具体办法由省人民政府制定。

第三十二条 工程建设占用湿地的，建设单位编制的环境影响评价文件应当包括湿地生态功能影响评价，并有相应的湿地保护方案。环境保护主管部门在依法审批环境影响评价文件前，应当征求同级林业主管部门的意见。

建设单位应当严格按照湿地保护方案进行施工，减少对湿地生态系统的影响，避免工程建设对湿地生态功能的损害。

第三十三条 临时占用湿地的，占用单位应当提出湿地临时占用方案，明确湿地占用范围、期限、用途、相应的保护措施以及使用期满后的恢复措施等，有关部门在依法办理用地手续前，应当征求林业主管部门的意见。临时占用期限届满后，占用单位应当按照临时占用方案恢复湿地原状。

第三十四条 县级以上人民政府旅游主管部门应当编制湿地旅游专项规划，指导湿地旅游资源的保护和合理开发利用。旅游专项规划应当征求同级林业主管部门的意见。

在湿地从事生态旅游项目经营的单位和个人，应当制定湿地保护方案，报县级以上人民政府林业主管部门同意。

第三十五条 因发生污染事故或者其他突发事件，造成或者可能造成湿地污染和破坏的，有关单位和个人应当采取措施消除危害，防止危害扩大，并立即向当地人民政府林业和环境保护主管部门报告。

第三十六条 湿地所在地的乡（镇）人民政府发现本行政区域内破坏、侵占湿地的违法行为，应当予以制止并向县级以上人民政府林业主管部门报告。

村（牧）民委员会应当积极协助县级以上人民政府林业主管部门做好湿地保护日常巡查和专项检查工作，发现存在破坏、侵占湿地的行为，应当及时反映和报告。

第五章 法律责任

第三十七条 违反本条例规定的行为，法律、行政法规已规定法律责任的，从其规定。

第三十八条 县级以上人民政府林业主管部门和其他有关部门，违反本条例规定，有下列行为之一的，对直接负责的主管人员和其他直接责任人员，依法给予行政处分；构成犯罪的，依法追究刑事责任：

（一）未按照规定编制和组织实施湿地保护规划的；

（二）未依法履行监督管理职责的；

（三）未按照规定审核临时占用湿地申请的；

（四）其他滥用职权、玩忽职守、徇私舞弊的行为。

第三十九条 违反本条例第二十四条规定，有下列行为之一的，由县级以上人民政府有关部门和省林业主管部门所属的湿地管理机构按照职责分工，责令停止违法行为，限期改正，并按照下列规定处以罚款；造成损失的，依法赔偿损失；有违法所得的，没收违法所得：

（一）擅自开（围）垦、填埋、占用湿地或者改变湿地用途的，处以每平方米十元以上二十元以下的罚款；

（二）擅自排放湿地蓄水或者修建阻水、排水设施，截断湿地与外围的水系联系的，处以三千元以上一万元以下的罚款；情节严重的，处以一万元以上五万元以下的罚款；

（三）擅自采砂、采石、取土、采集泥炭、揭取草皮的，处以三百元以上五千元以下的罚款；造成严重后果的，处以五千元以上二万元以下的罚款；

（四）擅自捡拾或者破坏鸟卵的，处以一百元以上一千元以下的罚款；情节严重的，处以一千元以上五千元以下的罚款；

（五）破坏野生动物重要繁殖区及栖息地，破坏鱼类等水生生物洄游通道的，处以一千元以上五千元以下的罚款；情节严重的，处以五千元以上二万元以下的罚款。

第四十条 违反本条例规定，擅自移动或者破坏湿地标志和保护设施设备的，由县级以上人民政府林业主管部门责令限期恢复原状，处以二百元以上五千元以下的罚款；造成损失的，依法赔偿损失。

第四十一条 违反本条例规定，临时占用湿地期限届满后，未按照湿地临时占用方案恢复湿地的，由县级以上人民政府林业主管部门责令限期改正；造成湿地资源破坏的，责令限期恢复，并处以恢复湿地所需费用一倍以上三倍以下的罚款。

第六章 附 则

第四十二条 本条例自 2013 年 9 月 1 日起施行。

参 考 文 献

[1] 刘厚田. 湿地的定义和类型划分[J]. 生态学杂志，1995（4）：73-77.

[2] 《中国自然保护纲要》编写委员会. 中国自然保护纲要[M]. 北京：中国环境科学出版社，1987.

[3] 《环境科学大辞典》编委会. 环境科学大辞典[M]. 修订版. 北京：中国环境科学出版社，2008.

[4] 《环境科学大辞典》编辑委员会. 环境科学大辞典[M]. 北京：中国环境科学出版社，1991.

[5] 陈服官，罗时有. 中国动物志·鸟纲[M]. 9卷. 北京：科学出版社，1998.

[6] 陈克林，陆健健，吕宪国. 中国湿地百科全书[M]. 北京：北京科学技术出版社，2009.

[7] 陈克林，孟宪民. 湿地国际介绍[J]. 野生动物，1997（1）：1.

[8] 陈克林. 湿地公园建设管理问题的探讨[J]. 湿地科学，2005，3（4）：298-301.

[9] 陈克林.《拉姆萨尔公约》——《湿地公约》介绍[J]. 生物多样性，1995（2）：119-121.

[10] 崔丽娟. 湿地价值评价研究[M]. 北京：科学出版社，2001.

[11] 董得红. 青海湿地资源现状及保护管理对策探讨[J]. 青海环境，2014，24（4）：158-160.

[12] 郎惠卿. 中国湿地植被[M]. 北京：科学出版社，1999.

[13] 陆健健. 中国湿地[M]. 上海：华东师范大学出版社，1990.

[14] 苏多杰，桑峻岭. 青海湿地生物多样性保护[J]. 青海环境，2007（4）：173-177.

[15] 崔丽娟，庞丙亮，李伟，等. 扎龙湿地生态系统服务价值评价[J]. 生态学报，2016（3）：828-836.

[16] 崔丽娟，宋洪涛，赵欣胜. 湿地生物链与湿地恢复研究[J]. 世界林业研究，2011，24（3）：6-10.

[17] 崔丽娟，王义飞，张曼胤，等. 国家湿地公园建设规范探讨[J]. 林业资源管理，2009（2）：17-20.

[18] 崔丽娟，张明祥. 湿地评价研究概述[J]. 世界林业研究，2000，15（6）：46-53.

[19] 崔丽娟. 鄱阳湖湿地生态系统服务功能研究[J]. 水土保持学报，2004，18（2）：109-113.

[20] 崔丽娟. 鄱阳湖湿地生态系统服务功能价值评估研究[J]. 生态学杂志，2004，23（4）：47-51.

[21] 崔心红,钱又宇. 浅论湿地公园产生、特征及功能[J]. 上海建设科技,2003(3):43-44.

[22] 但新球,吴后建,但维宇,等. 湿地公园生态设计:基本理念与应用[J]. 中南林业调查规划, 2011(2):44-47.

[23] 但新球,吴后建,吴照柏,等. 洞庭湖湿地资源及其保护现状研究[J]. 中南林业调查规划, 2016, 35(1):1-5.

[24] 丁季华,吴娟娟. 中国湿地旅游初探[J]. 旅游科学, 2002(2):11-14.

[25] 郭非凡,彭蓉,王晓萌,等. 青海玛多冬格措纳湖国家湿地公园总体规划探究[J]. 林产工业, 2015, 42(3):56-58.

[26] 郭来喜,吴必虎,刘锋,等. 中国旅游资源分类系统与类型评价[J]. 地理学报, 2000, 55(3):294-301.

[27] 韩东. 青海湿地资源现状与保护措施[J]. 中南林业调查规划, 2006, 25(1):39-42.

[28] 黄成才,杨芳. 湿地公园规划设计的探讨[J]. 中南林业调查规划, 2004(3):26-29.

[29] 黄桂林. 青海三江源区湿地状况及保护对策[J]. 林业资源管理, 2005(4):35-39.

[30] 黄金玲. 对《城市湿地公园规划设计导则》几个基本问题的解读[J]. 规划师, 2007, 23(3):87-89.

[31] 贾慧聪,曹春香,马广仁,等. 青海省三江源地区湿地生态系统健康评价[J]. 湿地科学, 2011, 9(3):209-217.

[32] 江波,张路,欧阳志云. 青海湖湿地生态系统服务价值评估[J]. 应用生态学报, 2015 (10):3137-3144.

[33] 雷昆. 对我国湿地公园建设发展的思考[J]. 林业资源管理, 2005(2):23-26.

[34] 李炳玺,谢应忠,吴韶寰. 湿地研究的现状与展望[J]. 宁夏农学院学报,2002,23(3):61-67.

[35] 李春玲. 城市郊区湿地公园规划理论与方法研究[D]. 武汉:华中科技大学, 2004.

[36] 李天元. 关于旅游承载力理论应用问题的思考[J]. 南开管理评论, 2001(3):57-60.

[37] 廖资生. 地下水的分类和基岩裂隙水的基本概念[J]. 高校地质学报, 1998, 4(4):473-477.

[38] 刘建军,赵鹏祥,强建华. 青海省湿地资源现状调查及评价研究[J]. 西北林学院学报, 2006, 21(6):77-80.

[39] 国家林业局. 中国湿地资源·青海卷[M]. 北京:中国林业出版社, 2015.

[40] 陆健健,王伟. 湿地生态恢复[J]. 湿地科学与管理, 2007, 3(1):34-35.

[41] 陆健健,张利权,童春富,等. 世界与中国湿地及其保护现状[C]//中国水利学会. 上海市湿地利用和保护研讨会论文集. 北京:中国水利学会, 2002.

[42] 陆健健. 湿地与湿地生态系统的管理对策[J]. 生态与农村环境学报, 1988, 4(2):39-42.

[43] 吕宪国. 我国湿地保护与可持续发展[C]//周光召. 加入 WTO 和中国科技与可持续发展——挑战与机遇，责任和对策（上册）. 北京：中国科学技术出版社，2002.

[44] 欧阳峰，王磊. 玛曲湿地保护管理[M]. 兰州：甘肃人民出版社，2009.

[45] 孙广友，于少鹏，万忠娟，等. 论湿地科学的性质、结构与创新前缘[C]//中国地理学会编.地理学发展方略和理论建设. 北京：商务印书馆，2004.

[46] 孙广友. 沼泽湿地的形成演化[J]. 国土与自然资源研究，1998（4）：33-35.

[47] 孙广友. 中国湿地科学的进展与展望[J]. 地球科学进展，2000，15（6）：666 -672.

[48] 孙楠，李洪远，孟伟庆. 湿地公园设计理念及方法探讨[J]. 生态经济，2008（1）：440-442.

[49] 陈宜瑜. 中国湿地研究[M]. 长春：吉林科学技术出版社，1995.

[50] 汪辉，韩建玲. 湿地公园生态旅游的内涵、特点与一般原则[J]. 南京林业大学学报（人文社会科学版），2008（4）：141-144.

[51] 王海霞，刘梦园，孙广友. 湿地类型与格局对城市发展取向的制约作用[J]. 干旱区资源与环境，2010，24（5）：11-16.

[52] 王立龙，陆林，唐勇，等. 中国国家级湿地公园运行现状、区域分布格局与类型划分[J]. 生态学报，2010，30（9）：2406-2415.

[53] 王立龙，陆林. 湿地生态旅游研究进展[J]. 应用生态学报，2009，20（6）：1517-1524.

[54] 王胜永，王晓艳，孙艳波. 对湿地公园分类的认识与探讨[J]. 山东林业科技，2007（4）：95-96.

[55] 吴后建，但新球，舒勇，等. 中国国家湿地公园：现状、挑战和对策[J]. 湿地科学，2015，13（3）：306-314.

[56] 吴后建，但新球，舒勇，等. 湿地公园几个关系的探讨[J]. 湿地科学与管理，2011，7（2）：70-73.

[57] 夏凌云，于洪贤，王洪成，等. 湿地公园生态教育对游客环境行为倾向的影响——以哈尔滨市 5 个湿地公园为例[J]. 湿地科学，2016，14（1）：72-81.

[58] 杨永兴. 国际湿地科学研究的主要特点、进展与展望[J]. 地理科学进展，2011，21（2）：111-120.

[59] 杨永兴. 国际湿地科学研究进展和中国湿地科学研究优先领域与展望[J]. 地球科学进展，2002，17（4）：508-514.

[60] 张建龙. 湿地公约履约指南[M]. 北京：中国林业出版社，2001.

[61] 张建仁. 青藏高原地区湿地公园景观生态规划与设计研究[D]. 郑州：华北水利水电大学，2019.

[62] 张连兵，郁敏，吕宪国. 湿地公园建设中的科学问题探讨[J]. 华中农业大学学报（社会科学版），2008（4）：55-58.

[63] 赵魁义，孙广友，杨永兴，等. 中国沼泽志[M]. 北京：科学出版社，1999.

[64] 赵思毅，侍菲菲. 湿地概念与湿地公园设计[M]. 南京：东南大学出版社，2006.

[65] 赵正阶. 中国鸟类志[M]. 长春：吉林科学技术出版社，2001.

[66] 张晓. 政府特许经营与商业特许经营含义辨析[J]. 中国科技术语，2008（3）：42-43，50.

[67] 张晓.对风景名胜区和自然保护区实行特许经营的讨论[J]. 中国园林，2006，22（8）：42-46.

[68] 钟赛香，谷树忠，严盛虎. 多视角下我国风景名胜区特许经营探讨[J]. 资源科学，2007（2）：36-41.

[69] 梁潇. 公用事业特许经营与政府规制[D]. 重庆：西南政法大学，2008.

[70] 卓玛措. 青海地理[M]. 北京：北京师范大学出版社，2010.